技能研修＆検定シリーズ
[改訂版]電子機器組立の総合研究

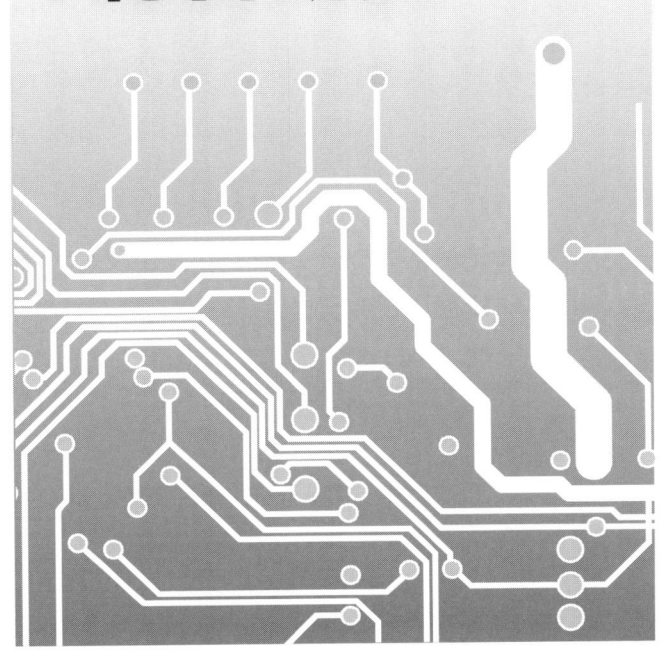

まえがき

　2011年10月にイギリスで開催された技能五輪世界大会には、51カ国・地域から944人の選手が参加し、46の競技で熱い戦いが繰り広げられました。日本は、「メカトロニクス」の他、多数の種目で見事に金メダルを獲得しました。参加国数からも分かるように、ものづくりのグローバル化が進展していますが、全てを海外生産に委ねるのではなく、国内のものづくりを見直し、強化を推進していくことは必要で大変重要です。

　技能検定に関しては、従来の1、2級に加えて、1995年から3級のカテゴリーも設けられ、基礎的なところからの強化も進められてきました。

　本書は、厚生労働省職業能力開発局がまとめた『電子機器組み立て技能試験の試験科目及びその範囲並びにその細目』を網羅するようにまとめました。また、JIS記号を含め、各章ごとに最新の情報をベースに作成、編集しています。JIS記号に関しては、旧記号との比較表も掲載しています。

　また、本書の作成・編集メンバーは、技能検定の特級の有資格者、電子機器組み立ての技能研修での実技・講義の講師経験者、アナログ、デジタルの電気・電子製品の開発設計者などそれぞれの領域のスペシャリストです。よって本書は、そのメンバーの長年の経験を活かして、これから技能取得、強化に向けて取り組みをされようとしている方で、日夜、現場作業に忙殺され、なかなか学習の時間をもてない読者諸氏のために、日常の現場における必要な組立技法も含め、総合的にポイントだけを簡潔にまとめて説明してあります。また同時に第一線で活躍される技能者の方々の座右の書としても役立つように配慮しています。

　本書をご活用頂き、技能習得・強化に向けて少しでもお役に立てれば幸甚です。

2014年3月
ものづくり技能強化委員会

電子機器組立の総合研究

目次

【第1章】電気の基礎理論

1 直流回路
1.1 電流と電圧 　10
1.2 直流回路 　11
1.3 直流電源 　15
1.4 抵抗率と導電率 　16
1.5 電流の働き 　18

2 静電気
2.1 静電気 　20
2.2 コンデンサ 　22

3 電流と磁気
3.1 磁気 　24
3.2 電磁作用 　26
3.3 電磁力 　28
3.4 電磁誘導 　29
3.5 インダクタンス 　31

4 交流回路
4.1 正弦波交流 　34
4.2 交流基本回路 　37
4.3 交流電力 　41
4.4 三相交流 　42
4.5 過渡現象と回路網 　45

実力診断テスト
・問題 　50
・解答と解説 　52

【第2章】電子回路用部品

1 半導体の性質
1.1 N形半導体とP形半導体 　54
1.2 PN接合ダイオードの動作 　55
1.3 トランジスタの動作 　55

2 接合ダイオード
2.1 合金形ダイオード 　57
2.2 定電圧ダイオード 　58
2.3 エサキダイオード 　58
2.4 可変容量ダイオード 　59

3 トランジスタ
3.1 バイポーラトランジスタ 　60
3.2 接合型FET 　61
3.3 MOS型FET 　62
3.4 パワーMOSとiGBT 　63

4 集積回路（IC）
4.1 モノリシックとハイブリッド 　65
4.2 バイポーラとMOS 　66

5 特殊半導体素子
5.1 バリスタ 　69
5.2 サイリスタ 　69
5.3 サーミスタ 　70
5.4 フォトダイオード、フォトトランジスタ 　70
5.5 発光ダイオード（LED） 　71
5.6 フォトカプラ 　71
5.7 太陽電池 　71

6 抵抗とコンデンサ
6.1 固定抵抗器 　72
6.2 可変抵抗器 　73
6.3 抵抗器の働き 　73

目次

7 コンデンサ
- 7.1 固定コンデンサ　　　　　　　　　75
- 7.2 可変コンデンサ（バリコン）　　76
- 7.3 コンデンサの働き　　　　　　　77

8 コイル
- 8.1 コイルの働き　　　　　　　　　79
- 8.2 コイルの形状　　　　　　　　　79

9 スイッチとリレー
- 9.1 スイッチ（開閉器）　　　　　　80
- 9.2 リレー（継電器）　　　　　　　81

10 その他の部品
- 10.1 液晶表示装置（LCD）　　　　83
- 10.2 水晶振動子　　　　　　　　　84
- 10.3 圧電ブザー　　　　　　　　　84
- 10.4 プリント基板　　　　　　　　84

実力診断テスト
- ・問題　　　　　　　　　　　　　　86
- ・解答と解説　　　　　　　　　　　87

【第3章】基礎電子回路

1 トランジスタ増幅回路
- 1.1 増幅回路の基礎　　　　　　　　90
- 1.2 基本的な増幅回路（低周波増幅用）98
- 1.3 高周波増幅回路　　　　　　　　99
- 1.4 直流増幅回路　　　　　　　　100

2 オペアンプ
- 2.1 オペアンプの基礎　　　　　　102
- 2.2 オペアンプの応用回路　　　　103

3 発振回路
- 3.1 発振回路の基礎　　　　　　　104
- 3.2 発振回路の種類　　　　　　　105

4 変調回路と復調回路
- 4.1 変調回路　　　　　　　　　　108
- 4.2 復調回路　　　　　　　　　　110

5 電源回路
- 5.1 電源回路の特性　　　　　　　113
- 5.2 整流回路　　　　　　　　　　114
- 5.3 平滑回路　　　　　　　　　　115
- 5.4 安定化電源　　　　　　　　　116
- 5.5 スイッチング電源　　　　　　117

6 パルス回路
- 6.1 パルス回路の基礎　　　　　　118
- 6.2 パルス発生回路　　　　　　　120

7 ディジタル回路
- 7.1 論理回路　　　　　　　　　　122
- 7.2 フリップフロップ　　　　　　125

8 デシベルの基礎
- 8.1 デシベルの考え方　　　　　　129
- 8.2 実際例にみるデシベル　　　　134

実力診断テスト
- ・問題　　　　　　　　　　　　　137
- ・解答と解説　　　　　　　　　　138

電子機器組立の総合研究

目次

【第4章】製図法

1 製図の基礎
- 1.1 投影法　　　　　　　　　　　140
- 1.2 線の名称および利用法　　　142
- 1.3 図形の表し方　　　　　　　143
- 1.4 断面法　　　　　　　　　　145
- 1.5 寸法記入法　　　　　　　　147

2 電子製図
- 2.1 電子機器の図記号　　　　　152
- 2.2 電子機器の設計・製図　　　152

実力診断テスト
- ・問題　　　　　　　　　　　　159
- ・解答と解説　　　　　　　　　160

【第5章】機器組立て法

1 部品の表示法
- 1.1 部品の定格表示法　　　　　162

2 部品の取付けと組立て
- 2.1 組立ての手順　　　　　　　164
- 2.2 作業用工具　　　　　　　　166
- 2.3 部品取付け前の注意　　　　171
- 2.4 ねじ締め作業　　　　　　　173
- 2.5 プリント基板の組立て　　　177

3 配線と端末処理
- 3.1 配線の基本　　　　　　　　183
- 3.2 配線の方法　　　　　　　　185
- 3.3 端末処理　　　　　　　　　191

4 接続法
- 4.1 はんだ付け　　　　　　　　194
- 4.2 ワイヤラッピング　　　　　204
- 4.3 圧着接続法　　　　　　　　206

5 電子機器測定法
- 5.1 テスタによる測定　　　　　207
- 5.2 ディジタルマルチメータによる測定　209
- 5.3 オシロスコープによる測定　210

実力診断テスト
- ・問題　　　　　　　　　　　　213
- ・解答と解説　　　　　　　　　214

【第6章】電子材料

1 磁性材料
- 1.1 磁性材料の性質　　　　　　216
- 1.2 材料による分類　　　　　　218

2 導電材料
- 2.1 導電材料の性質　　　　　　222
- 2.2 電線　　　　　　　　　　　223

2.3	特殊導電材料	227	5.2	光ファイバ	243
			5.3	エンジニアリング・プラスチック	245
			5.4	コンポジット材料	245

3 半導体材料
3.1	半導体の特性と種類	230

4 絶縁材料
4.1	絶縁材料の種類と用途	232
4.2	誘電体材料	237

5 特殊材料
5.1	液晶	241

実力診断テスト
- 問題　　247
- 解答と解説　　248

【第7章】電子機器

1 通信機器
1.1	通信の基礎	250
1.2	無線通信機器	260
1.3	有線通信機器	270

2 計測機器
2.1	オシロスコープ	277
2.2	デジタル計測器	278
2.3	交流安定化電源	279
2.4	直流安定化電源	280

3 電波応用機器
3.1	ETC (Electronic Toll Collection System)	282
3.2	全地球測位システム	283

実力診断テスト
- 問題　　287
- 解答と解説　　288

【第8章】機械工作法

1 手仕上げ
1.1	やすり作業	290
1.2	穴あけ作業	292
1.3	ねじ立て作業	295
1.4	リーマ通し作業	298
1.5	けがき作業	300

2 工作測定
2.1	実長測定器	302
2.2	各種ゲージ	305
2.3	特殊な測定器	309

実力診断テスト
- 問題　　311
- 解答と解説　　312

電子機器組立の総合研究

目次

【第9章】品質管理と安全

1 品質管理入門
- 1.1 品質管理とは　　　　　　　314
- 1.2 品質管理で使う統計量　　　315
- 1.3 計量値と計数値　　　　　　316
- 1.4 母集団と試料　　　　　　　317

2 測定値の分布
- 2.1 度数分布とヒストグラム　　318
- 2.2 正規分布　　　　　　　　　319
- 2.3 正規分布の性質（3σ限界）　320

3 現場で役立つ大切な手法
- 3.1 管理図　　　　　　　　　　321
- 3.2 問題点の追求　　　　　　　324
- 3.3 その他の管理手法　　　　　325
- 3.4 抜取検査　　　　　　　　　326

4 安全衛生
- 4.1 安全衛生の基礎知識　　　　328
- 4.2 一般安全心得　　　　　　　331
- 4.3 設備と作業の安全　　　　　335

実力診断テスト
- ・問題　　　　　　　　　　　　338
- ・解答と解説　　　　　　　　　340

- ●参考文献　　　　　　　　　　341
- ●索引　　　　　　　　　　　　342

【第1章】
電気の基礎理論

　電気の基礎理論は、毎年10題前後必ず出題され、1級では2級より多少難しい問題が出る。最低限、本章で触れている基本公式や基礎事項については念入りに学習しておかないと、現場での電子機器、部品、電子回路などに関連する作業を理解することが非常に困難になる。

　次に、項目別に学習のポイントを見てみよう。

■直流回路では、オームの法則等の基本法則による回路の計算法は毎年必ず出題されると考えてよい。さらに、電力や電力量についての理解も問われる。その他、抵抗率、導電率、温度係数等、抵抗の基礎知識ついての問題が比較的多く出題されている。

■電流と磁気では、フレミングの法則や電磁誘導などについての基礎知識が問われる。また、インダクタンスや透磁率、ヒステリシス曲線などは部品や回路を理解するうえで必要な事柄である。

■静電気では、誘電率や静電容量、コンデンサの回路素子としての性質や接続法などは頻出問題であり、また実務上も必要な知識であるから十分に理解しておくこと。

■交流回路では、RLC回路とインダクタンス、交流電力については基礎知識と簡単な計算力が必要で、出題されることも多い。

　その他、過渡現象や回路網は、電子回路を理解するうえで必要な事項である。

直流回路

1.1 電流と電圧

(1) 原子の構造と自由電子

物質は原子から成立っている。

原子は電子、陽子、および中性子などの素粒子から成立っていて、その構造は**図1.1**に示すように、原子核（陽子と中性子から成立つ）の周囲にいくつかの電子が存在している。

陽子は正の電荷を、電子は負の電荷をもつが、中性子は電荷をもたない。普通の状態では、原子核の陽子の電荷量と、周囲の電子の電荷量は等しいので、物質は電気的に中性である。

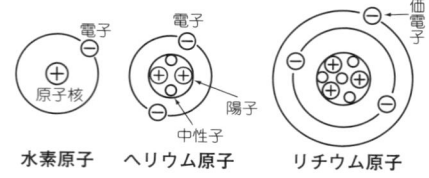

図1.1　原子の構造

原子核との結合が最も弱く、原子核から比較的遠方に位置する電子（最外殻電子）は、外部から光や電気等のエネルギーを与えられると原子の束縛を離れて物質内を移動できるようになる。このような電子のことを**価電子**と呼び、原子の化学的活動度は主としてこの価電子によって決まる。

また、価電子が原子核の束縛を離れて自由に動きまわるとき、これを**自由電子**または伝導電子と呼ぶ。

(2) 電流と電圧

自由電子の移動を電流と呼び、電流の方向は電子の流れと反対方向である。また、電流の大きさは単位時間に導体を移動する電気量で測られ、この電気量の単位を**クーロン[C]**と呼ぶ。

1秒間に1[C]の電気量が移動するときの電流の強さを1**アンペア[A]** と定め、これを電流の単位としている。

●補足●

電子1個の電気量 e は 1.602×10^{-19}[C] であるから、1[C] の電気量は $1/1.602 \times 10^{-19} = 6.24 \times 10^{18}$ 個の電子からなる。

また、電流は電位差（電圧）によって流れ、電位差をつくる電気的な力を**起電力**と呼び、電圧、起電力の単位は**ボルト[V]** で示す。

電池や発電機のように、引続いて起電力を発生して電流を供給するものを電源と呼ぶ。

1.2 直流回路

(1) 導体と絶縁体

金属のようによく電流を通す物質を**導体**、ゴムのように電流をほとんど通さない物質を**絶縁体**と呼ぶ（**表1.1**）。導体の中には自由電子が多くあり、絶縁体の中には少ない。

物質に電圧を加えると自由電子は移動を始めるが、原子からの力によって、あるいは原子にぶつかるために移動を妨げられる。この現象を電気抵抗、または単に抵抗と呼んでいる。いいかえれば、導体とは抵抗の小さい物質であり、絶縁体とは抵抗の大きな物質である。

導体の中でも銀、銅、アルミニウムは実用性が高く広く用いられている。また、電解質の水溶液（食塩水、希硫酸など）は、これに次ぐ導体である。

ゴム、ガラス、油、塩化ビニル、雲母、セラミックなどは絶縁体であるが、絶縁体ではその抵抗が大きいので、特に**絶縁抵抗**と名付けている。

自由電子が導体よりも少なく、絶縁体よりも多い物質を**半導体**と呼ぶ。したがってその抵抗値も導体と絶縁体の中間となるが、抵抗とは逆に温度が上昇するとその抵抗値が減少するものもある。普通、半導体といえば後者を意味する。

なお、抵抗の単位は**オーム**$[\Omega]$で表す。

(2) オームの法則

いま、ある物体の抵抗を$R[\Omega]$とし、この物体に$E[V]$の電圧を加えた場合$I[A]$が流れたとすれば、次式のような関係が成立つ。これをオームの法則と呼び、導体に流れる電流はその両端に加えられた電圧に比例し、抵抗に反比例する。

表1.1 導体と絶縁体

導　体	銀、銅、金、アルミニウム、タングステン、亜鉛、鉄、白金、すず、電解液（不純水）など。
絶縁体	雲母、大理石、セラミック、ガラス、いおう、紙、ベークライト、絹、ゴム、油、エボナイト、パラフィン、空気など。
半導体	セレン、ゲルマニウム、シリコン、亜鉛化銅、ひ素、アンチモンなど。

重要公式

$$E = IR, \quad I = \frac{E}{R}, \quad R = \frac{E}{I} \quad \cdots\cdots 式❶$$

E:電圧[V]　I:電流[A]　R:抵抗[Ω]

(3) 抵抗の接続法

次に各接続法による合成抵抗を式で表す(**図1.2**参照)。

① 直列接続

合成抵抗をR_0とすれば、$R_0 = R_1 + R_2 + R_3$ ……式❷

② 並列接続

$$\frac{1}{R_0} = \frac{1}{R_1} + \frac{1}{R_2} + \frac{1}{R_3} \quad \cdots\cdots 式❸$$

または、$R_0 = \dfrac{1}{\dfrac{1}{R_1} + \dfrac{1}{R_2} + \dfrac{1}{R_3}}$　……式❹

$R_0 = \dfrac{R_1 \times R_2}{R_1 + R_2}$　……式❺　(抵抗2個の場合)

(1) 直列接続

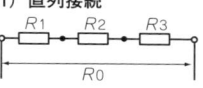

(2) 並列接続

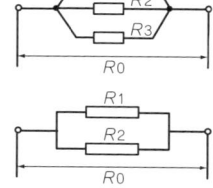

図1.2　抵抗の接続法

――― 例　題 ―――

Q:右図の回路の端子AC間に20[V]の電圧が加えられている。AC間の電流を求めよ。

A:BC間の合成抵抗をR_1とおくとR_1は、$R_1 = \dfrac{20 \times 30}{20 + 30}$

$= 12[Ω]$であるからABC間は$18 + 12 = 30[Ω]$

AC間の合成抵抗をR_2とおくとR_2は、このABC間$30[Ω]$と$15[Ω]$を並列接続したものであるから、

$R_2 = \dfrac{30 \times 15}{30 + 15} = \dfrac{450}{45} = 10[Ω]$

オームの法則から、$I = \dfrac{20}{10} = 2[A]$　　答:2[A]

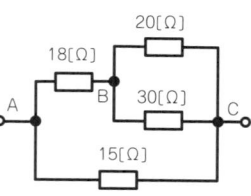

(4) 電圧降下

抵抗$R[Ω]$中を電流$I[A]$が流れると、抵抗の両端には$IR[V]$の電圧が発生する。この$IR[V]$を電圧降下と呼ぶ。**図1.3**において、$I[A]$が$R_1[Ω]$、$R_2[Ω]$、$R_3[Ω]$

【第1章】電気の基礎理論

1 直流回路

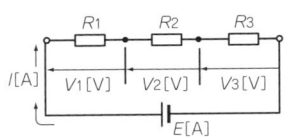

図1.3 電圧降下

を流れると、$IR_1[V]$、$IR_2[V]$、$IR_3[V]$の電圧降下が生じる。電源電圧$E[V]$とこれらの電圧降下分で閉じた図1.3の回路（**閉回路**という）では、$E[V]$はこれらの電圧降下分の和と等しくなり、次式が成立つ。

$$E = IR_1 + IR_2 + IR_3 = V_1 + V_2 + V_3 \quad \cdots\cdots 式❻$$

(5) キルヒホッフの法則

簡単な回路ではオームの法則を用いて解くことができるが、多数の起電力や抵抗が複雑に組み合されている回路ではオームの法則だけでは不十分であり、**キルヒホッフの法則**を用いる。キルヒホッフの法則はオームの法則から発展したもので、第一法則、第二法則の2つの法則から成立っている。

① 第一法則（電流法則）

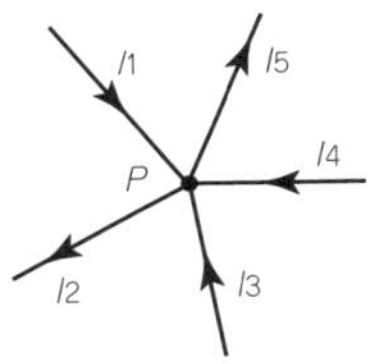

回路中にある接続点のうち、どれを取ってみても、その接続点に流入する電流の和と、流出する電流の和とは相等しい。

図1.4において、接続点Pに集まる導線は5本あり、導線を流れる電流の方向が矢印のような場合、流入電流の和は$I_1+I_3+I_4$、流出電流の和はI_2+I_5であるから、$I_1+I_3+I_4=I_2+I_5$となる。この式を整理すると次式のようになる。

図1.4 導入電流

$$I_1 + (-I_2) + I_3 + I_4 + (-I_5) = 0 \quad \cdots\cdots 式❼$$

すなわち、流入する電流を＋とし、流出する電流を－として、これを加え合せれば0となる。いいかえれば、回路中の任意の接続点に流入、流出する電流の代数和はゼロである、ということになる。

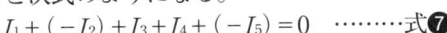

例 題

Q：右下の図におけるI_4の電流の大きさと方向を求めよ。

A：I_4の電流がP点へ流入するものと仮定すると、

$I_1+I_2+I_4=I_3$　∴ $I_4=I_3-I_1-I_2$

数値を代入して、$I_4=6-5-3=-2[A]$

電流の大きさは2[A]である。また、電流の方向に－符号が付いたのは初めの仮定が誤りであったためであり、実際には仮定とは逆方向の流出する電流であることがわかる。

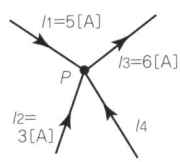

② 第二法則（電圧法則）

回路の中から一つの閉回路を取出して考えると、その閉回路の中にある起電力の和と電圧降下の和とは相等しい。これを**キルヒホッフの第二法則**と呼んでいる。

閉回路というのは、導線に沿って右回りでも左回りでもよいからたどっていけば必ず出発点にもどってくる回路である。例えば図1.5でａｂｃｄａのようにたどる回路が閉回路である。

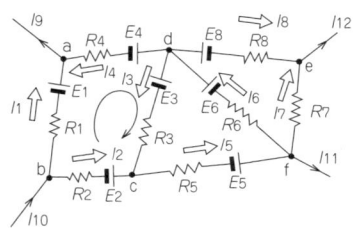

図1.5　閉回路の例

●補足●
起電力、および電圧降下の正負

図1.5の中の閉回路ａｂｃｄａについて考えてみよう。

まず、たどる方向を仮に図のように右まわり（ａｄｃｂａ）に定める。たどる方向と同じ向きに電流を流そうとする起電力E_1、E_4を正、反対の向きに流そうとする起電力E_2とE_3を負と考え、また、電流の向きがたどる方向と同じであれば電圧降下は正、反対であれば負と考える（左まわりでは当然正負が逆になる。）

すなわち、R_1I_1、R_3I_3は正、R_2I_2、R_4I_4は負であり、起電力の和と電圧降下の和はそれぞれ次式で表される。

　　（起電力の和）＝$E_1+(-E_2)+(-E_3)+E_4$
　　（電圧降下の和）＝$R_1I_1+(-R_2I_2)+R_3I_3+(-R_4I_4)$

したがって、キルヒホッフの第二法則から、次のような関係が成立つ。

　　$E_1-E_2-E_3+E_4=R_1I_1-R_2I_2+R_3I_3-R_4I_4$　………式❽

③　キルヒホッフの法則は、次のような順序で適用する。
- **電流の方向と閉回路をたどる向きを仮定する**：計算の結果、（－）となったら仮定と反対の向きであると考える。
- **接続点での電流に第一法則を適用する**：一般にn個の接続点があれば、$(n-1)$個の連立方程式をつくる。
- **閉回路での電圧に第二法則を適用する**：閉回路を選ぶ場合は、まだ計算に使用していない個所が少なくとも1個所含まれるようにする。使用済みの個所だけでつくった式は、結果的に同じ式となる。
- **方程式の数は未知数と同じ数だけ必要である**

1.3 直流電源

電池のような直流電源はしばしば、電気的には起電力と内部抵抗を直列に接続したものとして考えられる。この起電力は、負荷が変動しても一定の電圧を供給できる、理想的な電圧源と考えることができる。また、同じ直流電源を、負荷が変動しても一定の電流を供給できる、理想的な電流源と、内部抵抗を並列に接続したものと考えることもできる。実際の電源に負荷が接続されると、その端子電圧は電源の内部抵抗による電圧降下で、起電力よりも低くなる。電流源で考えると、内部抵抗に電流の一部が消費されて、負荷に供給できる電流が少なくなると考えられる。

(1) 電圧源としての直流電源

図1.6の(a)に示すように、起電力（理想の電圧源）$E[V]$と内部抵抗$r[\Omega]$が直列に接続されたものを、電圧源としての直流電源と考えることができる。この場合、負荷$R[\Omega]$に流れる電流$I[A]$は以下のように表すことができる。

$$I = \frac{起電力}{(内部抵抗 + 負荷)}$$
$$= \frac{E}{r+R}[A] \quad \cdots\cdots\cdots 式❾$$

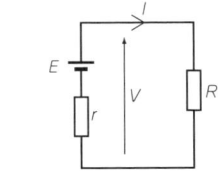

(a) 電圧源としての直流電流

(2) 電流源としての直流電源

図1.6の(b)に示すように、電流源$I_0[A]$と内部抵抗$r[\Omega]$が並列に接続されたものを、電流源としての直流電源と考えることができる。この場合、負荷$R[\Omega]$にかかる電圧$V[V]$は以下のように表すことができる。

$$V = 負荷抵抗 \times 負荷抵抗で分流された電流$$
$$= \frac{RI_0 r}{R+r}[V] \quad \cdots\cdots\cdots 式❿$$

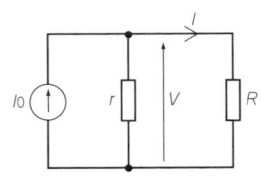

(b) 電流源としての直流電流

図1.6　電池の接続法

例　題

Q：起電力3[V]、内部抵抗1[Ω]の直流電源に9[Ω]の抵抗をつなぐと、その端子電圧はいくらになるか。

A：式❾から、$I=\dfrac{3}{1+9}=0.3$[A]

端子電圧Vは式❾から、次式で表される。
$V=IR=E-Ir$ [V]
したがって、$IR=3-0.3\times 1=2.7$ [V]

答：2.7 [V]

1.4 抵抗率と導電率

(1) 抵抗率

図1.7に示すように、長さℓ[m]、断面積S[m²]の1本の導体の抵抗を想定した場合、これは縦、横、高さがともに1[m]の同じ導体がℓ個直列に結ばれ、それがさらにS個並列に接続されたものと考えることができる。

そこで、この単位立方体の抵抗率をρ（ロー）で表すと、導体の全抵抗Rは、

$$R=\rho\times 1\times \ell \times \dfrac{1}{1\times S}=\rho\dfrac{\ell}{S}\ [\Omega]\quad \cdots\cdots 式⓫$$

となり、導体における電気抵抗は導体の長さに比例し、その断面積に反比例する。ρは抵抗率または体積固有抵抗と呼ばれ、それぞれ物質によって異なり、単位はオームメートル[Ωm]で表す。

重要公式

$$R=\rho\dfrac{\ell}{S}\ [\Omega]$$

$\begin{bmatrix} R:抵抗\ [\Omega] & S:断面積\ [m^2] \\ \ell:長さ\ [m] & \rho:抵抗率\ [\Omega m] \end{bmatrix}$

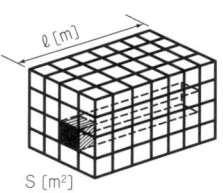

図1.7　抵抗率

表1.2　主な金属の抵抗率

[20℃]

金属	抵抗率
銀	1.59
アルミニウム	2.65
金	2.35
銅	1.67
鉄	9.7
水銀	98.4
ニッケル	6.84
白金	10.5
すず	11.0
タングステン	5.65
鋳鉄	57～114
鉛	20.5
マンガニン	34～100
黄銅	5～7
ジュラルミン	3.35

[単位:10^{-8}Ωm]

(2) 導電率

抵抗率の逆数を**導電率**といい、σ（シグマ）で表すと次式のようになる。

$$\sigma = \frac{1}{\rho} \quad \cdots\cdots\cdots 式❷$$

単位はジーメンス毎メートル[S/m]である。

ρ は物質の電気の通りにくさの度合を示し、σ は通りやすさの度合を示す。

また、各種材料の導電率の、銅の導電率に対する比 σ_r を比導電率という。なお、実用的にはこれを％で表したパーセント導電率を使う。

(3) 温度による抵抗の変化

一般に物質のもっている電気抵抗は、温度にともなって変化する。普通、金属導体は温度の上昇にともなって抵抗は増加するが、半導体、電解液、炭素、絶縁体などは温度の上昇にともなって抵抗は減少する。

① 抵抗の温度係数

ある温度より、温度が1℃上昇するごとに増加する抵抗値をそのときの抵抗値で割った値を、その温度における抵抗の**温度係数**と呼ぶ。

金属導体の抵抗と温度の関係は、20～200℃の範囲では**図1.8**のように直線的変化を示すので、実用上は次のように考えてよい。

いま、図において1℃上昇するごとに、r [Ω] ずつ抵抗が増加するものとすれば、0℃における温度係数 a_0、20℃における温度係数 a_{20}、t ℃における温度係数 a_t は、それぞれ次式で表せる。

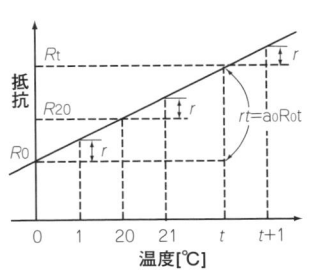

図1.8　温度による抵抗の変化

$$a_0 = \frac{r}{R_0} \qquad a_{20} = \frac{r}{R_{20}} \qquad a_t = \frac{r}{R_t}$$

図1.8より、t ℃における金属導体の抵抗値 R_t は、次式で表される。

$$\begin{aligned} R_t &= R_0 + rt = R_0 + a_0 R_0 t \\ &= R_0(1 + a_0 t) \quad \cdots\cdots\cdots 式❸ \end{aligned}$$

[R_0：0℃における抵抗値　a_0：0℃における温度係数]

同様に、
$$\begin{aligned} R_t &= R_{20} + r(t-20) \\ &= R_{20} + a_{20} R_{20}(t-20) \\ &= R_{20}\{1 + a_{20}(t-20)\} \end{aligned}$$

[R_{20}：20℃における抵抗値　a_{20}：20℃における温度係数]

同様に、

$R_T = R_t\{1 + a_t(T-t)\}$ ……… 式⑭

- R_T：T℃における抵抗値
- R_t：t℃における抵抗値
- a_t：t℃における抵抗の温度係数

② 各種金属の抵抗の温度係数

表1.3に、各種金属の抵抗の温度係数を示したので、参考にされたい。

表1.3　金属の抵抗の温度係数

金属	α(20℃)
銀	0.0038
銅	0.00393
金	0.0034
アルミニウム	0.0039
マグネシウム	0.0044
モリブデン	0.0047
タングステン	0.0045
亜鉛	0.0037
コバルト	0.0066
ニッケル	0.006
カドミウム	0.0038
鉄	0.0050
白金	0.003
すず	0.0042
鉛	0.0039
水銀	0.0089
コンスタンタン	0.000015
マンガニン	0.00001

(4) ホイートストンブリッジ

図1.9に示すような回路を**ホイートストンブリッジ**、あるいは**ブリッジ回路**と呼ぶ。この回路では、P、Q、R、Sの抵抗を適当に加減して、検流計Gの電流が0になったとき、ブリッジが平衡したといい、$P \times R = Q \times S$の関係が成立つ。

したがって、この4個の抵抗のうち3個がわかれば、残りの1個の抵抗は計算できる。

いま、未知の抵抗をSとすれば、次式で求めることができる。

$S = \dfrac{P}{Q} \cdot R [\Omega]$ ……… 式⑮

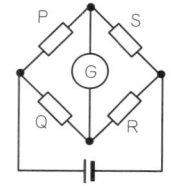

図1.9　ブリッジ回路

1.5 電流の働き

(1) 電　力

抵抗$R[\Omega]$の両端に$V[\mathrm{V}]$の電圧を加えたとき、$I[\mathrm{A}]$の電流が流れたとすれば、$V = IR$の関係があるので、電力$P[\mathrm{W}]$は次式で求められる。

$P = 電圧 \times 電流 = VI = I^2R = \dfrac{V^2}{R}[\mathrm{W}]$ ……… 式⑯

この電力$P[\mathrm{W}]$は単位時間に行う仕事量の意味もあり、1[W]の電力で1[s]行う仕事の量が1[J]（ジュール）となる。

(2) 電力量

電力を$P[\mathrm{W}]$、時間を$t[\mathrm{s}]$とすると、電力量Wは次式で表される。

$W = P \times t [\mathrm{Ws}]$ ……… 式⑰

実用上の電力量を表すには、ワット時[Wh]やキロワット時[kWh]が用いられる。

$$1[Wh] = 1[W] \times 1[h] = 1[W] \times 3600[s] = 3600[Ws]$$　………式❽

（3） 電流の熱作用

電流が抵抗の中を流れると熱が発生する。いま、$R[\Omega]$の抵抗に$I[A]$の電流を$t[s]$間流したときに消費される電力量Wは、式❽から次のようになる。

$$W = RI^2t[Ws] = RI^2t[J]（ジュール）$$　………式❾

これだけのエネルギーは、全部熱エネルギーに変換され、その熱量を**ジュール熱**と呼ぶ。すなわち抵抗内に発生する熱量は、電流の2乗と抵抗および時間に比例する。これを**ジュールの法則**と呼ぶ。

また、1[J]の熱量は0.24[cal]（カロリー）にほぼ等しいので、熱量Hは次式で表すことができる。

$$H = 0.24I^2Rt[cal]$$　………式❿

白熱電球、電熱器、ヒューズなどは、この電流の熱作用を利用している。

2 静電気

2.1 静電気

(1) 摩擦電気

絹とガラス棒を摩擦すると、ガラス棒の価電子が絹に移動し、ガラス棒は正電気、絹は負電気を帯びる。

このようにして帯電した電気を**摩擦電気**と呼ぶ。

摩擦によって正電気を帯びるか、負電気を帯びるかは、こすり合せる物質の種類によって異なり、同一の物質でも相手によって正負の電気を帯びる。

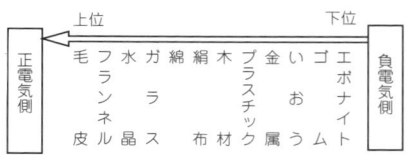

図1.10　静電序列

これを実験的に、正電気の起りやすい順序に並べたものを**静電序列**と呼ぶ（図1.10）。序列の中の任意の2つを摩擦すると、上位のものが正に、下位のものが負に帯電し、また、序列の差が離れているものほど、強い摩擦電気を発生する。

(2) クーロンの法則

帯電した同種の電気は互いに反発し、異種の電気は吸引し合う。2つの電気量 $Q_1[C]$ と $Q_2[C]$ とを $r[m]$ へだてて置いた場合、真空中または空中では、その間に働く力は、その方向が Q_1、Q_2 を結ぶ直線上で、その大きさは、次式で表される。

$$F = \frac{Q_1 Q_2}{r^2} \times 9 \times 10^9 [N] \quad \cdots\cdots\cdots 式㉑$$

(3) 静電誘導

正に帯電した物体Aを導体Bに近づけると、Aに近い側に負電気、反対側に正電気が生じる（図1.11）。これは、同種の電気は反発し、異種の電気は吸引するという性質に基くもので、**静電誘導**と呼ばれる。

図1.11　静電誘導

また、物体Aを取除くと、分離していた正負の電気は結合し、Bは中性の状態にもどる。

(4) 電界

帯電した物体がある場合、その周囲に点電荷を置くと電気力が働く。このような力が働く空間を**電界**と呼ぶ。また、電気の量を**電荷**とも呼ぶ。

電界内の1点に1[C]の点電荷を置いたとき、これに作用する力を、この点の電界の強さといい、力の方向をその点の電界の方向という。電界の強さの単位は、ボルト毎メートル[V/m]である。

したがって、この定義より、Q[C]の電荷からr[m]離れた点Pの電界の強さEは、クーロンの法則から次式で表され、その方向はQPを結ぶ線上でQと反対方向になる。

$E = \dfrac{Q}{r^2} \times 9 \times 10^9$ [V/m]　………式❷

なお、電界の強さがE[V/m]の場所にQ[C]の電荷を置いたとき、電荷に作用する力は、次式で表される。

$F = EQ$ [N]　………式❸

(5) 電気力線

電界の状態を表す便宜のための仮想線を**電気力線**と呼ぶ（**図1.12**）。

電気力線の性質は磁力線に似ていて、次に挙げるようなものである。

- 正電荷に始まり、負電荷に終る。
- 1[C]の電荷からは、真空中（空中）で1/ε_0本の電気力線が生じる。
- 電気力線の向きは、その点の電界の向きと一致し、密度が電界の強さになるように描かれる。
- 電気力線は、縮もうとする力があると同時に反発し合うので交わらない。

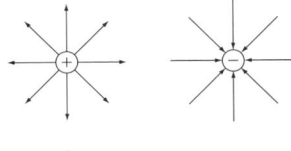

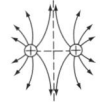

図1.12　電気力線

ここでε_0は真空の**誘電率**と呼ばれ、その値は8.855×10^{-12}[F/m]（ファラド毎メートル）である。この真空の誘電率ε_0は、誘電率εの基礎となる重要な定数である。

2.2 コンデンサ

(1) 静電容量

図1.13のように面積$S[\text{m}^2]$の2枚の導体を平行にd[m]離して対立させ、一方に$+Q[\text{C}]$、他方に$-Q[\text{C}]$の電荷を与えたとき、両導体間の電位差が$V[\text{V}]$であ

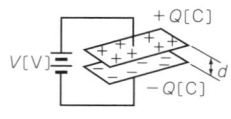

図1.13 静電容量

ったとする。このQとVの比率Cを**静電容量**と呼び、その単位を**ファラド**[F]で表す。この両導体間が真空である場合、C、V、Q、S、dの関係は次式のようになる。

$$C = \frac{Q}{V} = \varepsilon_0 \frac{S}{d} [\text{F}] \quad \cdots\cdots\cdots 式㉔ \quad [\varepsilon_0 : 真空の誘電率]$$

($Q = CV$と書くと覚えやすい)

(2) コンデンサの接続

静電容量を得る目的で作られた製品を**コンデンサ**と呼び、C_0を合成容量とすれば、図1.14に示すように、次式で表される。

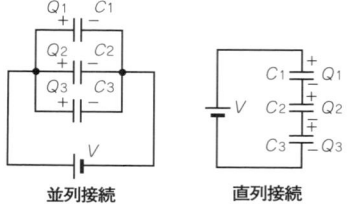

図1.14 並列接続と直列接続

① 並列接続

$$C_0 = C_1 + C_2 + C_3 \quad \cdots\cdots\cdots 式㉕$$

② 直列接続

$$\frac{1}{C_0} = \frac{1}{C_1} + \frac{1}{C_2} + \frac{1}{C_3} \quad \cdots\cdots\cdots 式㉖$$

または、$C_0 = \dfrac{1}{\dfrac{1}{C_1} + \dfrac{1}{C_2} + \dfrac{1}{C_3}}$

(3) 誘電体と誘電率

コンデンサを形成する導体(電極)間の媒体が真空以外の場合、式㉔は次式のようになる。

$$C = \varepsilon \frac{S}{d} = \varepsilon_0 \varepsilon_S \frac{S}{d} \quad \cdots\cdots\cdots 式㉗ \quad [\varepsilon = \varepsilon_0 \varepsilon_S 、\varepsilon_S : 比誘電率]$$

このεを**誘電率**と呼び、電極間の媒体を一般に**誘電体**と呼ぶ。また**比誘電率**は誘電体の物質の種類により異なる。

すなわち、誘電体の種類を変えることで、静電容量を変える(真空中での静電

表1.4 物質の比誘電率

物質	ε_s	物質	ε_s	物質	ε_s
空　　　　気	1.00059	セ ラ ミ ッ ク	2.7～3.7	ベ ー ク ラ イ ト	5.1～9.9
水　　　　素	1.00026	絶　縁　　油	2.2～2.4	絶 縁 ワ ニ ス	5～6
パ ラ フ ィ ン	1.9～2.3	ガ　ラ　　ス	3.8～10	け い 素 樹 脂	8
紙	2～2.5	雲　　　　母	4.5～7.5	水	81
ゴ　　　　ム	2.1～2.3	磁　　　　器	4.4～6.8	酸 化 チ タ ン	83～183

容量のε_s倍）ことができる。いくつかの物質の比誘電率ε_sを、表1.4に示す。

誘電体は絶縁体であるが、単に電気的に絶縁するだけでなく、静電容量を大きくする働きがある。

(4) コンデンサが蓄えるエネルギー

静電容量$C[\mathrm{F}]$のコンデンサの電極間に$V[\mathrm{V}]$の電圧がかかっているとき、コンデンサにはエネルギーが蓄えられており、その大きさW_Cは、次式で表される。

$$W_C = \frac{CV^2}{2} [\mathrm{J}] \quad \cdots\cdots 式㉘$$

●補足●

静電しゃへい：導体や機器、部品などが静電誘導作用によって電荷を生じないようにするため、まわりを金属導体で囲み、接地すると0電位となって、静電気を誘導しない。これを静電しゃへい、あるいはシールドと呼び、電子機器などでよく利用される。

絶縁抵抗：絶縁物は、きわめてわずかながら導電性をもっており、電圧を加えると内部や表面を漏れ電流が流れる。このときの抵抗を絶縁抵抗と呼び、大きな値を示すので普通は[MΩ]を用いる。

接触抵抗：2つの導体が接触していると接触部分に抵抗が生じること。

3 電流と磁気

3.1 磁 気

(1) 磁気現象

天然の磁鉄鉱は、鉄やニッケルを引きつける。この性質を**磁性**、磁性の原因となるものを**磁気**と呼ぶ。また、磁性を持つ物質を**磁石**と呼ぶが、磁石には磁鉄鉱のように天然に産するものと、人工的に作られた人工磁石（永久磁石、電磁石など）がある。

(2) 磁石の性質

①磁極と磁軸

図1.15に示すように、磁石に鉄粉を吸引させると、磁石の両端の部分が最も強く吸引し、中央部ではほとんど吸引しない。この両端の最も磁気の強い部分を**磁極**と呼び、その両端の磁極の中心と中心を結ぶ線を**磁軸**と呼ぶ。

棒磁石の中心を糸でつるすと、磁石は南北を指す。北を指す磁極を**N極**または正極と呼び、南を指す磁極を**S極**または負極と呼ぶ。

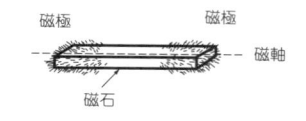

図1.15 磁極と磁軸

それぞれ同極どうしは反発し、異極どうしは吸引する。

②磁気誘導

磁石は鉄を吸引する。これは鉄が磁石となり、磁石と鉄が吸引し合うためであり、この場合、鉄は磁化されたといい、この現象を**磁気誘導**と呼ぶ。

(3) 磁気のクーロンの法則

磁極には磁気が集まっていて、磁気の量が多いほど磁極が強いと考え、磁気の量（磁荷）の単位を**ウエーバ[Wb]**で表す。

磁気量がm_1[Wb]、m_2[Wb]の2つの磁極をr[m]へだてて、真空中に置くとき、作用する磁気力はm_1、m_2の積に比例し、rの2乗に反比例する。

すなわち、真空中において磁極m_1とm_2の間に働く力をFとすれば、次式のようになる。

$$F = \frac{m_1 m_2}{r^2} \times 6.33 \times 10^4 [\mathrm{N}] \quad \cdots\cdots\cdot 式㉙$$

なお、空中の場合は真空中と同じとみてよい。

(4) 磁界と磁力線

① 磁界

1個の磁荷を置くと、そのまわりの空間には磁気が働く。磁気力の働く空間を**磁界**と呼び、磁界内の一点Pに+1[Wb]の単位磁極を置いたとき、これに作用する力をもってその点の磁界の強さを表す。また、その力の方向を磁界の方向とする。磁界の強さの単位には、アンペア毎メートル[A/m]を用いる。

したがって、クーロンの法則から、m[Wb]の磁荷からr[m]離れた点Pの磁界の強さHは、次式で表すことができる（**図1.16**参照）。

$$H = \frac{m \times 1}{r^2} \times 6.33 \times 10^4 \,[\text{A/m}] \quad \cdots\cdots\cdots 式❸⓪$$

また、磁界の方向は、力の方向を示す矢印である。磁界の強さがH[A/m]の場所にm[Wb]の磁極を置いたとき、磁極の受ける磁気力は次式のようになり、式❷⑨と等しい。

$$F = mH \,[\text{N}] \quad \cdots\cdots\cdots 式❸①$$

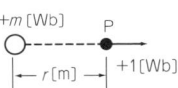

図1.16　磁界

②磁力線

磁界の強さや方向をわかりやすくするために、磁力線を仮想し（**図1.17**）、次にその特徴をあげる。

・磁力線はN極から出てS極で終る。
・磁力線は縮もうとする力があると同時に、互いに反発し合う。したがって磁力線どうしは交わることはない。
・磁力線は、その密度が磁界の強さになるように描かれる（**図1.18**）。
・磁力線の接線方向が磁界の方向となる。
・1[Wb]の磁荷からは、真空中（空中）で$1/\mu_0$本の磁力線を生じる。

ただしμ_0は真空の透磁率であり、$\mu_0 = 4\pi \times 10^{-7} = 1.257 \times 10^{-6}$[H/m]（ヘンリー毎メートル）で表され、透磁率$\mu$の基礎となる重要な定数である。

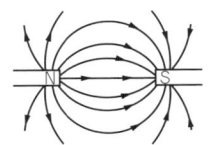
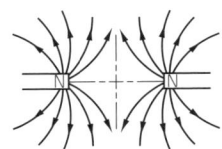

図1.17　磁力線

③ 磁力線の密度

図1.18において、真空中に+m[Wb]の磁極を置いた場合、r[m]離れた点の磁界の強さを、磁力線によって求めてみよう。

磁力線はm[Wb]からm/μ_0本生じるので、r[m]離れた点の磁力線の密度は、次のようになる。

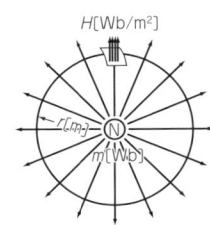

図1.18　磁力線の密度

$$\frac{m}{4\pi\mu_0 r^2}[\text{Wb}/\text{m}^2] \quad [4\pi r^2[\text{m}^2] : 球の面積 \quad \mu_0 : 真空の透磁率] \quad \text{………式㉜}$$

3.2 電磁作用

(1) 電流の磁気作用
① **アンペアの右ねじの法則**
　電線に電流を流すと電線を中心とした同心円状に磁界ができる。
　この場合、電流の方向と磁界（磁力線）の方向との間には、**図1.19**に示すような関係がある。
　つまり、右ねじの進む方向を電流の流れる方向とすると、右ねじの回転方向に磁界を生じる。これを発見者の名前をとって、**アンペアの右ねじの法則**と呼んでいる。

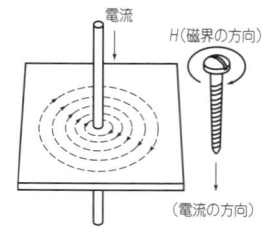

図1.19　電流で生じる磁界

② **コイルに生じる磁界**
　コイルに電流を流すと磁界ができるが、磁界の方向は**図1.20**に示すように、コイルに流れる電流の方向に右ねじを回すとき、右ねじの進む方向が磁界の方向である。

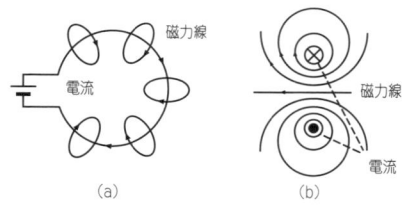

図1.20　コイルの生じる磁界

(2) 鉄の磁化とヒステリシス
① **磁束と透磁率**
　電流の流れているコイルの内部に鉄心を入れると、磁気誘導によって鉄心は磁化されて磁石となる。すなわち、コイルによってできた磁界が、鉄心を磁化したわけであり、その磁界の強さHを特に**磁化力**と呼ぶ。
　また、磁化の強さ（磁石の強さ）を表すのに磁力線と呼ばれる仮想線を用い、この磁力線の束を**磁束**と呼び、ϕで表す。その単位はウェーバ[Wb]である。
　単位面積当りの磁束を、**磁束密度**と呼び、単位は[Wb/m²]を用いる。磁束密度をB[Wb/m²]とすれば、磁化力HとBとの間には、次式のような比例関係が成立つ。

$$B = \mu H = \mu_0 \mu_s H[\text{Wb}/\text{m}^2] \quad \text{………式㉝} \quad [\mu = \mu_0 \mu_s]$$

　ここで、比例定数μを**透磁率**と呼ぶ。μは磁束が通る物質によって値が異な

り、μの値が大きい物質ほど強く磁化される（強い磁石になる）。

また、μ_0は真空の透磁率で、$4\pi \times 10^{-7} = 1.257 \times 10^{-6}[\text{H/m}]$の値をとる。$\mu_S$は$\mu$と$\mu_0$の比で、**比透磁率**と呼ばれ、物質ごとの透磁率の違いを示す値として使用される。磁化の強い物質（強磁性体）ではμ_Sが大きく、鉄では5000～10000程度である。また磁化の弱い物質（常磁性体）ではμ_Sは小さく、例えば空気の場合ほぼ1であり、真空と透磁率がほぼ同じ大きさとなる。

② 磁化曲線

図1.21に示すのは、鉄のような強磁性体の磁化曲線である。Hの小さい間は、BとHはほぼ比例するが、Hがある値以上になると飽和してくる。これを**磁気飽和**と呼ぶ。またこのB-H曲線を**飽和曲線**とも呼んでいる。

なお、μ_S-H曲線ではμ_Sの値は一定ではなく、Hの値によって変わることを示す。

③ ヒステリシス曲線

鉄をはじめて磁化すると、図1.22に示すように、Hの増加につれて0 abの経路を通り、次にHを減少させて反対方向に磁化するとbcdeの経路を通る。このとき、Hが0でもC点においてB_rの磁気が残る。さらに、Hを元の位置にもどすとefgbの経路を描き、1つの環状曲線をつくる。

この曲線を**ヒステリシス曲線**と呼び、同じ磁化力H_1のところでもB_1、B_2、B_3の3種類の値をとる。これは曲線を描くときのHの与え方によってBの値が異なることを意味し、この現象を**ヒステリシス現象**と呼んでいる。

このbcdefgの環状線内の面積は、交流電流1サイクル間に鉄心中に生じるヒステリシス損を示し、一般に熱となってエネルギー消費される。また、曲線中B_rを**残留磁気**、H_cを**保磁力**と呼び、両者の大きい材料ほど永久磁石に適している。逆に、一般に交流機器の鉄心材料には、残留磁気が少なく、ヒステリシス損の少ないものが用いられる。

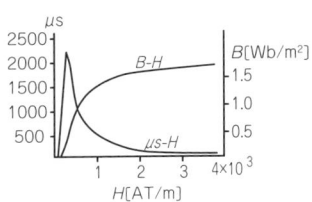

図1.21　磁化曲線

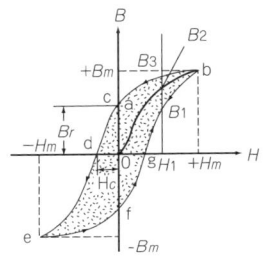

図1.22　ヒステリシス曲線

(3) 電流のつくる磁界

① 円形電流のつくる磁界

円形電流の中心0の磁界の強さHは、次

式で求められる（**図1.23**参照）。

$$H = \frac{NI}{2a} [\text{A/m}] \quad \cdots\cdots 式\text{㉞}$$

$$\begin{bmatrix} N：コイルの巻数 & I：電流[\text{A}] \\ a：中心からコイルまでの距離[\text{m}] \end{bmatrix}$$

② **直線電流のつくる磁界**

電流$I[\text{A}]$によってつくられる磁界の強さは、電線から$a[\text{m}]$離れている点では、次式によって求められる。

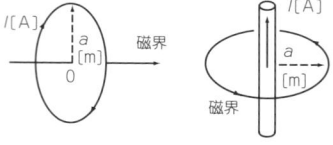

図1.23　電流のつくる磁界

$$H = \frac{I}{2\pi a} [\text{A/m}] \quad \cdots\cdots 式\text{㉟}$$

③ **ソレノイドのつくる磁界**

ソレノイド内部の磁界の強さHは、次式によって求められる。

$H = nI [\text{A/m}] \quad \cdots\cdots 式\text{㊱}$

[n：ソレノイドの単位長（1m）当りの巻回数]

④ **環状コイル中の磁界**

電線を密着巻きにしてある環状コイルに電流を流すと、コイルの内部だけに磁界を生じ、外界の磁界は0となる。環の内部の磁界の強さHは、コイルの総巻数N回、電流$I[\text{A}]$、中心からコイルの中心までの半径を$r[\text{m}]$とすれば、

$$H = \frac{NI}{2\pi r} [\text{A/m}] \quad \cdots\cdots 式\text{㊲}$$

なお、このコイルが透磁率$\mu[\text{H/m}]$、断面積$S[\text{m}^2]$の鉄心に巻かれていると、鉄心内の磁束密度Bは次の式㊳となり、磁束ϕは式㊴で表される。

$$B = \mu H = \mu \frac{NI}{2\pi r} [\text{Wb/m}^2] \quad \cdots\cdots 式\text{㊳}$$

$$\phi = BS = \mu \cdot S \frac{NI}{2\pi r} [\text{Wb}] \quad \cdots\cdots 式\text{㊴}$$

3.3 電磁力

（1）フレミングの左手の法則

磁界中に導線を置き電流を流すと導線に力が生じる。この力を**電磁力**と呼ぶ。電磁力の方向を示すのが**フレミングの左手の法則**であり、**図1.24**のように、人差し指が磁界、中指が電流、親指が力の方向を示している。電動機の原理はこの法則によっている。

(2) 平行電線間に働く力

図1.25に示すように、平行に配置された電線に同方向に電流を流すと、I_1がつくる磁界中をI_2が流れ、I_2がつくる磁界中をI_1が流れ、フレミングの左手の法則によって両電線間には互いに引く合う力が生じる。

また、電流の方向が反対の場合には、反発力が生じる。電線1[m]ごとに働く力は、電線間の媒質によって異なるが、真空中や空中では次式によって表される。

$$F = \frac{2I_1I_2}{r} \times 10^{-7} \,[\text{N/m}]$$

(3) 長方形コイルに働く力

図1.26に示すように、磁束密度$B[\text{Wb/m}^2]$の平等磁界中に長方形コイルの面が磁界と角度θをなすように置き、$I[\text{A}]$の電流を矢印の方向に流したときコイル辺に生じる力は、$F = B \cdot I \cdot b [\text{N}]$で表され、トルクは次式によって表される(ただし、$S = a \times b [\text{m}^2]$)。

$$T = F \cdot a \cdot \cos\theta = B \cdot I \cdot a \cdot b \cos\theta$$
$$= B \cdot I \cdot S \cos\theta \,[\text{N} \cdot \text{m}] \quad \cdots\cdots\text{式}⑩$$

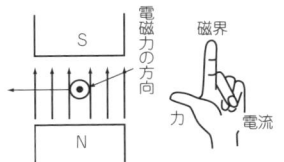

図1.24 フレミング左手の法則

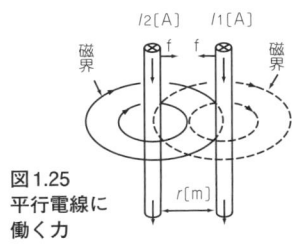

図1.25 平行電線に働く力

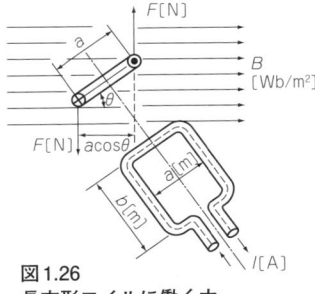

図1.26 長方形コイルに働く力

3.4 電磁誘導

(1) 電磁誘導

図1.27において、Aコイルのスイッチを閉じると、Bコイルの電流計の針が振れて元にもどる。また、スイッチを開くと針は反対に振れて元にもどる。次に、磁石を近づけても遠ざけても針は振れるが、近づけるときと遠ざけるときでは針の振れる方向が反対である。以上の現象は、コイル内を貫いている磁束が、時間とともに変化

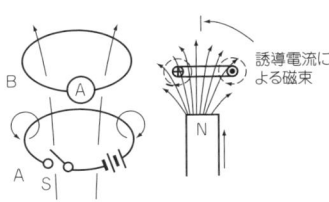

図1.27 電磁誘導

するときだけコイルに起電力を生じ電流が流れるということであり、このような現象を**電磁誘導**、また生じる起電力を**誘導起電力**、流れる電流を**誘導電流**と呼んでいる。

(2) 誘導起電力の大きさ

コイルに誘導される起電力の大きさは、コイルを貫く磁束の時間に対して変化する割合に比例する。これを**ファラデーの法則**と呼ぶ。

すなわち、N巻のコイルに誘導される起電力eは、次式で求められる。

$$e = -N\frac{\Delta\phi}{\Delta t}[\text{V}] \quad \cdots\cdots\cdots 式❹$$

ここで、$\Delta\phi/\Delta t$は磁束の時間に対して変化する割合を表し、(−) 符号は磁束の変化を妨げる方向に起電力が生じることを示している。

なお、$N\Delta\phi$ のことを**鎖交磁束**と呼ぶ。

また、電磁誘導によってコイルに誘導される起電力の向きは、コイルを貫く磁束の変化を妨げる電流を生じるような向きに発生するが、この法則を**レンツの法則**と呼ぶ。

(3) 直線導体に生じる起電力

磁界内に置いた導体が運動して磁力線を切るときにも誘導起電力が発生する。

起電力の方向は、導体の運動方向が磁界の方向と直角に交わる場合には、**図1.28**に示すように、フレミングの右手の法則によって、中指の向きが誘導電流の方向を示す。

磁界中の導体の長さ ℓ [m]、磁束密度B [Wb/m²]の磁界中において、磁界と直角方向に速度v[m/s]で動かす場合、次式で表されるような電圧eを誘発する。

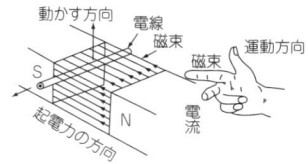

図1.28 直線導体に生じる起電力

$$e = B\ell v[\text{V}] \quad \cdots\cdots\cdots 式❷$$

また、磁界と角度θで斜めに速度v'[m/s]で動かすときは、次式で表されるような電圧を誘起する。

$$e = B\ell v'\sin\theta[\text{V}] \quad \cdots\cdots\cdots 式❸$$

(4) コイルの回転による誘導起電力

図1.29に示すように、磁束密度B[Wb/m²]の平等磁界中において、コイルを反時計方向にv[m/s]の速度で回転させたとき、コイルに誘起される起電力は2本の線の起電力の和である。したがって、式❸により、次式で求められる。

$e = 2Blv \sin\theta \,[\text{V}]$ ………式㊹

いま、$2Blv = E_m$ とおけば、次式のようになる。

$e = E_m \sin\theta \,[\text{V}]$ ………式㊺

すなわち、誘起される起電力の大きさは、回転角 θ の sin（正弦）に比例して変化するので、この起電力を**正弦波交流**と呼んでいる。

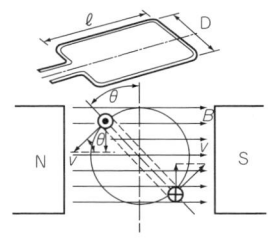

図1.29　コイルの誘導起電力

3.5 インダクタンス

(1) 自己誘導と自己インダクタンス

コイルに電流を流すと、コイルを貫く磁束ができる。電流が変化するとこの磁束も変化し、その結果、電磁誘導によりコイルの電流の変化を妨げる方向に起電力が生じる。

このように、自己の回路に流れる電流の変化によって起電力を誘起する現象を**自己誘導**と呼ぶ（図1.30）。

また、電流 I と、コイルを貫く磁束 $N\phi$ とは比例するので、$N\phi = LI$ となる。ただし、L は、コイルの形などによって定まる定数で**自己インダクタンス**と呼ばれ、次式で表される。

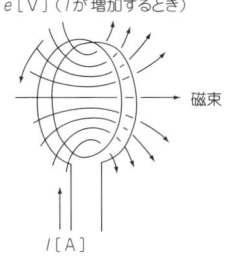

図1.30　自己誘導

$L = \dfrac{N\phi}{I} \,[\text{H}]$ ………式㊻

なお、式㊻における L は、コイルに1[A]の電流を流したときの磁束であり、単位はヘンリー[H]で表す。

(2) 相互誘導と相互インダクタンス

図1.31において、コイルAに電流を流すと、それによって生じる磁束の一部はコイルBを貫くので、コイルAの電流が変化すれば、コイルBにも電圧が誘起される。

このように、一方のコイルの電流が変化するとき、他方のコイルに起電力が誘起される現象を**相互誘導**と呼ぶ。

また、Aコイルの電流 I_A と、Bコイルを貫く磁束 $N_B\phi_B$ とは比例するので、$N_B\phi_B = MI_A$ となり、次式のような関係になる。

$M = \dfrac{N_B\phi_B}{I_A}$ ………式㊼

ここで、MはAおよびBのコイルの形、相互間の配置などで定まる**相互インダクタンス**であり、単位はヘンリー[H]で表す。

いいかえれば、MはAコイルに電流を1[A]流したときにBコイルに生じる磁束である。

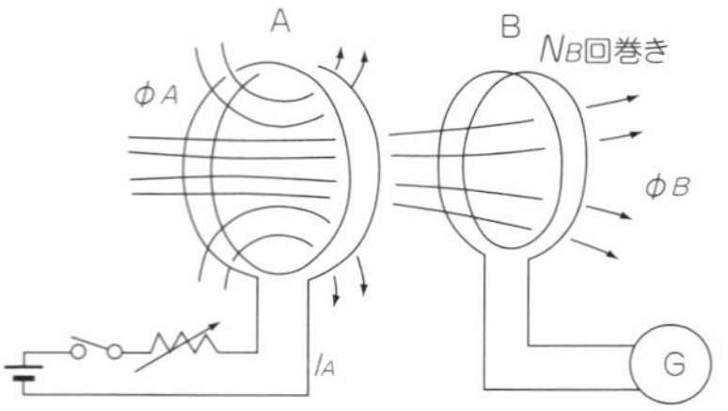

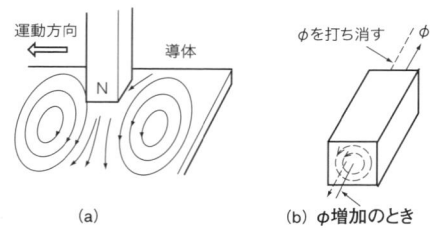

図1.31　相互誘導

(3) うず電流と表皮効果

銅、鉄などの導体を磁束が貫いているとき、その磁束が変化するか、導体が運動すると、電磁誘導によって起電力を発生する。この起電力によって流れる電流は、導体内部をうず状に環流する。

図1.32(a)では、導体が磁束を切るようになるので、フレミングの右手の法則に従ってうず電流が生じる。また、(b)は磁束が変化する場合であり、磁束の変化を妨げる方向に**うず電流**が生じる。

図1.32　うず電流

うず電流が流れると、うず電流損と呼ばれる熱損失が発生するので、それを防ぐため、交流が流れる機器で交番磁束の通路にあたる部分には、透磁率が高く導電率の低い材料を使う、両面に絶縁加工を施した薄い材料を重ねて使うなどの処置が施される。

また、うず電流は導体の表面に近いほど多く流れ、これを**表皮効果**という。特に高周波電流が導体を流れるときは、それ自体の電磁誘導によって明確な表皮効果が現れる。

(4) コイル内の磁性体の効果

コイルの芯に、鉄などの磁力の強い物質（強磁性体）を置くと、磁束がそこに集中する。その結果、コイルを貫く磁束が増えることになり、式❹や式❹で示したϕが増えることになって、そのコイルのインダクタンスが増える。これは小型のコイルでも、その中に磁性体を置くことで、大きなインダクタンスが得られたり、磁性体の大きさや位置を調整することでインダクタンスを変えられることを意味する。このような磁性体のことを、コイルの芯に入れることから**コア**と呼

ぶ。コアの材料としては、フェライトなどがよく使用される。

(5) コイルの接続
①直列接続
インダクタンスが各々L_1、L_2、L_3・・・の複数のコイルを直列に接続したもののインダクタンスLは、L_1、L_2、L_3・・・の和であり、次式で表される。

$L = L_1 + L_2 + L_3 + \cdots$　・・・・・・・・式❹❽

②並列接続
インダクタンスが各々L_1、L_2、L_3・・・の複数のコイルを並列に接続したもののインダクタンスLは、次式で表される。

$\dfrac{1}{L} = \dfrac{1}{L_1} + \dfrac{1}{L_2} + \dfrac{1}{L_3} + \cdots$　・・・・・・・・式❹❾

(6) コイルが蓄えるエネルギー
自己インダクタンスL[H]のコイルに電流I[A]が流れているとき、コイルに蓄えられるエネルギーW_Lは、次式で表される。

$W_L = \dfrac{LI^2}{2}$[J]　・・・・・・・・式❺⓿

●補足●
線形と非線形：回路の計算で、回路素子に電圧や電流を加えたとき互いに比例する特性を**線形**（直線形）と呼び、その特性曲線は直線を示す。このような特性をもつ素子を**線形素子**と呼び、オームの法則で計算できる直流抵抗などがそうである（厳密には温度などで微変化するが一定とみなす）。

これに対し、特性曲線が折れ線やカーブを示すものを**非線形素子**と呼び、半導体や磁心などがあげられる。非線形素子を含む回路の計算では、図を使うか、微分・積分方程式などの力を借りなければならない。

線形素子　：抵抗、コンデンサ、インダクタンスなど
非線形素子：ダイオード、トランジスタなど

4 交流回路

4.1 正弦波交流

（1） 正弦波交流
① 正弦波交流の波形
　図1.33のように、一定周期をもつsin関数の形をした波形をもつ交流を**正弦波交流**と呼ぶ。
② 周期
　1サイクルに要する時間をいい、単位は[s]。
③ 周波数
　1秒間のサイクル数のことであり、単位はヘルツ[Hz]を用いる。周波数をf[Hz]、周期をT[s]とすれば、次式が成立つ。

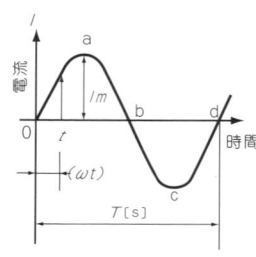

図1.33　正弦波交流

$$f = \frac{1}{T} \text{[Hz]} \quad \cdots\cdots\text{式}\text{㊿}$$

我々が日常使用している電気の周波数は**商用周波数**と呼ばれ、関東が50[Hz]、関西が60[Hz]である。

●補足●
　ほぼ20kHz以上の交流を**高周波**または**無線周波**と呼ぶ。また、人間の耳に聞こえる音波も交流と同じ波形で、周波数は20～20,000Hzの範囲にある。この範囲の周波数を**音声周波**、可聴周波などと呼び、この周波数を中心とした高周波よりも低い周波数を**低周波**と呼ぶ。

④ 角速度
　1サイクルは、2πラジアン[rad]の角度に相当するため、f[Hz]の交流の1秒間に変化する角度をω[rad/s]とすれば、次式が成立つ。

$$\omega = 2\pi f = \frac{2\pi}{T} \text{[rad/s]} \quad \cdots\cdots\text{式}\text{52}$$

これを**角速度**、または角周波数と呼ぶ。

●補足●
　ラジアンは、弧度法と呼ばれる角度の表し方であり、弧の長さを半径で割ったものである。1ラジアンは57°17′であり、360°は2πラジアンである。

（2） 位相および位相差

交流は大きさ、波形、変化の速さが同じでも、2つの波形の変化に時間的なずれが生じることがある。このような時間的なずれを**位相**または**位相角**と呼ぶ。そして、2つの波形の位相の差を位相差という。

図1.34に示すθ_1、θ_2はi_1、i_2の位相角である。また、$\theta_1 - \theta_2$を**位相差**と呼び、i_1はi_2よりも$\theta_1 - \theta_2$だけ位相が進み、反対にi_2はi_1より$\theta_1 - \theta_2$だけ遅れているという。また、$\theta_1 - \theta_2 = 0$のとき同相であるという。

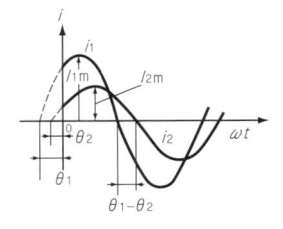

図1.34　位相および位相差

（3） 交流の表し方
①瞬時値の表し方

図1.33により、0からt秒間に変化する角度はωtであるから、iの値は次式から求められる。

$$i = I_m \sin \omega t = I_m \sin 2\pi f t = I_m \sin \frac{2\pi}{T} t \quad \cdots\cdots 式❸$$

iのように時間とともに変わる電流値を**瞬時値**、I_mを**最大値**と呼ぶ。これは電圧の場合でも同様である。なお、**図**1.34から、i_1はθ_1だけ早く始まっているので、$i_1 = I_{1m}\sin(\omega t + \theta_1)$、$i_2$は$i_2 = I_{2m}\sin(\omega t + \theta_2)$で表される。

②平均値

瞬時値の半周期間の平均的な値を平均値と呼び、IavまたはEavで表している（**図**1.35）。

$$Iav = \frac{2}{\pi} I_m \quad \cdots\cdots 式❹$$

（4） 実効値

実効値は、直流と同じ仕事量をする交流の値をいい、**図**1.36に示すように、瞬時値を2乗してその面積を平均し、その値をさらに平方根で表したものであ

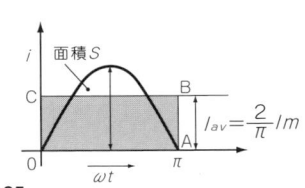

図1.35　平均値

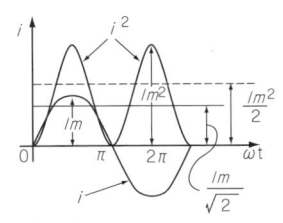

図1.36　実効値

る。特に指定のない限り、交流は実効値で表す。

実効値は、同じ値の直流とエネルギー的に等しい働きをする。また、実効値はエネルギーの計算には直流のように使えるので、時間により変化する交流の大きさを表すのに最も広く用いられている。

> **重要公式**
>
> 交流の電流、電圧の最大値をそれぞれ I_m、E_mとすれば、実効値は次式で表される。
>
> $$I = \frac{I_m}{\sqrt{2}} = 0.707 I_m \,[\text{A}] \qquad E = \frac{E_m}{\sqrt{2}} = 0.707 E_m \,[\text{V}]$$

(5) 交流のベクトル表示

① 回転ベクトル

$i = I_m \sin(\omega t + \theta)$ は交流の値を示すが、交流は**回転ベクトル**によって示すことができる。

すなわち、図1.37に示すように、OPを最大値、θ を位相角にとり、回転ベクトル $\overrightarrow{OP}$ を矢印の方向に角速度ωで回転させ、$\overrightarrow{OP}$ のy軸に対する投影を描けば、右側の正弦波曲線を得る。

ともに角速度がωである電流i_1とi_2の和iは、図1.38に示すようにi_1、i_2を回転ベクトル $\overrightarrow{OA}$ および $\overrightarrow{OB}$ で表し、そのベクトル和 $\overrightarrow{OC}$ がi_1、i_2の和iである。差の場合は両ベクトルの差をとればよい。

② 交流を表す静止ベクトル

回転ベクトルはそのまま交流の変化の状態を示すことができるが、実際に必要なのは瞬時の値ではなく、実効値と位相関係である。

したがって、回転ベクトルを、ある瞬時の位置で止めた**静止ベクトル**を用いる。静止ベクトルは、瞬時の値とは関係ないが、最大値と位相の関係を表してい

図1.37
回転ベクトル

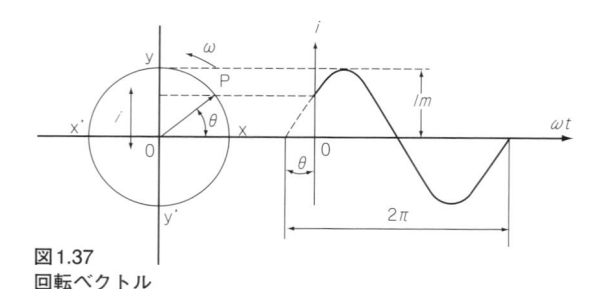

図1.38　ベクトル

る。さらに、最大値を実効値で表せば実用的である。

4.2 交流基本回路

(1) 抵抗Rだけの回路

図1.39(a)に示すように、抵抗Rの両端に、$e = E_m \sin \omega t$ を加えると、瞬時値iは式❺で表すことができる。

●補足●

脈流：直流と交流が重なって脈動する電流を**脈流**と呼ぶ。コイルとコンデンサの組合せにより脈流から直流分、交流分をそれぞれ取出すことができる。

ひずみ波：正弦波交流以外の交流を**ひずみ波**（合成波）と呼ぶ。このひずみ波は基本波を基準としてその周波数の2倍、3倍、4倍……の整数倍になる周波数の正弦波交流（第n高調波）が合成されたものと考えられる。理論的にはフーリエ展開で証明できる。

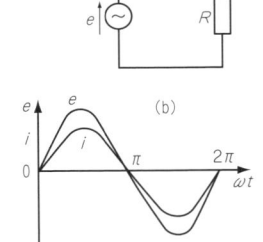

図1.39　Rだけの回路

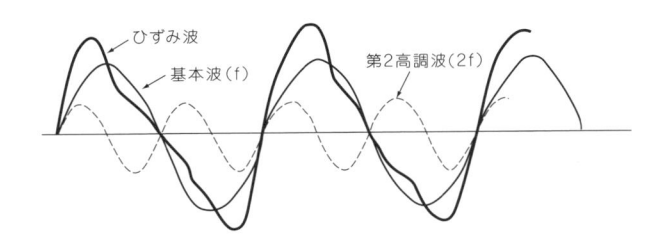

$$i = \frac{e}{R} = \frac{E_m}{R} \sin \omega t = I_m \sin \omega t \quad \cdots\cdots\text{式}❺$$

$$I_m = \frac{E_m}{R} \quad \cdots\cdots\text{式}❺\text{　または、} I = \frac{E}{R} \quad \cdots\text{式}❺$$

したがって、図1.39(b)のように、交流の抵抗回路では電流と電圧は同相である。図1.39(c)はベクトルで示したものである。

（2） 自己インダクタンスLだけの回路

図1.40(a)のように、自己インダクタンスLの両端に、$e = E_m \sin \omega t$ を加えると、瞬時値iは次式で表される。

$$i = \frac{E_m}{\omega L} \sin\left(\omega t - \frac{\pi}{2}\right) = I_m \sin\left(\omega t - \frac{\pi}{2}\right)$$

……… 式❺❽

すなわち、Lを流れる電流の最大値I_mは、$E_m/\omega L$で、位相は図1.40(b)のように、電圧に対して90°遅れる。これを実効値で表せば、次のようになる。

$$I = \frac{E}{\omega L} = \frac{E}{2\pi f L} \quad \text{……… 式❺❾}$$

また、ωLは抵抗に相当するもので、これを**誘導リアクタンス**（X_L）と呼ばれ、単位は[Ω]である。

この誘導リアクタンスをX_Lで表すと次のようになる。

$$X_L = \omega L = 2\pi f L \quad \text{……… 式❻⓪}$$

なお、図1.40(c)より、電流は電圧に対して$\pi/2$ [rad]遅れていることが分かる。

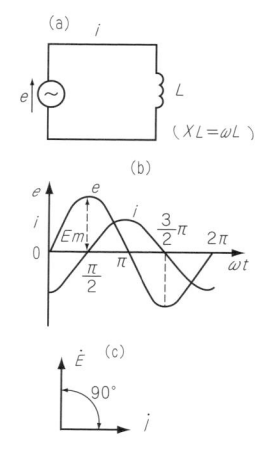

図1.40　Lだけの回路

（3） 静電容量Cだけの回路

図1.41(a)のように、コンデンサCの両端に$e = E_m \sin \omega t$を加えると、瞬時値iは次式で表される。

$$i = \omega C E_m \sin\left(\omega t + \frac{\pi}{2}\right) = I_m \sin\left(\omega t + \frac{\pi}{2}\right)$$

……… 式❻❶

すなわち、CEに流れる電流の最大値I_mは、$\omega C E_m$で、位相は図1.41(b)のように、電圧に対して90°進む。これを実効値で表せば次のようになる。

$$I = \omega C E = \frac{E}{\frac{1}{\omega C}} \quad \text{……… 式❻❷}$$

また、$1/\omega C$は抵抗に相当するもので、これを**容量リアクタンス**と呼び、単位は[Ω]である。

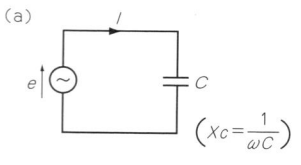

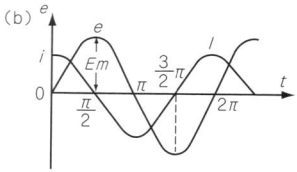

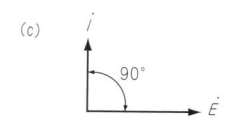

図1.41　Cだけの回路

【第1章】電気の基礎理論
4 交流回路

この容量リアクタンスをX_Cで表すと次のようになる。

$$X_C = \frac{1}{\omega C} = \frac{1}{2\pi f C} \quad \cdots\cdots\cdot 式❻❸$$

なお、図1.41(c)より、電流は電圧に対して$\pi/2$[rad]進むことが分かる。
図1.41(b)、(c)は、電圧、電流の位相関係を示す。

●補足●
容量リアクタンス：X_Cは、周波数fに反比例する。すなわち、容量Cは同じでも、周波数が高くなればなるほどリアクタンスは減少し、回路に大きな電流を流す。
誘導リアクタンス：X_Lは周波数fに比例して増加する。すなわち、fが高くなればなるほどX_Lも増加する。
インピーダンス：交流抵抗のことであり、一般に交流回路において交流電圧Vをかけ、交流電流Iが流れたとすれば、インピーダンスは$Z=V/I$で表され、その回路の素子（たとえばR、L、Cなど）によって定まる。交流抵抗と考えてよい。

(4) R、L、Cの回路
① 直列回路

R、L、Cを**図1.42(a)**に示すように直列に接続した場合、電流が各要素を共通に流れるため、電流を基準とした電圧ベクトルをベクトル図で示すと**図(b)**のようになる（$E_L > E_C$の場合）。

$$E_R = IR、E_L = I\omega L、E_C = I\frac{1}{\omega C}$$

また、$E_X = E_L - E_C = I\left(\omega L - \frac{1}{\omega C}\right)$

したがって、$E = \sqrt{E_R^2 + (E_L - E_C)^2}$

$$= \sqrt{(RI)^2 + \left(I\omega L - I\frac{1}{\omega C}\right)^2}$$

$$= I\sqrt{R^2 + \left(\omega L - \frac{1}{\omega C}\right)^2}$$

または、$I = \dfrac{E}{\sqrt{R^2 + \left(\omega L - \dfrac{1}{\omega C}\right)^2}}$ ……式❻❹

式❻❹の分母を次のようにおくと、

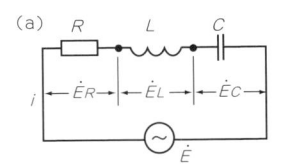

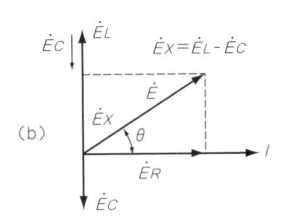

図1.42　R、L、Cの直列回路

$$Z = \sqrt{R^2 + \left(\omega L - \frac{1}{\omega C}\right)^2} = \sqrt{R^2 + (X_L - X_C)^2} \quad \cdots\cdots 式㉕$$

式㉔は、$I = \dfrac{E}{Z}$ ………式㊻ となる。

このZを**インピーダンス**と呼び、単位は$[\Omega]$である。IとEの位相差θは、

$$\theta = \tan^{-1}\frac{E_X}{E_R} = \tan^{-1}\frac{I\left(\omega L - \dfrac{1}{\omega C}\right)}{IR} = \tan^{-1}\frac{\omega L - \dfrac{1}{\omega C}}{R}$$

図1.42では、$X_L>X_C$の場合、すなわち電流が電圧よりθだけ遅れる場合を取扱っているが、もし$X_L<X_C$ならば、電流は電圧より進むことになる。

$X_L=X_C$であれば、$Z=R$となり、インピーダンス中の誘導リアクタンスと容量リアクタンスの作用が打消し合ってインピーダンスが最小となり、抵抗だけの場合と同じく、電圧と電流は同相となる。この状態を**直列共振**または**電圧共振**と呼び、この関係が成立するための周波数f_0は、次式で求められる。

なお、このf_0を**共振周波数**と呼ぶ。

$$X_L = X_C、\quad 2\pi f_0 L = \frac{1}{2\pi f_0 C} \text{ より、} f_0 = \frac{1}{2\pi\sqrt{LC}} \text{〔Hz〕} \quad \cdots\cdots 式㊼$$

② 並列回路

R、L、Cを図1.43(a)に示すように並列に接続した場合、電圧Eが各要素に共通に接続されるので、電圧を基準とした電流ベクトルをベクトル図で示せば図1.43(b)のようになる（$I_L>I_C$の場合）。

$$I_R = \frac{E}{R}、\quad I_L = \frac{E}{\omega L}、\quad I_C = \frac{E}{\dfrac{1}{\omega C}} = \omega CE$$

ベクトル図より、次式が成立する。

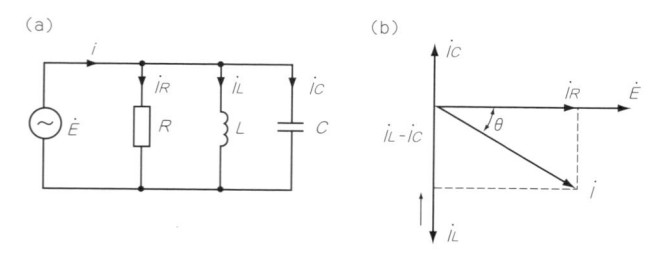

図1.43　R、L、Cの並列回路

【第1章】電気の基礎理論
4 交流回路

$$I = \sqrt{I_R{}^2 + (I_L - I_C)^2} = E\sqrt{\left(\frac{1}{R}\right)^2 + \left(\frac{1}{\omega L} - \omega C\right)^2} \quad \cdots\cdots\cdots 式❻❽$$

したがって、インピーダンスは次式で求めることができる。

$$Z = 1 \Big/ \sqrt{\left(\frac{1}{R}\right)^2 + \left(\frac{1}{\omega L} - \omega C\right)^2} = 1 \Big/ \sqrt{\left(\frac{1}{R}\right)^2 + \left(\frac{1}{X_L} - \frac{1}{X_C}\right)^2}$$

並列回路においては、$X_L > X_C$ のときは $I_L < I_C$ となり、電流は電圧より進み、$X_L < X_C$ のときは電流は電圧より遅れる。また、$X_L = X_C$ のときは、$Z = R$ でインピーダンスは最大となり、電圧と電流は同相となる。この状態を、**並列共振**または**電流共振**と呼び、共振周波数 f_0 は式❻❼で与えられる。

4.3 交流電力

(1) 力　率

電圧、電流の瞬時値を、$e = E_m \sin \omega t$、$i = I_m \sin(\omega t - \theta)$ で表すと、電力の瞬時値 p は次式となる。

$$p = e \times i = E_m \sin \omega t \times I_m \sin(\omega t - \theta)$$

この関係を図示したものが、**図1.44**である。斜線部分が電力に相当し、p は e、i の2倍の周波数で変化している。瞬時電力 p の1周期の平均値を平均電力と呼び、一般に交流電力はこの平均電力 P [W] で表し、これを**有効電力**と呼ぶ。

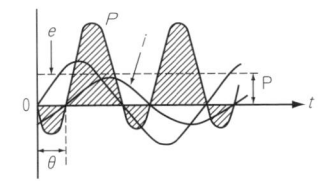

図1.44　交流電力

$$P = \frac{1}{2} E_m I_m \cos \theta = \frac{E_m}{\sqrt{2}} \times \frac{I_m}{\sqrt{2}} \cos \theta = EI \cos \theta \text{〔W〕} \quad \cdots\cdots\cdots 式❻❾$$

この $\cos \theta$ を**力率**と呼び、普通は%で表す。θ は電圧と電流の位相差であるから、抵抗だけの回路では $\cos \theta = 1$、インダクタンスまたはコンデンサだけの回路では $\cos \theta = 0$ となる。

(2) 皮相電力

式❻❾の EI は交流回路における見かけの電力であり、これを**皮相電力**と呼び、単位はボルトアンペア [VA] で表す。

また、$EI \sin \theta$ のことを**無効電力**（負荷と電源とで往復するだけで消費されない電力）と呼び、単位はバール [var] で表す。

いま皮相電力をP_A、有効電力をP、無効電力をP_rで表した場合、次式が成立つ。

$$\sqrt{P^2 + P_r^2} = \sqrt{(EI\cos\theta)^2 + (EI\sin\theta)^2} = EI\sqrt{\cos^2\theta + \sin^2\theta}$$
$$= EI = P_A \quad \cdots\cdots 式❼⓪$$

4.4 三相交流

(1) 三相交流とは

図1.45に示すように、巻線A、B、Cを互いに120°ずつの角度をもって巻き、磁界中で回転させると三相交流が得られる。e_Aを基準にすると、

$$e_A = E_m\sin\omega t,\quad e_B = E_m\sin\left(\omega t - \frac{2}{3}\pi\right),\quad e_C = E_m\sin\left(\omega t - \frac{4}{3}\pi\right)$$

となり、これをベクトル図で表すと、**図1.45(c)**のようになる。

ここで、次式が成立つ。

$$\dot{E}_A + \dot{E}_B + \dot{E}_C = 0 \quad \cdots\cdots 式❼①$$

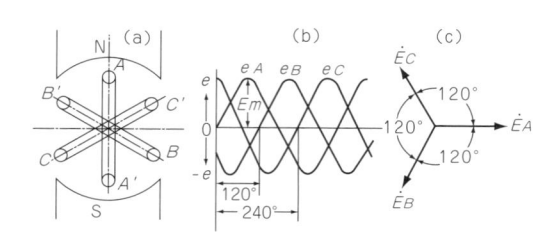

図1.45 三相交流

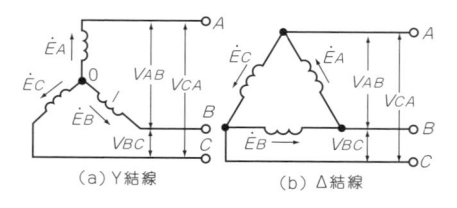

図1.46 三相交流結線法

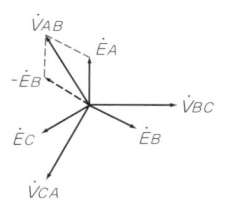

図1.47 ベクトル図

【第1章】電気の基礎理論

4 交流回路

(2) 三相交流の結線法

三相交流の結線法には2種類がある。図1.46(a)をY（スター）結線または星形結線と呼び、(b)をΔ（デルタ）結線または三角結線と呼ぶ。

なお、E_A、E_B、E_Cを**相電圧**、V_{AB}、V_{BC}、V_{CA}を**線間電圧**と呼ぶ。

図1.47は、Y結線に対するベクトル図を示したものである。

$$\dot{V}_{AB} = \dot{E}_A - \dot{E}_B、\quad \dot{V}_{BC} = \dot{E}_B - \dot{E}_C、\quad \dot{V}_{CA} = \dot{E}_C - \dot{E}_A$$

E_{AB}の大きさはベクトル図より、$V_{AB} = \sqrt{3}\,E_A$。同様にして、$V_{BC} = \sqrt{3}\,E_B$、$V_{CA} = \sqrt{3}\,E_C$。

すなわち、

（線間電圧）＝$\sqrt{3}$（相電圧）　………式❼②

また、Δ結線では図1.46(b)より、

（線間電圧）＝（相電圧）　………式❼③

(3) 三相負荷と電流

三相電源に対して、三相負荷はYまたはΔに接続されるが、電源Y、負荷Y接続、および電源Δ、負荷Δ接続の場合について述べる。

① Y-Y接続

OとO′を結び、電流についていえば、その大きさは次式で表せる。

$$I_A = I_B = I_C = \frac{E_A}{Z} = \frac{E_B}{Z} = \frac{E_C}{Z} \quad ………式❼④$$

なお、電流は電圧との間に位相差θをもっている。θは、インピーダンスによって決まる角度である。

したがって、$\dot{I}_A$、$\dot{I}_B$、$\dot{I}_C$は図1.48(b)に示されるように、互いに120°の位相差をもっており、$\dot{I}_A + \dot{I}_B + \dot{I}_C = 0$から、O－O′の線は不要となる。

電源または負荷の各相を流れる電流を**相電流**、電源と負荷を結ぶ導線を流れる電流を**線電流**と呼ぶ。Y結線においては、次式のような関係が成立つ。

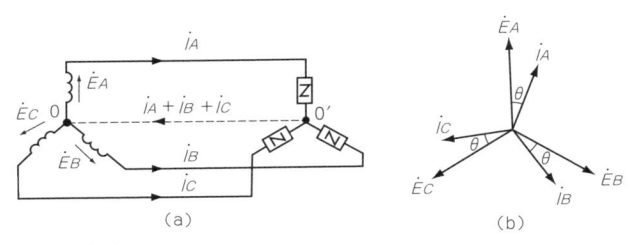

（線電流）＝（相電流）　………式❼⑤

図1.48　Y-Y接続

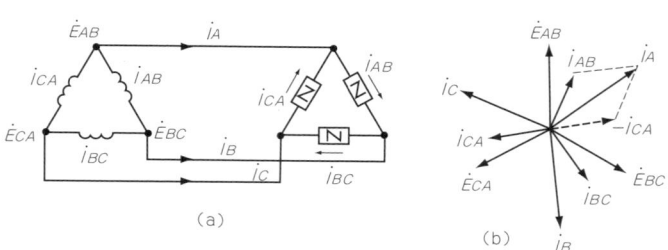

図1.49　Δ－Δ接続

② Δ-Δ接続

図1.49(a)より、相電流の大きさは次式で表すことができる。

$$I_{AB} = I_{BC} = I_{CA} = \frac{E_{AB}}{Z} = \frac{E_{BC}}{Z} = \frac{E_{CA}}{Z} \quad \cdots\cdots\cdots 式㊏$$

相電圧と相電流の位相差 θ は、インピーダンス Z によって決まる。また、線電流 $\dot{I}_A$、$\dot{I}_B$、$\dot{I}_C$ は、$\dot{I}_A = \dot{I}_{AB} - \dot{I}_{CA}$、$\dot{I}_B = \dot{I}_{BC} - \dot{I}_{AB}$、$\dot{I}_C = \dot{I}_{CA} - \dot{I}_{BC}$ であり、(b)図のようになる。すなわち、電流の大きさはベクトル図より、

$I_A = \sqrt{3} I_{AB}$、$I_B = \sqrt{3} I_{BC}$、$I_C = \sqrt{3} I_{CA}$ であり、

（線電流）＝ $\sqrt{3}$ （相電流）　………式㊐

(4) 三相電力

1相の電力は、（相電圧）×（相電流）×（力率）であるから、三相電力の場合は、（三相電力）＝3×（相電圧）×（相電流）×（力率）となる。

Y結線の場合は式㊒と式㊕を、Δ結線の場合は式㊓と式㊔を適用すると、いずれの場合でも次式のような関係が成立つ。

（三相電力）＝ $\sqrt{3}$ ×（線間電圧）×（線電流）×（力率）

すなわち、$P = \sqrt{3} VI \cos\theta$　………式㊑

ただし、V、I はそれぞれ線間電圧、線電流を表している。

(5) 回転磁界

図1.50(a)は、三相巻線に三相交流を供給している状態で、同図(b)は三相電流の状態を示している。

i_a、i_b、i_c のつくる磁界は、右ねじの法則により三

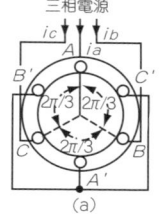

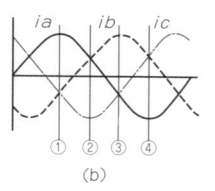

図1.50　三相巻線と三相交流

相の正弦波磁束ができる。

各相の電流が図1.50(b)の①の瞬時においてつくる磁界を図1.51(a)のように表し、②の瞬時には(b)、③の瞬時には(c)、④の瞬時には(d)のように表すことができる。

これらのつくる磁束は、時間とともに右回りに回転する。この状態は、N、Sの磁極が回転しているのと同じである。これを**回転磁界**と呼ぶ。

一般にP極、f[Hz]では、その回転数n_sは、

$$n_s = \frac{2f}{P} \text{[r.p.s]} \quad \cdots\cdots\cdots 式㊉$$

また、毎分の回転数をN_Sとすれば、

$$N_S = \frac{120f}{P} \text{[r.p.m]} \quad \cdots\cdots\cdots 式㊊$$

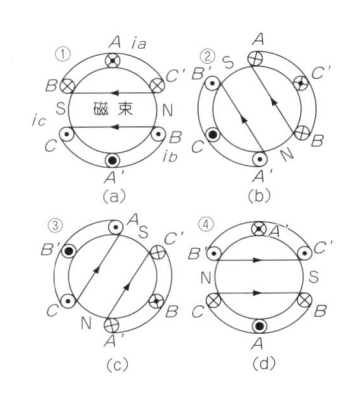

図1.51　回転磁界

4.5 過渡現象と回路網

(1) 過渡現象とは

コイルやコンデンサを含む回路では、定常状態（回路が常に一定の状態を保っていること）から他の定常状態に移る場合、変化の状態は瞬間的ではなく連続的に過渡的に変化をする。

たとえば図1.52に示すように、電流あるいは電圧が変化する場合、普通はきわめて短い時間の過渡期間があり、回路の条件や特性によってさまざまな現象が起る。これを**過渡現象**と呼ぶ。

この過渡現象は、波形の急変する電流を用いることが多い電子回路などでは、重要な意味をもつ現象である。

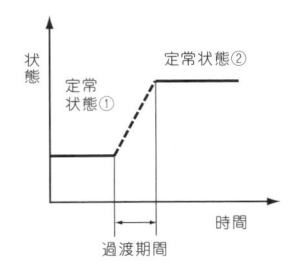

図1.52　過渡現象

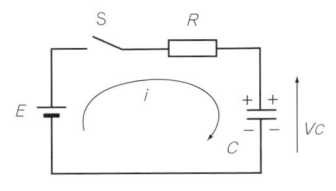

図1.53　Cを充電する場合

(2) RC直列回路の過渡現象
① Cを充電する場合

図1.53において、スイッチSを閉じると静電容量Cは次第に充電され、Cには電荷が蓄積してCの端子電圧v_cは次第に大きくなり、電源Eに対して逆起電力となるので、充電電流iは次第に減少し、$E=v_c$となれば$i=0$となる。

つまり、定常状態となったわけである。

この状態を図で表すと、図1.54に示すような指数曲線となる。

●補足●

この指数曲線を式で表せば、次のようになる。

$$i = \frac{E}{R}\varepsilon^{-\frac{t}{RC}}[A] \qquad v_c = E\left(1 - \varepsilon^{-\frac{t}{RC}}\right)[V]$$

$\tau=CR$を、この回路の**時定数**と呼び、単位は秒[s]で表す。充電電圧の曲線でいえば、v_cの値がEの0.632倍になるまでの時間である。

別のいい方をすれば、v_c曲線の0点における接線がE[V]の線と交わる点をQとすれば、EQが時定数τである。図1.55は、その状態を示したものである。

時定数τの大小により、v_c、iが変る状態を図1.54は示している。すなわち、τが大きいときには定常状態になるのに時間がかかり、τが小さいときには定常状態になるのが早くなる。

② Cの充電を完了後放電する場合

図1.56において、スイッチSを閉じるとCに蓄積された電荷がRを通じて放電され、v_cの値が小さくなるためi電流は減少し、v_cが0となると同時にiも0となる。この状態は指数曲線となり、図1.57はその特性を示したものである。この場合、iは充電の場合と向きが変わるので、図1.57(b)に示すように負値をとる。

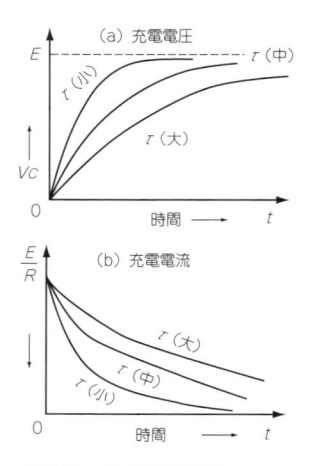

図1.54 充電過渡特性

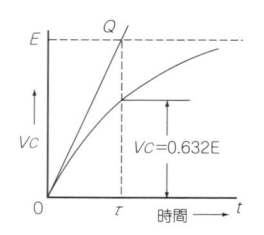

図1.55 時定数

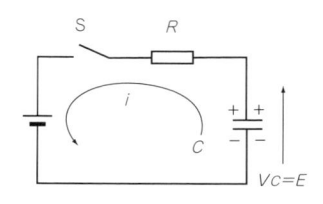

図1.56 Cを放電する場合

【第1章】電気の基礎理論

4 交流回路

　◎過渡現象には、以上のRC直列回路の場合の他に、RL直列回路などがあるが、ここではその考え方のみを理解すればよい。

（3）回路網とは

　電流の通る通路を**電気回路**と呼び、電気回路がいろいろと接続されたものを全体として**回路網**と呼ぶ。

　したがって、回路網には、抵抗、インダクタンス、静電容量、トランジスタ、電源などの回路素子が含まれる。

　回路網は、端子の数によって、二端子網、四端子網といった呼び名がある。

　たとえば、**図1.58**に示すように、R、L、Cによって構成される回路および電源は**二端子網**であり、**図1.59**に示すように、一方の2個の端子を電源からの入力端子とし、他の2個の端子を出力端子として負荷に接続するような回路網は**四端子網**である。

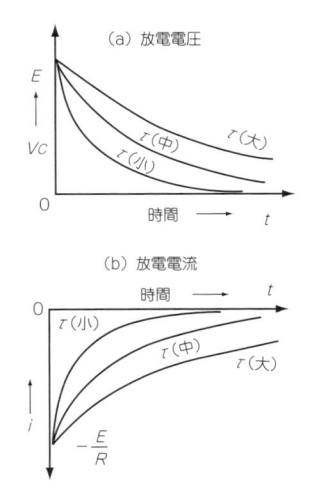

図1.57　放電過渡特性

図1.58　二端子網

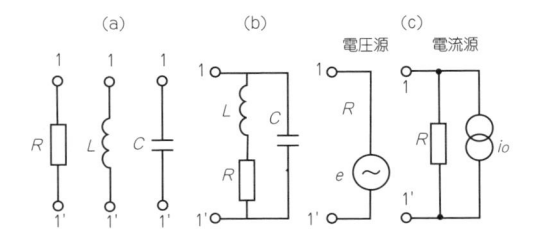

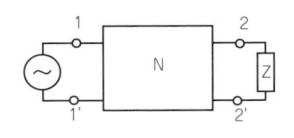

図1.59　四端子網

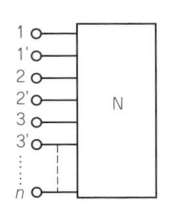

図1.60　多端子網

また、さらに多くの端子を設けたものが多端子網である（**図1.60**）。

なお、回路網中に電源を含むものを能動回路網、含まないものを受動回路網と呼んでいるが、普通、四端子網などは受動回路網の場合が多い。

（4）四端子網

一般に、入力信号を増幅したり変調したりする回路は、非線形素子や直流成分を含むために非常に複雑な回路となる。したがって、その解析や計算は困難になりやすい。

そこで、一対の入力端子と一対の出力端子とをもった四端子網を考え、複雑な回路（**図1.59**のN）そのものはブラックボックスとして、その回路の特性を計算するために、目的に応じた各種の**等価回路**（たとえばZパラメータ、Yパラメータ、hパラメータなど）に置換えて、入力と出力の間の関係を求めるといった方法がとられる。

◎各種のパラメータや四端子定数に関しては高度で複雑な内容となるため、ここでは基本的な考え方の説明にとどめる。

（5）フィルタ

送られてきた信号電流の中から、特定の周波数をもった電流を取出す目的をもってつくられた回路を**フィルタ**と呼ぶ。R、L、Cの素子のみで構成されたフィルタは、受動四端子回路網で表される。

フィルタの種類を考えるのには、2つの分類方法がある。

ひとつは、**図1.61**に示すように、その構造上から分類する方法であり、もうひとつは、**図1.62**に示すように、構造にかかわらず性能上から分類する方法である。

図1.61では、T形とπ形はいずれも逆L形から導かれ、これらを接続したものが格子形である（Zはインピーダンス）。

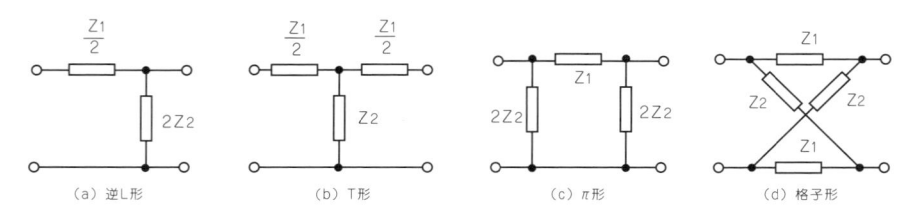

図1.61　各種のフィルタ

【第1章】電気の基礎理論

4 交流回路

フィルタは、ある範囲の周波数の電流は減衰なく通過させるが（この範囲を**通過域**と呼ぶ）、その他の周波数帯の電流は著しく減衰させ、通過を阻止する性質（この範囲を**減衰域**と呼ぶ）をもっており、その性質上から分類すると、**図1.62**のように分けられる。

① ローパスフィルタ

図1.62(1)の回路図に示すように、Lは高周波に対して高抵抗を示し、低周波に対しては低抵抗となり、Cは高周波に対して低抵抗、低周波に対しては高抵抗となる。

したがって、f_C以上の高周波はLで阻止されてCを通って帰還するので、f_C以下の周波数のみが通過する。

② ハイパスフィルタ

ローパスフィルタと逆の働きをするフィルタであり、f_C以下は阻止し、f_C以上の高周波を通過させる。

③ バンドパスフィルタ

回路図に示すように、L_1、C_1は直列共振周波数付近（$f_1 \sim f_2$）の電流に対して低抵抗を示し、その他の周波数の電流に対しては高抵抗を示す。

また、L_2、C_2は並列共振周波数付近の電流に対して高抵抗を示し、その他の周波数の電流に対しては低抵抗を示すため、L_2、C_2の共振周波数をL_1、C_1に合せれば右図(3)のような特性を示す。

④ バンドエリミネーションフィルタ（帯域消去フィルタ）

バンドパスフィルタと逆の働きと特性を示すフィルタである。

(1) ローパスフィルタ

(2) ハイパスフィルタ

(3) バンドパスフィルタ

(4) バンドエリミネーションフィルタ

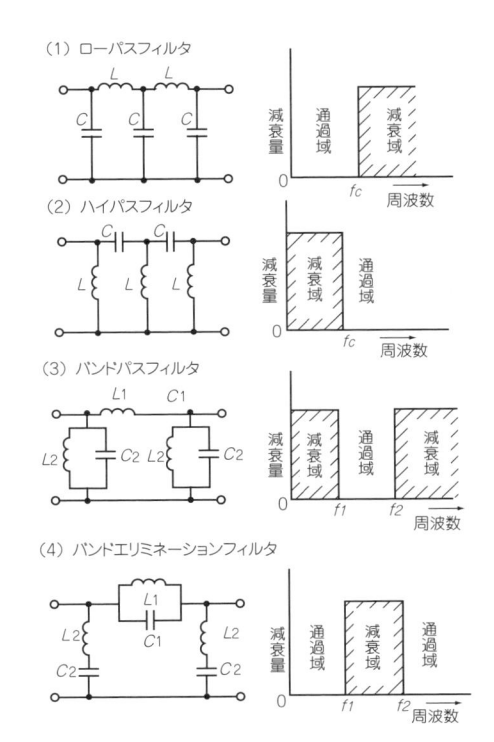

図1.62　フィルタの分類

第1章 ●電気の基礎理論

実力診断テスト
解答と解説は52ページ

次の設問において、記述が正しければ○、記述が間違えていれば×を解答しなさい。

【1】 鉄心入りコイルに交流を通電すると鉄心に熱損失を生じる。
【2】 交流100[V]の電圧に1[kΩ]の抵抗を接続したときの消費電力は、1[W]である。
【3】 図1に示す回路において、端子a、b間の合成抵抗は30Ωである。

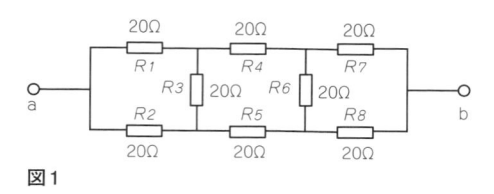

図1

【4】 10[Ω]の抵抗と8[Ω]の誘導リアクタンスが直列に接続されたときのインピーダンスは18[Ω]である。
【5】 図2に示すような並列共振回路に、周波数可変の交流電圧を加え周波数を変化させたところ、$f_0 = \dfrac{1}{2\pi\sqrt{LC}}$ のところでI_iが最低になった。
【6】 コンデンサに加わる交流の周波数が2倍になると、そのコンデンサの容量リアクタンスも2倍になる。
【7】 直列共振回路に含まれる抵抗Rの値が元の値の3倍となった。共振周波数は元の値の6倍となる。
【8】 図3は、平衡がとれたホイートストンブリッジ回路がある。
この回路の抵抗Pの値を半分にした場合、回路の平衡を保つためには、抵抗Sの値を2倍にする必要がある。
【9】 実効値100[V]の正弦波交流の最大値は約141[V]である。

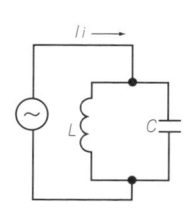

図2

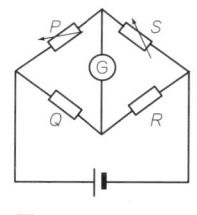

図3

【10】図4に示す回路の合成静電容量は、5〔μF〕である。

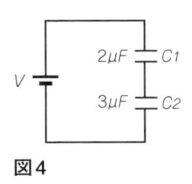

$$V \;\; \substack{2\mu F \; C_1 \\ 3\mu F \; C_2}$$

図4

【11】静電誘導作用とは、正に帯電した物体に導体を近づけると、帯電した物体に近い側に負の電荷が、反対側に正の電荷が誘導する現象をいう。
【12】誘導起電力の向きは、フレミングの左手の法則により決まる。
【13】コイルに流れる電流が変化すると、そのコイル自身に起電力が誘導される。この作用を相互誘導作用という。

第1章●実力診断テスト　解答と解説

【1】○　☞　鉄心入りコイルに交流を加えたとき、鉄心にヒステリシス損とうず電流損が生じ、これらが熱となる。

【2】×　☞　交流電力に関する問題であるが、有効電力を $P=EI\cos\theta$ とすれば、抵抗 R だけの回路では、$\cos\theta=1$ となり、$P=EI$ となるので、次式で P は求められる。
$P = E \times E / R = 100[\text{V}] \times 100[\text{V}] / 1000[\Omega] = 10[\text{W}]$

【3】○　☞　R_3 と R_6 に流れる電流が0であることに着目すると、合成抵抗 R は、次式の通り。
$$\frac{1}{R} = \frac{1}{R_1+R_4+R_7} + \frac{1}{R_2+R_5+R_8} = \frac{1}{60} + \frac{1}{60} = \frac{1}{30}$$
$\therefore R = 30$

【4】×　☞　交流回路のインピーダンス計算であることに注意。公式から、
$Z = \sqrt{10^2 + 8^2} = \sqrt{164} = 12.8[\Omega]$ となる。

【5】○　☞　回路が共振状態であるか否かは、①回路電流が最小であること、②電流と電圧の位相が同相であること、で判別する。
直列共振しているとき→回路インピーダンスは最小となる。
並列共振しているとき→回路インピーダンスは最大となる。

共振しているときの周波数→ $f_0 = \dfrac{1}{2\pi\sqrt{LC}}$

【6】×　☞　コンデンサのリアクタンスは周波数に反比例する。

【7】×　☞　R が元の何倍になろうと共振周波数には関係がない。

【8】×　☞　ホイートストンブリッジにおいて平衡がとれているとき、$PR=QS$ が成立つ。R, Q が不変とすれば、S は P に比例する。したがって、P が半分になれば S も半分にしなければならない。

【9】○　☞　正弦波の実効値と最大値の関係は基本で重要。
最大値 $= \sqrt{2} \times$ 実効値。

【10】×　☞　$C_0 = (C_1 \times C_2)/(C_1 + C_2) = (3 \times 2)/(2+3) = 1.2[\mu\text{F}]$

【11】○

【12】×　☞　誘導起電力の向きは、フレミングの右手の法則により決まる。また、導体に働く力の方向を調べるときは、フレミングの左手の法則による。

【13】×　☞　自己誘導作用という。
相互誘導作用とは、コイルに流れる電流が変化するとき、他方のコイルに起電力が誘導される作用をいう。

【第2章】
電子回路用部品

　日頃から取扱っている回路部品に関するだけに、出題率は毎年15題前後と大きな割合を占め、1級では程度も比較的高いものが多い。
■半導体では、各半導体素子の動作原理とその特性・用途は必ず出題される。また、ダイオードの原理と種類、定電圧ダイオード、可変容量ダイオード、整流器についても基礎知識を十分に整理しておくとよい。
■トランジスタについては、各形式の構造と特性を理解し、ICについても原理と用途、ICの種類とその特徴を理解しておく。
■特殊半導体素子については、サーミスタ、バリスタ、サイリスタは毎年出題されるといっても過言ではないから要注意。また、光センサ、LED、液晶など、新しい部品について出題される傾向が強くなっている。
■抵抗とコンデンサは、それぞれの構造・特性・用途を十分に把握し、混同しないように整理しておく。その他の部品についても、本章程度の常識的な基礎知識を知っていなければならない。なお、真空管については、ほとんど出題されない傾向になっている。

1 半導体の性質

1.1 N形半導体とP形半導体

　半導体には、**真性半導体**と**不純物半導体**とがあり、真性半導体は非常に純度の高い半導体である。実際にトランジスタに使われるのは後者の不純物半導体の方であり、N形とP形の2つがある。また、真性半導体は**I形半導体**と呼ばれる。
　N形とP形の違いは、電気伝導をするもの（キャリアと呼ぶ）の違いにある。
N形半導体：電子がキャリアとなる
　　　　　　　（電子を多数キャリア、ホール（正孔）を少数キャリアという）
P形半導体：ホール（正孔）がキャリアとなる
　　　　　　　（ホール（正孔）を多数キャリア、電子が少数キャリアという）

（1） ホール（正孔）と電子

　半導体の原子が集まって結晶を形成している場合、**図2.1**に示すようにそれぞれ隣接した原子間で電子を共有し合い、いわゆるダイヤモンド構造を形づくっている。このような結合を**共有結合**と呼ぶ。
　ホール（正孔）とは、この共有結合において電子が飛出した抜けがらである。電子と違ってホールそのものが動くわけではないが、伝導電子（自由電子）が加えられた電界と逆の方向に移動するのに対し、ホールは電界と同じ方向に見かけ上移動することによって、電気伝導の役割を果たす。

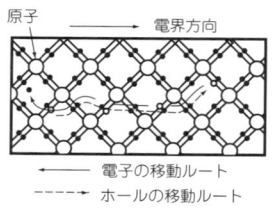

図2.1　電子と正孔の移動

（2） 不純物半導体

　真性半導体とは、伝導電子とホールの数が常に等しいものであり、この中に微量の不純物を入れ、ホールの数を多くしたものがP形半導体、伝導電子の数を多くしたものがN形半導体である。
　これらの不純物半導体の伝導電子やホールの量は、不純物の混入量によって決まってくるので、希望する抵抗率の半導体をつくることが可能である。
　なお、N形半導体に入れる不純物を**ドナー**、P形半導体に入れる不純物を**アクセプタ**と呼び、まとめると**表2.1**に示すようになる。

【第2章】電子回路用部品

1 半導体の性質

表2.1 各半導体の特性

特長＼種類	不純物半導体		真性半導体
	N形半導体	P形半導体	
不純物	ドナー（原子価5価のひ素AsアンチモンSbなど）	アクセプタ（原子価3価のほう素Bインジウムlnなど）	非常に高純度のゲルマニウム（Ge）あるいはシリコン（Si）で、原子価（電子の数）は4価である。不純物なし
キャリア	電子が多い（負電荷をもつ）	正孔が多い（正電荷をもつ）	

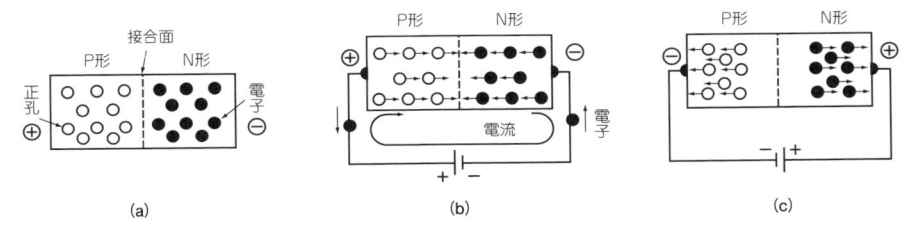

図2.2 PN接合の状態

1.2 PN接合ダイオードの動作

1つの単結晶の半導体の中に、P形とN形が隣接して存在するものを**PN接合**と呼び、電圧を加えない普通の状態では、図2.2(a)のようになっている。

次に図2.2(b)のように、P形の方に(＋)、N形の方に(－)の電圧を加えると、ホールと伝導電子は互いに相手の電極に引きつけられるので、接合面を越えて伝導電子はホールを順につめていき、伝導電子とホールが動いて電流が流れる。このような電圧の加え方を**順方向電圧**と呼ぶ。

逆に図2.2(c)に示すように、P形の方に(－)、N形の方に(＋)の電圧を加えると、ホールと伝導電子はお互いに自分の電極の方に引き寄せられてしまい、接合面を越えることができず、電流は流れない。このような電圧の加え方を**逆方向電圧**と呼ぶ。

1.3 トランジスタの動作

図2.3(a)に示すように、不純物濃度が小さく、幅の狭いN形半導体の両側からP形半導体ではさんだ半導体の組合せを**PNP形トランジスタ**と呼び、図2.3(b)に

示すように、N形とP形とが入れ換ったものを**NPN形トランジスタ**と呼ぶ。なお、PNP形もNPN形も、印加電圧の極性を逆にすればまったく同じ働きをする。

　これらの3つの部分は、1つの結晶の中につくられ、いずれも中央の部分を**ベース**(B)と呼ぶ。

　また、ベースを中心として外側にある順方向の領域を**エミッタ**(E)、逆方向の領域を**コレクタ**(C)と呼び、それぞれのベースとの接合部を**エミッタ接合**、**コレクタ接合**と呼ぶ。

　トランジスタは3本足であるから、増幅器のような入力と出力のある4端子の回路では、**図2.4**に示すようにどれかの電極を共通にしなければならない。この共通電極は接地として構成されるので、それぞれ共通電極の名称をとって、**ベース接地回路**、**コレクタ接地回路**、**エミッタ接地回路**と呼ばれる。接地の方法について**図2.4**に示す。

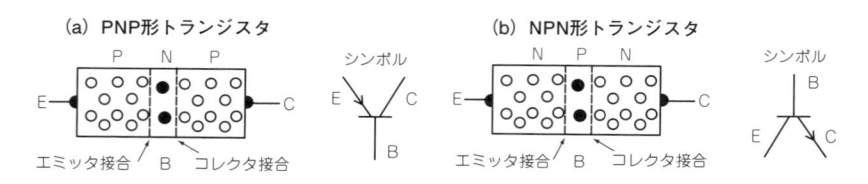

図2.3　トランジスタ

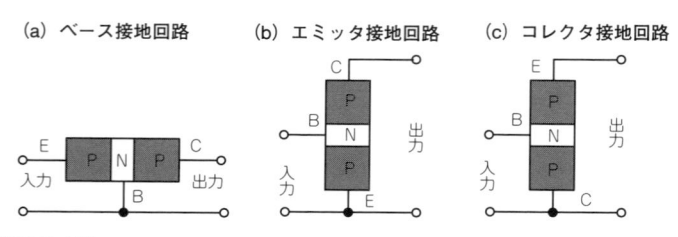

図2.4　接地の方法

2 接合ダイオード

ダイオードは、本来真空管の2極管、またはこれと同じ働きをする半導体のことをいう。普通、単にダイオードといえば半導体と半導体、または半導体と金属を接触または接合したものをいい、製造法、用途、容量などに応じて各種のものがある。

図2.5に示すような特性をもち、順方向に電流を通し、逆方向にはほとんど流さず、整流作用およびスイッチング作用を行う。**スイッチングダイオード**とも呼ばれる。

普通、平均電流が100〜200[mA]以上のダイオードは、**整流素子**または**パワーダイオード**とも呼ばれ、大容量のものでは電力整流器に用いられる。また、小容量のものは検波用に適している。

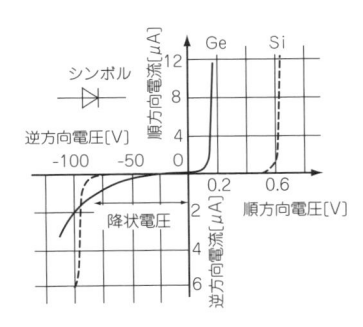

図2.5　合成形接合ダイオードの特性

●**素材**●　素材はゲルマニウム（Ge）やシリコン（Si）を用いるが、**図2.5**に示すように順方向の立ち上り電圧はGeよりSiの方が大きい。

最高許容温度はGeで約80℃、Siでは約150℃程度で、耐逆電圧も数百[V]に及ぶものがあり、セレン整流器などに比べると、非常に優れている。

●**種類**●　接合ダイオードは、製造技術のうえから主に合金形、拡散形に区別される。特殊な用途としては、定電圧ダイオード、可変容量ダイオード、エサキダイオードなどがある。

2.1 合金形ダイオード

図2.6は、一般的な合金形シリコンダイオードの構造を示したものである。

これは、還元性または不活性のガス内でN形シリコン半導体にアルミニウムを高温で合金し、合金部をP形としてPN接合したものであり、Siは陰極、Alは陽極となる。

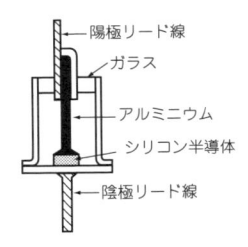

図2.6　合金形の構造

2.2 定電圧ダイオード

ダイオードの逆方向電圧を大きくしていくと、一定の電圧値まではほとんど電流が流れないが、ある値から急激に電流が増加し、さらに電圧を大きくするとついにはダイオードが破壊する。

この急激に電流が増加する現象を**降伏**、あるいは**ツェナー降伏**と呼び、その電圧を**降伏電圧**と呼ぶ（図2.7）。

定電圧ダイオードは、ツェナー降伏が起きても破壊されない範囲では、電圧が一定に保たれることを利用したもので、このようなダイオードを**ツェナーダイオード**とも呼ぶ。広い電流範囲にわたって電圧が一定になる特性が得られるので、定電圧回路に用いる。

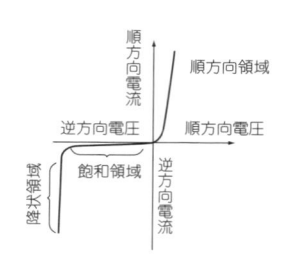

図2.7 定電圧ダイオードの電圧電流特性

一般に、合金形シリコンPN接合が用いられ、不純物の量や合金温度などを変えることによって降伏電圧を3 – 1000[V]程度の範囲まで得ることができる。

2.3 エサキダイオード

不純物濃度の高いN形ゲルマニウムと3価のインジウムの接合によってつくられたダイオードであり、不純物が多いほど降伏電圧は小さくなる。

また、順方向でも、逆方向で生じたトンネル効果と同じような現象が起るので、負性抵抗（電圧を高くすると電流が減少する）の性質が現われる。

図2.8は、その特性を示したものである。

●**用途**● 超高周波の発振や増幅に用いられ、微少電力で増幅されるうえに、低雑音、小形で動作時間が非常に速いため、電算機など利用範囲は広い。

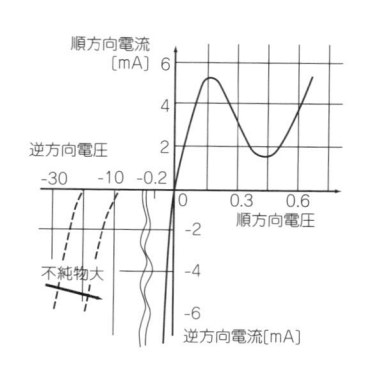

図2.8 エサキダイオードの電圧電流特性

2.4 可変容量ダイオード

　接合形ダイオードに逆方向電圧を加えると、接合面付近にキャリアの存在しない領域（空乏層）が生じ、その部分は等価的に静電容量として動作する。つまり、一種の平行板コンデンサとしてみることができる（**図2.9**参照）。

　この容量Cは、加える電圧Vの大きさによって変化し、その関係は次式で表される。

$$C = \frac{k}{\sqrt{V}} \quad \cdots\cdots\cdots 式❶ \quad [k：比例定数]$$

　●用途●　逆方向の直流電圧によってバイアスされたダイオードは電圧で容量が変わりコンデンサと同じように高周波をよく通すので、FM変調器、TVのAFC回路などに用いられる。

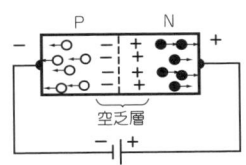

図2.9
可変容量ダイオードの原理

3 トランジスタ

トランジスタは、周波数、電力など、機能・用途によって分類されているが、一般には製造方法によって区別されることが多い。大別すると、バイポーラトランジスタとユニポーラトランジスタがあり、単にトランジスタという場合はバイポーラトランジスタを表す場合が多い。ユニポーラトランジスタは一般には**FET**（**電界効果トランジスタ**）と呼ばれている。

◎**点接触トランジスタ**：トランジスタの歴史では最初のものであり、点接触ダイオードに、0.02mm程度の間隔でもう1つの探針を付けたものである。増幅率 a は1より大きく数十[MHz]まで使用できる。

3.1 バイポーラトランジスタ

現在製造されているトランジスタはほとんど接合型であり、N形半導体とP型半導体をNPNまたはPNPの3層構造として作られている。一般には**拡散型トランジスタ**といわれる構造である。高周波特性をよくするために拡散層を用いてベースを極めて薄くしたものであり、最も広く使われている。

この形は**メサ形**とも呼ばれ、改良形として、プレーナ形、エピタキシャルプレーナ形がある。特にシリコン基板では特性が優れている。

バイポーラトランジスタでは、ベース(B)に小さい電流を流すことでコレクタ(C)-エミッタ(E)間に大きな電流を流すことができる。

エミッタに流れる電流は $I_E = I_C + I_B$ となるが、通常ではコレクタ電流 I_C はベース電流 I_B の数10～数100倍となるため、

$I_E ≒ I_C$

として扱って実用上問題とはならない。

入力電流 I_B と出力電流 I_C の比 I_C/I_B を**電流増幅率**といい、$β$ あるいは h_{FE}（小信号を扱う場合は h_{fe}）として扱われている。

$β$（電流増幅率）は数10～数100で、低周波用から数百[MHz]の高周波用まで様々な種類がある。低周波用で大電流が扱えるものを特に**パワートランジスタ**という（**図2.10**）。

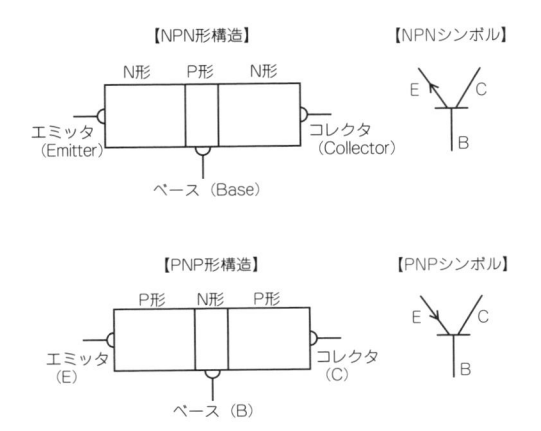

図2.10 バイポーラトランジスタの構造と図記号

3.2 接合型FET

　FET（電界効果トランジスタ：Field Effect Transistor）の代表的な種類の1つであり、バイポーラトランジスタと同様にPNPまたはNPNの3層構造である。**J-FET**（Junction FET）とも呼ばれる。ただし、バイポーラトランジスタとは動作原理は全く異なっている。接合型FETではゲート（G）とソース（S）間のPN接合に逆方向電圧を加えることによって空乏層の大きさを制御し、ドレイン（D）とソース（S）間の伝導層（これを**チャネル**という）の幅を変化させることで電流を制御する。ゲートに加える電圧によってドレイン−ソース間の電流を制御することができる。バイポーラトランジスタが電流制御素子と呼ばれるのに対して、FETは**電圧制御素子**とも呼ばれている。

　接合型FETではゲートに電圧を加えていないときにドレイン−ソース間に最大電流が流れ、ゲート電圧を大きくしていくと電流が小さくなっていく。この特性を**デプレッション型**（またはノーマルON型）という。ゲートにはほとんど電流を流さないと言うことで、入力インピーダンスが非常に大きいという特徴を持っている。

　図2.11は、その構造を示したものである。

【N CH形構造】　　　　　【シンボル】

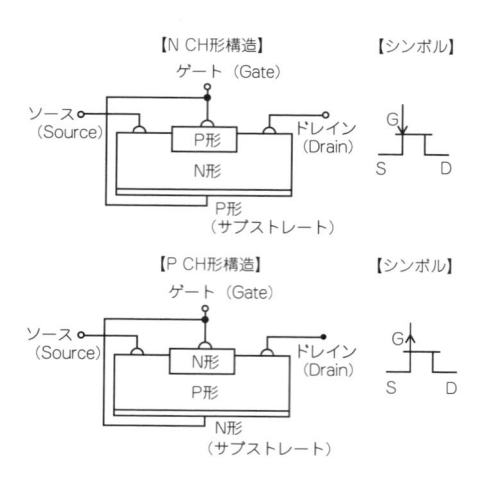

図2.11　J-FETの構造と図記号

3.3 MOS型FET

　金属酸化膜FET（Metal Oxide Semiconductor FET）をMOS型FETという。**図2.12**は、MOS型FET（エンハンスメント型）の構造を示したものである。ゲート電極がシリコン酸化膜の絶縁層の上に作られた構造となっており、接合型FETよりさらに入力インピーダンスが大きくなっている。

　MOS型FETはゲート電極に電圧を加えることによって**電荷反転層**と呼ばれる伝導層（チャネル）を形成することでドレイン－ソース間の電流を制御する構造となっている。現在のディジタルICはその大半がこのMOS型FETによって作られている。PチャネルとNチャネルを組み合わせた構造で**C-MOS**と呼ばれる。

　図2.12の構造のMOS型FETは、ゲート電圧を大きくするとチャネルも広がりドレイン－ソース間の電流が大きくなる。この特性を**エンハンスメント型**（またはノーマルOFF型）という。MOS型FETには、構造の違いによって接合型FETと同様のデプレッション型も作られるが、現在はあまり製造されていない。

　また、接合型FETに比べて静電気の耐性が低いという欠点も持っているので取り扱いには注意を要する。

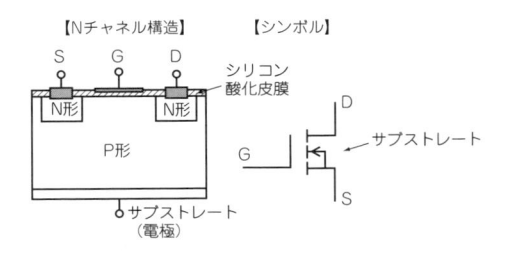

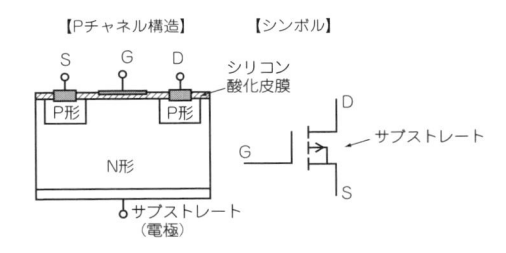

図2.12　MOS型FET（エンハンスメント型）の構造と図記号

3.4 パワーMOSとiGBT

　電力を取り扱うように設計されたMOS型FETのことである。他のパワーデバイスと比較するとスイッチング速度が速く、低電圧領域での変換効率が高いため、200V以下の領域で、スイッチング電源や、DC-DCコンバータ等に用いられる。
　また、MOS型FETをゲート部分に組み込んだバイポーラトランジスタを**絶縁ゲートバイポーラトランジスタ**（Insulated Gate Bipolar Transistor：iGBT）といい、電力制御の用途で使用されている。

4 集積回路(IC)

電子回路はいくつかの回路部品とその間の配線とから構成されているが、これらの部品や配線をひとまとめにした機能を基板上につくれば、回路自体が集約された1つの部品と見なすことができる。

このような回路を**集積回路**（Integrated Circuit：IC）と呼び、次にあげるような利点がある。
① 大量生産方式によって、安価につくれる。
② 接続点の数や部品が少なくできるため、信頼性が高い。
③ 電子機器の製作上、使いやすい。
④ 超小型化できる。
⑤ 信号処理の高速化に有利である。

なお、集積回路（IC）は、その構造、構成により**図2.13**のように分類される。
また、1枚の基板（半導体チップ）に集積される素子数によって、おおよそ**図2.14**のように分類されるが、集積度は年々向上しつつある。

◎モノリシック集積回路は、最も一般的な半導体回路について分類した。

集積回路	モノリシック	バイポーラ	アナログ		差動幅幅器など
			ディジタル		TTL、ECL、高速メモリなど
		MOS	アナログ		あまりつくられていない
			ディジタル	Pチャンネル	メモリなど
				Nチャンネル	メモリ、マイクロプロセッサなど
				コンプリメンタリ	電卓、時計、メモリなど
	ハイブリッド	厚膜	アナログ		低周波のRC、半導体回路網など
			ディジタル		各種のディジタル回路網
		薄膜	アナログ		高周波のRC、半導体回路網など
			ディジタル		各種のディジタル回路網

図2.13　集積回路の分類

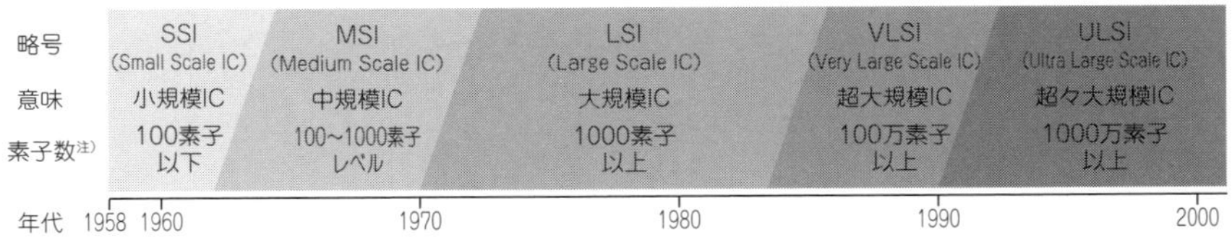

【第2章】電子回路用部品

4 集積回路（IC）

略号	SSI (Small Scale IC)	MSI (Medium Scale IC)	LSI (Large Scale IC)	VLSI (Very Large Scale IC)	ULSI (Ultra Large Scale IC)
意味	小規模IC	中規模IC	大規模IC	超大規模IC	超々大規模IC
素子数(注)	100素子以下	100～1000素子レベル	1000素子以上	100万素子以上	1000万素子以上
年代	1958 1960		1970	1980	1990 2000

注）素子数は概略としてのめやすで、厳密な定義はない。

図2.14 集積度による分類

4.1 モノリシックとハイブリッド

　集積回路の全部品（トランジスタ、ダイオード、抵抗、コンデンサなど）が1つの半導体結晶板に一体として組込まれているものを**半導体集積回路**と呼び、1つのシリコン単結晶基板（ウエハという）の中にすべての部品がつくられていることから、**モノリシック集積回路**とも呼ばれる。

　また、ガラスやセラミックのような1枚の絶縁基板上に抵抗、コンデンサなどの素子を多数膜状に接続し一体としてつくる膜回路技術と、単体部品（トランジスタ、ダイオード、コンデンサ、および半導体集積回路など）とを組合せたものを**ハイブリッドIC**（混成集積回路）と呼ぶ。

　ハイブリッドICには、素子間の相互配線、抵抗、コンデンサの製造方法の違いによって2種類ある。1つは、抵抗、配線などを印刷によってつくり、これらに個別の半導体または半導体チップ（外囲器のない半導体そのもの）を組込み、相互配線を行ったハイブリッド厚膜集積回路であり、もう1つは、蒸着、選択腐食法（エッチング）と酸化技術によって配線、抵抗、コンデンサをつくり、半導体などの個別部品を組合せたハイブリッド薄膜集積回路である。

　◎厳密には、個別部品を使用しない薄膜回路はモノリシック集積回路であるが、一般的にはモノリシック集積回路といえば半導体回路を指す。

●**モノリシック集積回路の特徴**●
　前記集積回路の利点（安価、高信頼性、小形など）を最も効果的に備えている。製造プロセスも大幅に進化し、現在のLSIの主流である。

●**ハイブリッド集積回路の特徴**●
① 種々の最適な素子の組合せが可能。
② アナログとディジタル機能の組合せ（AD変換器など）。
③ 高電圧、大出力が可能である。
④ 集積度が低い。

⑤ 信頼性がモノリシックに比べて低い。

4.2 バイポーラとMOS

PNPやNPNトランジスタのようなバイポーラトランジスタを集積した半導体集積回路を**バイポーラ集積回路**と呼び、MOS形FETを集積した回路を**MOS集積回路**と呼ぶ。

(1) バイポーラ集積回路（バイポーラIC）
動作速度が速い、出力電流が大きい、単一電源で動作するといった利点から、TTLのような標準論理素子として早くから使用され、また温度安定性が高く周波数帯域も広いため、アナログ集積回路にも使用されている。

SSI、MSIからLSIへと、集積回路の高集積化に伴って、MOS集積回路はその特長を活かして有利になりつつあり、このMOS・ICに劣っている点（集積度が低い、消費電力が大きい）を改善するために、また高速化など、さらに性能を向上させるために各種のバイポーラICが考え出されている。

●TTL（Transistor Transistor Logic）●
図2.15に示すように入力のトランジスタQ_Gはマルチエミッタになっていて、マルチエミッタによって論理の演算を行い、出力のトランジスタQ_Aで増幅反転を行っている。Q_Aが飽和からしゃ断状態になるときバイポーラトランジスタ特有のスイッチ遅れ（蓄積時間）を伴うが、トランジスタQ_GがQ_Aの蓄積電荷を入力側に引き出すので、他の飽和回路よりも高速動作が可能である。

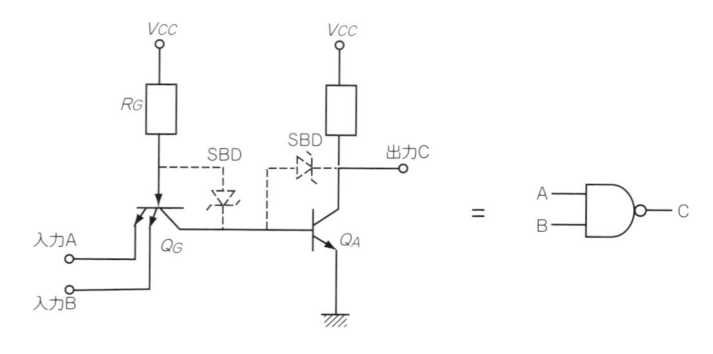

図2.15　ICの構成例

●ショットキーTTL●

TTLに、図2.15に破線で示したようなSBD（Schottky Barrier Diode）を付加したもので、前記TTLの飽和現象を防止し高速化を図ったものである。

●ECL（Emitter Coupled Logic）●

活性領域としゃ断領域との間をスイッチして用いる不飽和形の論理形式で、エミッタ連結の並列トランジスタを使用した最高の動作速度を持ったディジタル標準モノリシック回路である。CML（Current Mode Logic）とも呼ばれ、消費電力は大きい（約30mW/ゲート）。また、負電源で動作させることも特徴である。

●I²L（Integrated Injection Logic）●

バイポーラ集積回路の集積度をMOS集積回路のレベルに近づけた技術で、論理が出力で行われる点で従来の論理回路と異なる。消費電力が非常に少なく（1～10μW/ゲート）、動作速度と消費電力の積が小さい。また、アナログ機能も可能である。

(2) MOS集積回路（MOSIC）

MOS FETを主体として構成した集積回路であり、ほとんどがディジタル集積回路であり、現在の集積回路、LSIの主流である。

バイポーラ集積回路と比較すると、次のような特徴がある。

［長所］
① 集積密度が高い。
② 消費電力が少ない。
③ 製造プロセスが簡単である。
④ 製造費が安価である。

［短所］
① 動作速度が中位である。
② 出力電流が少ない。
③ アナログ機能に適していない。

なお、MOS集積回路は、その構成、構造によって、さらに以下のような2種類に分けられる。

●NチャンネルMOS IC●

NチャンネルMOS FETのチャンネルを構成するキャリアは電子である。電子はホールに比べて移動度が2倍程度大きいので、ホールをキャリアとするPチャンネルMOS ICに比べて高速性に優れている。また、チャンネルの抵抗がPチャンネルMOS FETに比べると小さく、自由に長い距離を配線として使用できるので、高密度設計の場合においても有利である。

NチャンネルMOS ICは、PチャンネルMOS ICと比較すると次にあげるような特徴がある。

［長所］
① 動作速度が速い。
② 集積度が高い。
③ 電源電圧が単一である。

［短所］
① 製造プロセスのコントロールが難しい。

④ 消費電力が少ない。
⑤ TTLとの整合性がよい。

●CMOS IC（Complementary MOS IC）●

CMOS回路は、PチャンネルとNチャンネルの両方のMOS FETからなる相補形のICである。

図2.16に示すように、Q_N、Q_Pを直列に接続し、交互にオン・オフして構成されたスイッチ回路である。

定常状態では、Q_NまたはQ_Pのどちらかが必ずオフになっているので、静的な電力を著しく少なくすることができる。

なお、動作周波数が増すにつれて、寄生容量のため消費電流は増大する。

CMOS ICの製造技術は、MOS ICの中でも最も複雑な工程を要する技術であるが、低電力化の要請から、非常に重要な技術の1つとされている。また、現在のディジタルICの主流でもある。

CMOS ICは、他のICと比較すると、次にあげるような特徴を有している。

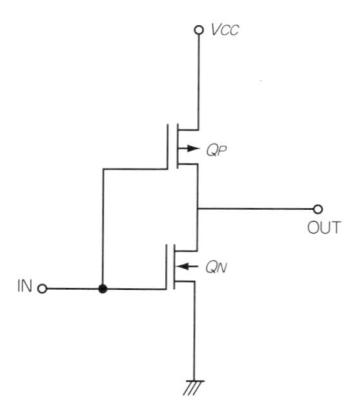

図2.16　CMOSインバータ

[長所]
① 消費電力が非常に少ない。
② 電源電圧に対する自由度が大きい（低電圧動作が容易）。
③ 高速動作が可能である。
④ TTLとの整合性がよい。

[短所]
① 製造プロセスが複雑で長い。
② 静電気に弱い。

5 特殊半導体素子

5.1 バリスタ

　温度が一定であっても加える電圧の大きさによって抵抗値が変化する半導体を、**バリアブルレジスタ**（可変抵抗）を略してバリスタと呼ぶ。

　図2.17はその特性（対称形）を示したものであるが、電圧がある一定値になると電流が急激に流れるようになっていて、正負の両面に特性をもつ対称形と片方のみの非対称形のものがある。

　対称形は、交・直両用に用いられ、トランジスタのバイアス安定用として用いられている。

　また、非対称形のものには、シリコンダイオードの極性を逆にし、並列にしたものがある。この非対称形は直流の場合にしか使用できず、交流に対しては2個逆並列に接続して使う方法がとられる。

図2.17
バリスタの特性

5.2 サイリスタ

　図2.18に示すように、PNPN接合の半導体を**サイリスタ**、または**シリコン制御整流子**と呼ぶ。その働きは、順方向に電圧V_Aをかけてもゲート電流I_Gが0のときに順方向電流はほとんど流れないが、ゲートに電流を流すと急に導通状態（これを**点弧**と呼ぶ）となり、大きな順方向電流I_Aが流れる、というものである。このI_Aは一度流れると、ゲート電流を0にしても、$I_A=0$にするか$V_A<0$（極性を逆にすること）にしないかぎり、流れ続けるという特性をもっている（**図**2.19）。

　このように、サイリスタは小さなゲート電流によってI_Aの導通開始の時点を制御できるので、無接点スイッチや周波数変換機、各種電動機などに広く利用されている。また素子により順方向電流の範囲は[mA]程度から数百[A]程度まで各種あるが、いずれもゲート電流は[mA]の単位の電流で点弧できる。

　なお、互いに逆方向の2つのサイリスタを並列接続したものを**トライアック**と呼び、サイリスタと異なり両方向の電流をスイッチングできる（**図**2.20）。

図2.18　サイリスタ

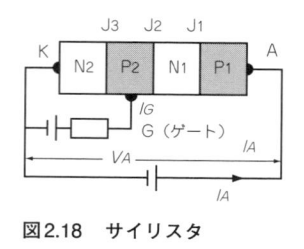

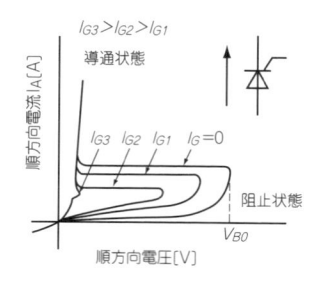

図2.19　サイリスタの特性

図2.20　トライアック

5.3 サーミスタ

　温度によって抵抗値が大きく変化する半導体を**サーミスタ**と呼び、コバルト、ニッケル、マンガン、鉄、銅、チタンなどの酸化物を焼き固めたものからつくられる。図2.21は、その特性を示したものである。
　●**用途**●　温度が高くなると抵抗値が減少するため、温度検出器や計器類、電子回路の温度補償用のバイアス抵抗として利用される。

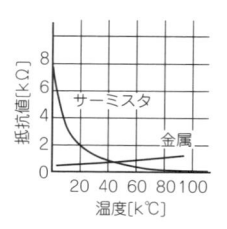

図2.21　サーミスタ

5.4 フォトダイオード、フォトトランジスタ

　PN接合に逆電圧を印加すると、接合部近辺に空乏層ができて電流が流れないが、接合部近辺に光を与えると光エネルギーに励起されて、伝導電子とホールとの対が発生する。これを応用したのが**フォトダイオード**であり、ダイオード両端には光量に応じた電流が流れる。
　また、NPN形にして、ベースとコレクタを形成しているPN接合を光の強弱に応答するダイオードとし、光によってこの接合に発生した光電流をエミッタに流し、トランジスタの増幅効果によって最初の光電流を増幅するようにしたものを**フォトトランジスタ**と呼ぶ。

5.5 発光ダイオード（LED）

ガリウム燐（GaP）やガリウムひ素燐（GaAsP）、またはガリウムひ素（GaAs）の単結晶からなるPN接合に順方向電流を流すと、電流量に応じた発光現象があることを利用したものである。**発光ダイオード**（Light-Emitting Diode：LED）は、単なる表示の他に7セグメント表示器やLEDを多数集合させたドットマトリックス表示器などとして、数字やその他の表示装置に広く応用されている。

5.6 フォトカプラ

発光ダイオードのような発光素子とフォトダイオード、フォトトランジスタのような受光素子のいずれかを1つのケースに組込んだものを**フォトカプラ**と呼ぶ（**図2.22**）。発光ダイオードの回路を流れる電流が光を放射させ、その光が受光素子の回路に電流を生じさせ、リレー（継電器）のような働きをする。

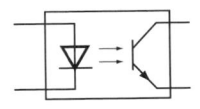

図2.22　フォトカプラ

フォトカプラは、従来の継電器と比較して、次のような長所をもっている。
① 開閉（オン・オフ）速度が非常に速い。
② 機械的な消耗がない。
③ 発光側と受光側の回路間の絶縁が高い。

5.7 太陽電池

フォトダイオードと同様に、接合部近辺に光を入射すると光エネルギーに励起されて伝導電子とホールの対が発生するが、異なる点はPN接合部に外から電圧をかけないことである。発生した電子とホールはPN接合の空乏領域で、それぞれ空乏領域の内部電界のために電子はN形に、ホールはP形に移動して起電力が生じる。

太陽電池はこのように光エネルギーを電気エネルギーに変換する働きをし、現在、光吸収層の材料、素子の形態などにより多くの種類が作られており、それぞれ異なる特徴を持ち、用途に応じて使い分けられている。また、環境問題やエネルギー問題などの観点から太陽光発電への利用などが注目されている。

6 抵抗とコンデンサ

6.1 固定抵抗器

ある一定の抵抗値を得る目的でつくられたもので、材質によって分けると、以下のようなものがある（図2.23）。

(1) 炭素被膜抵抗器（カーボン抵抗）

磁器（ステアタイトなど）の管の上に、薄い炭素被膜を付け、規定抵抗とするためにヘリカルな切みぞを入れた抵抗器である。

熱に弱く、外からのひっかききずなどで断線したり、抵抗値が変わりやすいといった欠点はあるが、安価で比較的高い周波数の回路にも使用できるという利点がある。

電流容量は小さい。

(2) 巻線抵抗器

磁器性のボビンに抵抗金属線を巻付けたもので、電流容量も大きく、機械的に強いが、コイル状であるためインダクタンスをもつので、高周波回路には使用できない。主として、電力の大きい整流回路や、電圧分割回路などに使われる。

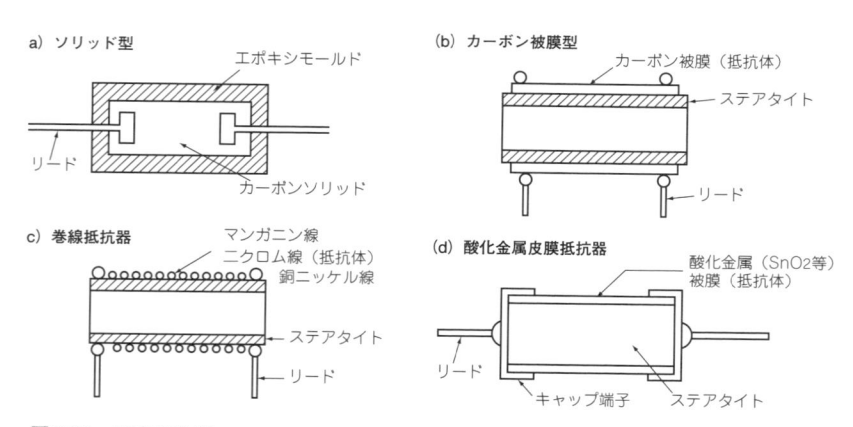

図2.23　固定抵抗器

(3) 金属被膜抵抗器

磁器の管の上に、薄い金属あるいは酸化金属などの被膜を付けたもので、炭素被膜に比べて抵抗値の精度はよい。また、無誘導なので高周波回路にも使用でき、温度上昇にもかなり耐えられる。特性には優れているが高価である。

(4) 集合抵抗

複数の抵抗を1つのパッケージに封入したもの。高密度実装や精度に対する要求等で作られている。

一般には厚膜サーメットで作られているが、精度を要求される場合、金属薄膜や金属箔で作られる。抵抗アレイ、ネットワーク抵抗などとも呼ばれる。

(5) チップ抵抗器

高密度実装要求により作られている。抵抗アレイと同様に、厚膜タイプや炭素系、高精度の金属薄膜タイプがある。

通常の固定抵抗器が定格電力で呼ばれるのに対し、1005や3216等、寸法で呼ばれることが多い。

6.2 可変抵抗器

抵抗値を変化できるようにしたもので、固定抵抗器と同じく、材質には炭素被膜、巻線、金属被膜などが用いられる。

構造は、図2.24(b)に示すように、円形の抵抗体上を回転軸に取付けた接触片が動いて、軸の回転により抵抗値が変えられるようになっている。

軸の回転角と抵抗値の変化の割合によって、図2.24(c)に示したような種類があるが、基本はBの特性である。

なお、用途によって、2連や3連、スイッチ付きの連動のもの、回転式でなくスライド式のものなど様々なものがある。

6.3 抵抗器の働き

回路を構成していく場合の抵抗器の機能、用途を一般的にまとめてみると次のようになる。
① 回路の各素子に電源から動作させるための電流を流す路をつくり、その電流

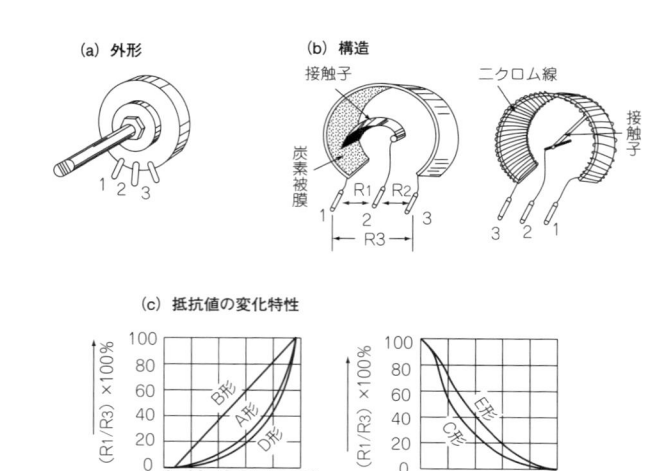

図2.24
可変抵抗器の原理

値を規制する。
② 電流の変化する点に挿入し、電流の変化を電圧の変化として検出する。また、検出した電圧を出力とし、従属する回路の入力端子に接続する。
③ 電源に接続して、電源電圧より低い電圧をつくり出したり、電圧を分割したりする。
④ コンデンサの放電用に電流路をつくる。

7 コンデンサ

7.1 固定コンデンサ

ある一定の静電容量を得る目的でつくられたもので、材質によって分類すると次のようなものがある。

(1) 電解コンデンサ（ケミカルコンデンサ）

アルミニウム（Al）やタンタル（Ta）の表面を電解酸化膜でおおった箔に、電解液をペースト状にしたものをはさんでロール状にしたもので、小形・大容量のものが得られるが、耐電圧は低く、極性がある。特にタンタル電解コンデンサは逆実装した際に、一般に短絡モードで破壊するため、使用上は注意を要する。

アルミ電解コンデンサの方が、一般に大容量であるが、周波数特性など特性はタンタル電解コンデンサの方が優れている。

容量は数$[\mu F]$～数$100[\mu F]$程度で、主として低周波用に適している。また、極性をもつので、指示通りに電圧を加える必要がある。

(2) セラミックコンデンサ（磁器コンデンサ）

チタン酸バリウムなどの円板を銀電極ではさんだものを、塗料や合成樹脂でおおったもので、誘電率が非常に高く、小形で比較的大きい容量のものが得られる。容量は、数$[pF]$～数$[\mu F]$程度である。

最も広く使われており、主として高周波用で、数$[MHz]$～数百$[MHz]$の回路に用いられる。ただし、歪み易いのでフィルタやセンサ周辺回路など精度を必要とする回路には適さない。また、温度特性もやや劣っている。

(3) ポリエステルフィルムコンデンサ

ポリエステルやポリカーボネートのフィルムを電極の間にはさんで誘電体とし、ロール状にしたもので、**マイラコンデンサ**とも呼ばれている。

耐熱性、および絶縁抵抗がよく、機械的性質に優れているため、高電圧、高温用のコンデンサに適している。

数$[MHz]$までの回路に用いられる。

(4) ポリスチロールコンデンサ

ポリスチロールのフィルムを電極にはさみ、ロール状にしたもので、高周波での誘電損失が小さく絶縁抵抗がきわめて高い。温度による容量変化も少ないが、

耐熱性に劣り70℃程度までしか使用できない。

容量は数[pF]～数[μF]程度までで、10[MHz]程度までの回路に用いられ、発振回路やフィルタ、積分回路などに適している。

(5) マイカコンデンサ

雲母（マイカ）をアルミ板ではさみ、ベークライトなどの合成樹脂でモールドしたもので、絶縁耐力が大きく、損失も少ない。温度に対して非常に安定していて、容量変化も少ない。容量は数[pF]～0.1[μF]程度と比較的小さく、数[MHz]～数十[MHz]までの回路に用いられ、主に高周波用である。

ただし、形状が大きいため、トランジスタ回路などにはあまり用いられていない。

(6) 電気二重層コンデンサ

異種金属を接触させると電位差ができるのを利用し、ファラッド単位の大容量としたものが、電気二重層コンデンサである。耐圧が低く、ESR（等価直列抵抗）が大きい。ESRが大きいと、大電流に対して発熱するという面があるが、逆に充電電流を抑えることや、短絡に強いという利点もあり、メモリなどのバックアップ電源用として使用されている。

7.2 可変コンデンサ（バリコン）

静電容量が変化できるようにしたもので、普通、**バリアブルコンデンサ**（バリコン）と呼ばれる。軸が回転すると回る方を**回転子**（ロータ）、固定している方を**固定子**（ステータ）と呼ぶ。両者は絶縁されていて、軸の回転角度により相対する面積が変わり、容量が変化する。

図2.25に示すように、ロータの形状によって、軸の回転角が静電容量に比例するもの(a)や、共振回路において共振周波数に比例するもの(b)、共振波長に比例するもの(c)などがある。

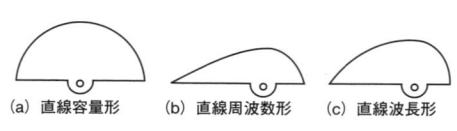

(a) 直線容量形　　(b) 直線周波数形　　(c) 直線波長形

図2.25　ロータの形

バリコンの容量は、数[pF]～数百[pF]程度で、使用目的によって2連、3連のものがある。

7.3 コンデンサの働き

回路を構成していく場合のコンデンサの機能には、次のようなものがある。

(1) 高周波電流のバイパス用

高周波回路において、直流回路の中にある交流の重畳分を除去する。たとえば、**図2.26**ではC_3が高周波バイパス用であり、エミッタと接地間には抵抗R_3とコンデンサC_3が並列接続されていて、抵抗はバイアス電圧を決める上で重要な役割をしている。そこで、抵抗に一定の直流電流が流れなくてはならないが、エミッタに高周波電流が重畳しているため、コンデンサでこの高周波電流をパスして、抵抗には直流電流のみを流す。

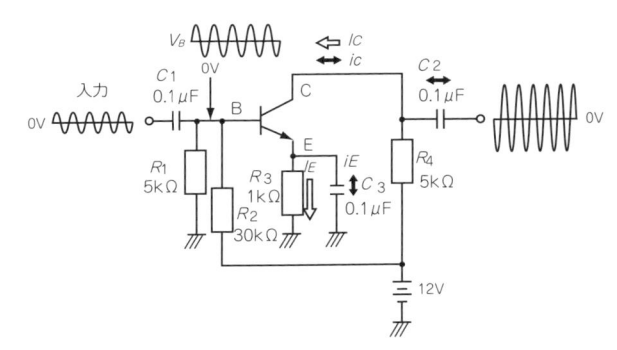

図2.26 コンデンサ使用の回路例

(2) 交流電流の伝達

回路間の交流電流分だけ伝達する。たとえば**図2.26**において、C_1とC_2は交流信号の伝達と直流電流を阻止する目的と両方の働きをする。**結合コンデンサ**（カップリングコンデンサ）と呼ばれる。

(3) 位相の変化

静電容量には電圧と電流の位相を変化させる働きがあるので、それを利用してモータなどを駆動する。たとえばモータの中で、**図2.27**に示すように2つの巻線に流す交流電流の時間的なずれ（位相の変化）を利用して回転を与えるものがある。

図2.27 位相の変化

(4) 蓄電

大容量コンデンサを用いて電気を蓄えたり、交流

電流のろ波に用いる。たとえば、整流回路や平滑回路において、コンデンサの蓄電の働きによって波形を整えたり、リレー接点を開くときにコイルに発生する逆誘起電圧を消去して、接点のスパークを防止する働きをする。

3 コイル

8.1 コイルの働き

電流の流れる導線を筒状に巻いたものを**コイル**、または**ソレノイド**と呼ぶ。
表2.2は、その種類と働きを示したものである。

表2.2　コイルの働きによる種類と用途

コイルのはたらき	利 用 区 分	用 途
電流により磁力を生ずる	磁束による機械的な力	リレー、ブザーなどの電磁石、モータ
電流に比例した磁界を生ずる		スピーカ、メータなど
	電子流を偏向させる磁界	偏向コイル、ホール発電機
磁束の変化に応じた起電力を生ずる	誘導起電力	トランス、誘導モータ、マイクロホン、ピックアップ
周波数の高い交流ほど流しにくい	誘導リアクタンス	チョークコイル、フィルタ
信号の伝達を遅らせる	遅延特性	遅延回路（ディレーライン）
コンデンサと併用して共振する	共振特性	同調回路、発振回路

8.2 コイルの形状

コイルの形状による分類と、それぞれの用途を**表2.3**に示した。

表2.3　コイルの形状と用途

	空心またはコア入り			鉄　　心		
	ソレノイド形	ハネカム形	うず巻形	内鉄形	外鉄形	トロイダル形
形状						（断面）
用途	高周波用コイル ボイスコイル リレー電磁石	高周波用コイル チョークコイル	ループアンテナ スパイダーコイル	トランス 安定器 チョークコイル		巻鉄心トランス チョークコイル

9 スイッチとリレー

9.1 スイッチ（開閉器）

　スイッチは、機械的に回路の開閉や切替えを行うのに用いられ、その形状には様々なものがある。また、用途によって回路数や接点数を選ぶことができる。
　表2.4は、代表的なスイッチの形状と特徴を示したものである。

表2.4　スイッチの形状と特徴

名称	形状	用途・特徴
マイクロスイッチ		接点開閉をシーソー式にし、小さい力、短い作動距離で動作するスナップ機構を内蔵する密閉形のはねかえりスイッチ。数グラムの力で確実に作動し、接点の開閉速度がはやいので大きな電流を開閉できる。
プッシュボタンスイッチ		スライドスイッチのつまみをスライドさせるかわりに、押ボタンを用いて切替えるもので、操作が簡単で、多回路の切替えができる。自動車ラジオの受信周波数の切替えなどに多く用いられている。
スライドスイッチ		軽量、小型にできるので小電流の小型機器に用いられる。ふつう2位置だが、3位置のものもある。
ロータリースイッチ		計測器等の切替回路数や切替段数の多いものに用いられる。比較的高い周波数にも用いることができる。
シーメンスキー		電話交換などの弱電流の多回路を、一度に切替えるような目的に使用される。
スナップスイッチ		電流容量が大きくとれ、電源回路などに使用。つまみが中立でも止まる3位置のものや、つまみを下げているときだけ接続され、離すとバネでもどるはねかえり式のものもある。

【第2章】電子回路用部品

9 スイッチとリレー

9.2 リレー（継電器）

(1) 丸形リレー

　回路の開閉や接続をスイッチのように手動ではなく、信号や条件によって自動的に行うものを**リレー**（継電器）と呼び、非常に多くの種類があるが、最も一般的なものがこの丸形（標準）リレーである。

　図2.28はその例である。コイルに電流が流れると断面円形の鉄心が磁化されてアーマチュア（可動鉄片）を吸引し、接点を開閉したり切替えたりするようになっている。なお、図2.28はミゼットリレーと呼ばれる小型のものであるが、大電流開閉用のものや多回路切替え用のものなど各種があり、原理的にはまったく同じである。

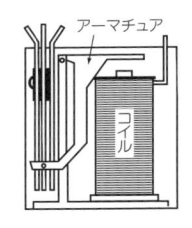

図2.28　ミゼットリレー

(2) 水銀リレー

　図2.29に示すように、ガラス管の中に接点と水銀および高圧ガス（水素など）を封じ込めたものをいう。接点部分は毛管現象により水銀で絶えず濡らされている。回路の開閉は水銀によって行われるため、チャタリングがなく、微少信号から大電流まで開閉することができる。

　丸形リレーと比べて、開閉時間が速く（1～2mS程度）、開閉寿命が長い。

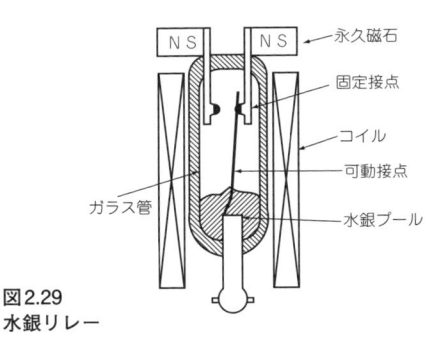

図2.29　水銀リレー

(3) リードスイッチ

　図2.30に示すように、不活性ガスを封入したガラス管に磁性体接点を設け、これをコイル中央に収めたものである。コイルに電流を流すと磁性体が磁化され、吸引力が働いて接点が閉じ、コイルの電流が断たれると接点が開くようになっている。

　このリードスイッチは、動作が確実で速いうえに小型である。

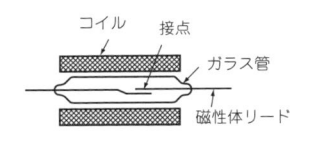

図2.30　リードスイッチ

(4) メータリレー

電流計の針にあたる可動接点が、電流の大きさに応じて動き、あらかじめ設定した電流値に相当する固定接点に接触して回路を閉じるように動作するリレーである。

(5) 無接点リレー

機械的な機構を用いず、他から入力した操作電圧によって、半導体回路などを利用し、回路を電子的に開閉するようにしたもの（フォトカプラなど）。

10 その他の部品

10.1 液晶表示装置（LCD）

　腕時計や電卓用のLCD（Liquid-Crystal Display）として最も普及しているねじれネマティック表示方式について、以下にその構造と動作原理を述べる。
　図2.31(a)に示すように、液晶分子を90°ねじって配列させて、偏光子と検光子をそれぞれ偏光方向が紙面に直角（●印）、紙面に平行（⊖印）になるようにする。入射光は、偏光子の偏向方向の光のみが液晶にまで進み、液晶内を進むにつれて、偏向方向が液晶分子のねじれに従って90°回転し、出口では紙面に平行になる。この方向は、検光子と同じ方向のため、検光子を通過して反射板まで達する。光はそこで反射されて入射側まで出てくるので、液晶の底が見えることになる。
　電界を加えると、図2.31(b)に示すように液晶分子は電界方向に向くため、入射光の偏向方向はねじられない。したがって、光は検光子を通過できずに吸収され、入射側に出てこなくなるため、液晶の底は見えない。電界を加える電極の部分を数字または文字にしておけば、電界の印加によりそれらを表示できる。
　このように、LCDは自らは発光しない受光形の表示装置であるため、LEDのような発光形の素子に比べて、光を発生するためのエネルギーを必要とせず、低消費電力、低電圧駆動が可能である。

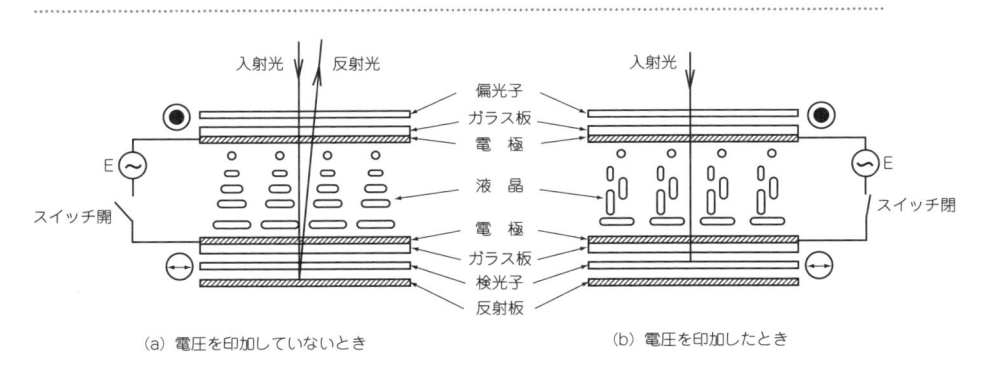

(a) 電圧を印加していないとき　　(b) 電圧を印加したとき

図2.31　LCDの構造と動作原理

10.2 水晶振動子

水晶片に圧力、張力を加えると、互いに逆向きの電荷が発生し、また、電圧を加えると、その極性に応じて水晶片に圧力または張力を生じる。

このような圧電気現象を利用して、水晶片の厚さによって決まる固有振動数をもった発振回路を構成する。

水晶振動子は、時計、マイクロコンピュータなどで、精度が高く安定したクロック周波数を得るために使用される。

10.3 圧電ブザー

圧電気現象をもった材料を振動板に貼り合せた構造をもち、電圧を加えて振動子を発振させてブザー音を得る。

低電圧駆動が可能であり、比較的低消費電力であるため、時計や各種電子機器のブザーとして広く使用されている。

10.4 プリント基板

いわゆるプリント基板とは、積層板の片面、あるいは両面に、35μ、または70μの銅箔を張付けたものであり、これに様々な加工をして印刷回路をつくったものである。

なお、プリント基板の基材や接合剤には、表2.5に示すようなものがあり、それぞれの特徴をもっている。

また、空間的に任意の自由度を有した配線および部品実装用品として、フレキシブルPC板（flexible printed circuit：FPC）がある。

これは、図2.32に示すように、FPCの中心材料であるポリイミドフィルムやポリエステルフィルムと銅箔を接着材で貼合せたもので、必要によりガラスエポキシなどを補強材として使用する。

FPCは、通常のプリント基板と同様の役割の他に、柔軟性のある性質を活かして配線部品、可動配線部品として利用できる点に特長があり、プリンタヘッドの可動部の配線や、電卓などの機器の小形化、薄形化に必要不可欠な部品となっている。

また、最近の電子機器に用いられるプリント基板は多層配線基板が主として利用されている。内層に電源配線層とグランド層を配置し表面層に信号配線を行う4層基板や、機器の小型化、高密度実装の要求に対して6層、8層などと層数も増えている。また、製造工程で1層ずつ作り上げていくビルドアップ基板なども利用されている。

表2.5　プリント基板の種類

記号	基材	結合剤	特徴
PP	紙(P)	フェノール樹脂(P)	安価であるが、吸湿性が大きく、高周波特性が悪い。加工性がよいため、大量生産向き。
PE	紙(P)	エポキシ樹脂(E)	安価で耐熱性があり、加工性が良。
GE	ガラス布(G)	エポキシ樹脂(E)	機械的強度大、高周波特性良、加工性不良。
SE	合成繊維布(S)	エポキシ樹脂(E)	紙とガラスの中間的な性質をもつ。

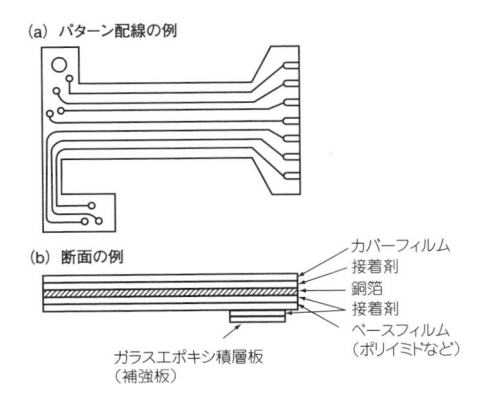

(a) パターン配線の例

(b) 断面の例

カバーフィルム
接着剤
銅箔
接着剤
ベースフィルム
(ポリイミドなど)
ガラスエポキシ積層板
(補強板)

図2.32　FPCの例

第2章 ● 電子回路用部品

実力診断テスト

解答と解説は次ページ

次の設問において、記述が正しければ○、記述が間違えていれば×を解答しなさい。

【1】 電界効果トランジスタ（FET）およびバイポーラトランジスタは、ともに入力抵抗が数[kΩ]である。

【2】 巻線材料としてリッツ線を用いるのは、高周波における電気抵抗を少なくするためである。

【3】 コンデンサに使用する誘電体は誘電率が大きく薄くできるほど、小型化が可能である。

【4】 機械的なスイッチはチャタリングが発生するため、電子回路で扱う場合チャタリング対策が必要である。

【5】 電界効果トランジスタ（FET）には、PチャンネルとNチャンネルのものがある。

【6】 硫化カドミウム（CdS）は、温度によってその抵抗値が著しく変化するため、温度計測や温度制御などの温度検出素子として広く用いられている。

【7】 金属被膜抵抗器は、固定抵抗器（ソリッド抵抗器）に比べると一般に経年変化、温度特性、高周波特性に優れている。

【8】 一般にNPN形シリコントランジスタのコレクタ-エミッタ間の飽和電圧 V_{CEsat} は、ベース-エミッタの間の飽和電圧 V_{BEsat} よりも低い。

【9】 TTLは主としてダイオードで構成されている。

【10】 制御整流素子（サイリスタ）は、わずかな信号電流をごく短時間ゲートに流すことによって、アノード-カソード間に大きな主電流を導通させることができる。

【11】 プリント配線板への電子部品挿入機では、異形部品の実装を行うことはできない。

【12】 コイルの働きとして正しいものはどれか。
- イ　電気エネルギーを電界の形で蓄える。
- ロ　高周波になるほどインピーダンスが高くなる。
- ハ　電気エネルギーを熱に変える。
- ニ　流れる電流が増減したとしても、電流の変化が妨げられることはない。

第2章●実力診断テスト　解答と解説

- 【1】× ☞ 電界効果トランジスタはFETと呼ばれ、トランジスタであってもバイポーラトランジスタとは多くの点で異なっている。ゲート入力インピーダンスが非常に高く、数十[MΩ]以上になる。また、信号源インピーダンスが高い回路に使用しても低雑音という特長をもっているため、音声増幅回路の初段によく用いられる。
- 【2】○ ☞ 交流を通じている導体は、周波数が高くなるにつれて導体に流れる電流が表面に集まり、中心部ほど流れにくくなる。このような現象を表皮効果（skin effect）と呼ぶ。この表皮効果が起ると、見かけ上、導体の抵抗値が増したことになり、損失（ロス）が増加する。そこで、直径0.1[mm]以下の細い絶縁線をより合せてつくった線を使用する。この線をリッツ線と呼び、損失が少なくなるため、高周波回路ではよく用いられる配線材料である。
- 【3】○ ☞ コンデンサの端子間に加える電圧が高いと、誘電体の絶縁が破壊されることがある。誘電体が厚ければよいが、それでは容量値も減少するし、サイズが大きくなる。したがって、コンデンサを小型にするには、次にあげるような条件が必要となる。したがって、問題は正しい。
  ①誘電体の誘電率が高く、薄く加工できること。②耐圧が高いこと。
  ③高周波特性の良好なこと。
- 【4】○ ☞ 機械的な接点がオン／オフするときバタツキが生じ、これをチャタリングという。回路ではチャタリングノイズとなり誤動作の要因となるためチャタリング対策が必要。
- 【5】○
- 【6】× ☞ CdSは光検出素子。
- 【7】○
- 【8】○ ☞ 飽和電圧とは、一般に入力電圧の変化に対して出力電圧が一定になる電圧範囲をいう。ここでいうNPN形シリコントランジスタのコレクタ-エミッタ間の飽和電圧V_{CEsat}は、飽和するのに十分なコレクタ電流を流したときのコレクタ-エミッタ間電圧をいい、通常約0.1〜0.3[V]である。このV_{CEsat}は小さいほどよい。また、ベース-エミッタ間の飽和電圧V_{BEsat}は、飽和するのに十分なベース電流を流したときのベース-エミッタ間電圧をいい、通常約0.6〜0.8[V]程度である。したがって、一般にシリコントランジスタでは、V_{CEsat}はV_{Bsat}よりも小さな値を示す。
- 【9】× ☞ TTLは主にバイポーラトランジスタで構成されている。
- 【10】○

【11】×　☞　部品を搭載するヘッド（吸着搬送ノズル）を複数搭載した挿入機が主流であり、異形の多種部品を1台の設備で実装している。

【12】ロ

【第3章】
基礎電子回路

　電子回路に関する出題は、毎年5題前後で、基礎的な回路に関する知識と考え方をもっていれば十分に答えられる問題である。
　検定基準の細目にもあるように、回路の動作原理と構成、用途が出題の中心となっており、高度な回路計算などは出題されない。

■増幅回路では、A級・B級・C級増幅の区別、B級プッシュプル回路、高周波増幅と低周波増幅のそれぞれの特徴と区別などがポイント。
■発振回路では各種の発振方式の原理を十分に理解し、変調・復調回路では、AM、FM、SSBの各変調・復調の原理についてよく出題されるので、徹底的に学習しておく。
■整流・平滑・安定化電源回路については、一般的な基礎知識程度。
■パルス回路では、エレクトロニクスの発展に対応して、論理回路やフリップフロップに関する出題が増加すると考えられるので、十分な応用力をつけておくとよい。

1 トランジスタ増幅回路

1.1 増幅回路の基礎

(1) トランジスタの接地方式とバイアス

トランジスタは3本足であるから、増幅器のような入力と出力のある4端子の回路では、図3.1に示すようにどれかの電極を共通にしなければならない。この共通電極はトランジスタの場合も、真空管での考え方と同様に共通電極が接地されるので、それぞれ共通電極の名称をとって、**ベース接地回路、コレクタ接地回路、エミッタ接地回路**と呼ばれる。図3.1に示す3つの回路のうち、増幅回路によく使われるベース接地回路とエミッタ接地回路を中心に考えてみよう。

①ベース接地回路

図3.2に示すように、PNPトランジスタをPNとNPの2つに分けて考え、まずPN接合（E−B間）に順方向電圧を加えると、E−B間に電流が流れる。この電流を**エミッタ電流**と呼び、I_Eで表す。

次にNP接合（B−C間）に逆方向電圧を加えると、すでに学んだように電流は流れない（実際には、熱エネルギーによる少数キャリアによって、非常にわずかな逆方向電流（コレクタしゃ断電流）が流れるが無視してよい）。

以上の2つを元通りPNP接合して図3.3に示すように電圧をかけると、今までエミッタからエミッタ接合面を越えてベースに移動していた正孔が、ベースのキャリア（電子）が少ないので拡散して、コレクタ接合面をとびこえてコレクタの方に移動してしまう。

つまり、エミッタからベースに入った正孔の一部はベースの電子と再結合するが、ベース幅が薄く、またコレクタに高い（−）電圧が加えられているために加速されてコレクタに達するわけである。このコレクタに流れる電流を**コレクタ電流**（I_C）と呼び、ベースに流れるわずかな電流を**ベース電流**（I_B）と呼ぶ。図3.3

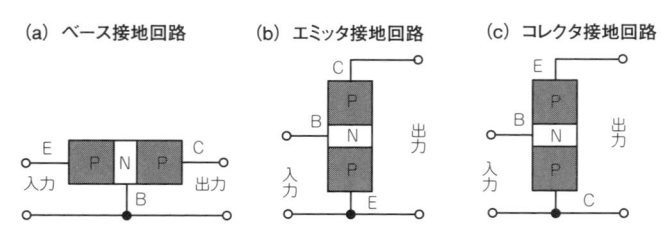

図3.1　接地の法則

【第3章】基礎電子回路

1 トランジスタ増幅回路

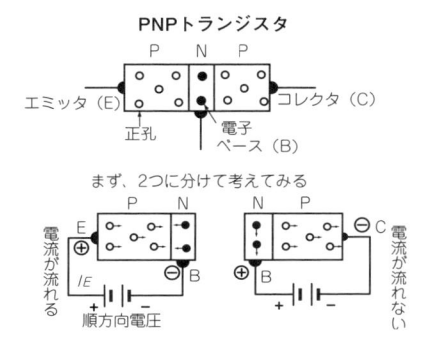

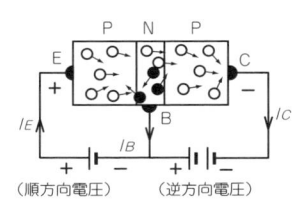

図3.2　ベース接地回路　　　図3.3　コレクタ電流

に示したように、I_E と I_B と I_C に分かれて出てくるが、次式のような関係がある。

$$I_E = I_B + I_C \quad \cdots\cdots\cdots 式❶$$

一般に I_E の大部分は I_C となり、I_B はわずかしか流れず、I_E の 0.5～5％ 程度である。これに、具体的な数値を代入して考えてみよう。

②ベース接地回路の電流増幅率

ベース接地回路では、図3.1（a）のようにエミッタに入力が加えられ、コレクタから出力が得られる。

ベース接地での**直流電流増幅率** $h_{FB}(a)$ は、次式で表される。

$$h_{FB}(a) = \frac{\text{コレクタ電流}(I_C)}{\text{エミッタ電流}(I_E)} \quad \cdots\cdots\cdots 式❷$$

ここで図3.4に示した数値を代入すると、

$$h_{FB}(a) = \frac{0.95}{1} = 0.95$$

となり、このトランジスタの直流電流増幅率 a は、0.95 となる。

普通、ベース接地電流増幅率は 0.95～0.99 の値であり、必ず 1 よりも小さな値となる。つまり、次に述べるように、ベース接地回路では電流利得はないが、電圧利得が得られる。

たとえば、図3.5において、トランジスタの抵抗を考えた場合、E－B 間には順方向電圧を加えてあるので低抵抗、B－C 間は逆方向電圧を加えてあるから高抵抗となる。

ここでコレクタと電池の間に、負荷抵抗 $R_L = 10[\mathrm{k\Omega}]$ をつないでみる。この場合には、B－C 間の抵抗が十分に大きければ、負荷抵抗をつないでもあまり影響を受けない。

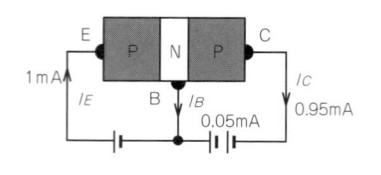

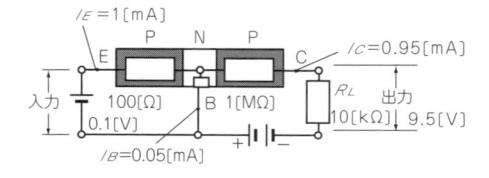

図3.4　ベース接地回路における
　　　 直流電流増幅

図3.5　ベース接地回路における
　　　 直流電圧増幅

E-B間の抵抗を仮に100Ωとした場合、1mAのI_Eを流すのに必要な入力電圧は0.1Vとなる。式❷から、1mA=I_B+I_Cで、I_Cを0.95mAとすれば、I_Bは0.05mAとなる。

ここで、B-C間の抵抗を1MΩとしてみると、R_Lの10kΩに比べて十分に大きいので、R_Lを入れてもI_Cにはほとんど影響がない。

つまり、出力電圧は、
$$R_L \times I_C = 10[\text{k}\Omega] \times 0.95[\text{mA}] = 9.5[\text{V}]$$
であるから、入力電圧0.1[V]が95倍に電圧増幅されたことになる。

用語の解説

●ベース接地電流増幅率とエミッタ接地電流増幅率

トランジスタのベース接地電流増幅率(α)とエミッタ接地電流増幅率(β)との関係は、次の各式で表すことができる。

$$\alpha = \frac{I_C}{I_E} \quad \cdots\cdots\cdots ① \qquad \beta = \frac{I_C}{I_E - I_C} \quad \cdots\cdots\cdots ② \qquad I_B = I_E - I_C \quad \cdots\cdots\cdots ③$$

式③を式②に代入すると、
$$\beta = \frac{I_C}{I_B} = \frac{I_C}{I_E - I_C} \quad \cdots\cdots\cdots ④$$

式①から式④は、
$$\beta = \frac{\alpha}{1-\alpha}$$
となり、同様に$\alpha = \dfrac{\beta}{1+\beta}$という関係をもつ。

●しゃ断周波数

トランジスタの電流増幅率αは、高い周波数になると減少する。これは、ベース中をキャリアが拡散によって進むため、時間が多くかかることと、逆バイアスの加えられているベースとコレクタがコンデンサとして働くためであると考えられている。

一般に低周波のときのαの値から、0.707αに減少したときの周波数f_αを**しゃ断周波数**と呼ぶ。しゃ断周波数の高いものほど、高周波特性のよいトランジスタで

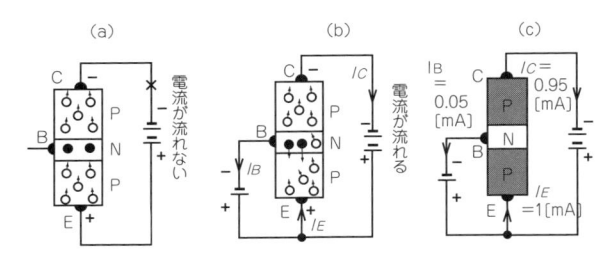

【第3章】基礎電子回路
1 トランジスタ増幅回路

図3.6
エミッタ接地回路の動作

ある。
●**拡散**
　たとえば空気中にたばこの煙が拡がるように、等質の中に異質なものが混じったとき、その濃度差や諸条件に比例した速さで次第に全体に拡がって一様になる現象を**拡散**と呼ぶ。トランジスタのベースをキャリアが移動することもキャリアの拡散現象として説明される。
③**エミッタ接地回路**
　エミッタ接地回路は、3つの回路のうち、最もよく使われるものであり、電流利得と電圧利得の両方が得られる。ただし、高周波特性は他に比べるとよくない。
　図3.6(a)に示すように、C−E間に電圧を加えただけでは電流は流れない。
　次に**図3.6(b)**に示すように、B−E間に順方向電圧を加えると、エミッタの正孔はベースを通り抜けてコレクタに集められ、コレクタ電流I_Cが流れる。
　エミッタ接地の場合における電流増幅率$h_{FE}(\beta)$は、次式によって求めることができる。

$$h_{FE}(\beta) = \frac{コレクタ電流(I_C)}{ベース電流(I_B)} \quad \cdots\cdots\cdots 式\textbf{❸}$$

　図3.6(C)の数値を代入すれば、

$$h_{FE}(\beta) = \frac{0.95[\mathrm{mA}]}{0.05[\mathrm{mA}]} = 19$$

となり、普通、エミッタ接地ではβの値は数十から数百と種類によって幅広い値である。電圧利得はベース接地回路の場合と同じであり、コレクタと電池の間に負荷抵抗を入れると電圧利得が得られるのがわかる。
　なお、コレクタ接地回路は電圧利得が小さいため、増幅回路には使用されず、特殊な回路のみに用いられる。一般に、「**エミッタフォロワ回路**」と呼ばれている。
　以上をまとめてみると、**表3.1**のようになる。

表3.1 各接地方式の特長

特長＼方式	ベース接地	エミッタ接地	コレクタ接地
電 流 利 得	小(1以下)	大	大
電 圧 利 得	大	中～大	小(1以下)
電 力 利 得	中	大	小
入力インピーダンス	低	中	高
出力インピーダンス	高	中	低
入出力の位相反転	なし	反転	なし
高 周 波 特 性	最もよい	悪い	よい
用 途	高周波増幅、インピーダンス変換回路	一般増幅	インピーダンス変換回路、バッファ回路

④バイアスの意味

トランジスタでは、コレクタに正規の電圧を加えても、ベース－エミッタ間に電圧を加えなければコレクタ電流はわずかしか流れない。

いま、図3.7のように、ベース－エミッタ間に信号のみを加えたとき（0バイアスと呼ぶ）、図3.8に示すように、半サイクルの一部分しか出力として現われない。

つまり、ある値の**順方向電圧**を加えたときのみ、コレクタ電流が流れる。

図3.7において、コレクタ電流を全サイクルにわたって流すためには、ベース－エミッタ間にわずかな順方向電圧 V_{BE}（これを「**ターンオン電圧**」という）よりも大きな直流電圧をあらかじめ加えておけばよい（これを「**バイアス電圧**」という）。

この、ベース－エミッタ間の順方向電圧 V_{BE} は、シリコントランジスタで0.6～0.7[V]程度である。

図3.9は、その立上りの状態を示したものであり、半導体材料によって異なる。

⑤バイアス V_{BB} をかけた回路

図3.10は、NPN形トランジスタの例を示したもので、ベースバイアス電圧

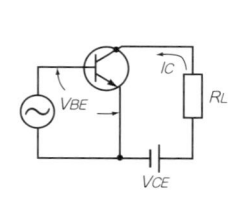

図3.7 バイアスの回路

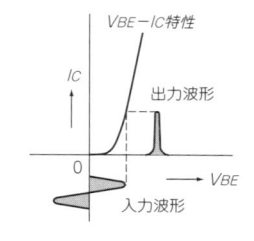

図3.8 V_{BE}-I_C 特性

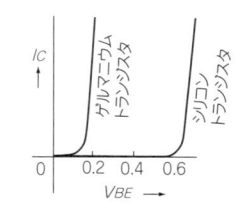

図3.9 V_{BE}-I_C

【第3章】基礎電子回路
1 トランジスタ増幅回路

V_{BB} を加えれば、ベース電流 I_B が流れ、I_B の h_{FE} 倍された電流がコレクタ電流 I_C として流れる。

この h_{FE} は、すでに学んだように、トランジスタの**エミッタ接地直流電流増幅率**と呼ばれている。

なお、h_{FE}、I_C、I_B、I_E の関係を示すと、次のようになる。

$$I_C = h_{FE} \times I_B \quad \cdots\cdots 式❹$$
$$I_E = I_C + I_B \quad \cdots\cdots 式❺$$

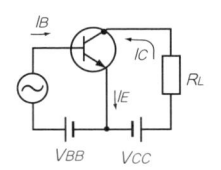

図3.10 V_{BB} をかけた回路

図3.11は、バイアス V_{BB} をかけた場合の入力波形と出力波形を示している。

⑥**バイアスの与え方**

トランジスタでは、バイアスの与え方でどのように出力が得られるかによって、**図3.12**に示すように、それぞれA級、B級、C級増幅に分類でき、以下に述べるような特徴をもっている。

●**A級増幅**

V_{BE}-I_C 曲線の立上り点（カットオフ点）を超えて、さらに大きく順方向バイアスを加え、直線部分を使用して増幅を行う。

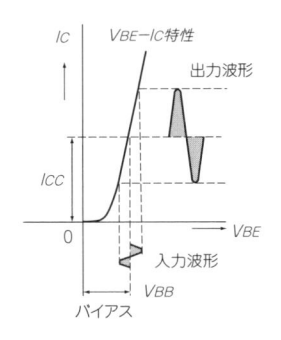

図3.11 V_{BE}-I_C 特性

ひずみの少ない出力信号が得られるが、無信号時に常時、コレクタ電流（I_{CC}）が流れるため、効率は最も悪い（消費電力が大きくなる）。普通、小信号増幅はほとんどこの公式に属する。

●**B級増幅**

V_{BE}-I_C 曲線の立上り点に順方向バイアスを加える。したがって、正弦波入力の動作点Pがカットオフ点と一致するから、その半サイクルが出力波形として得ら

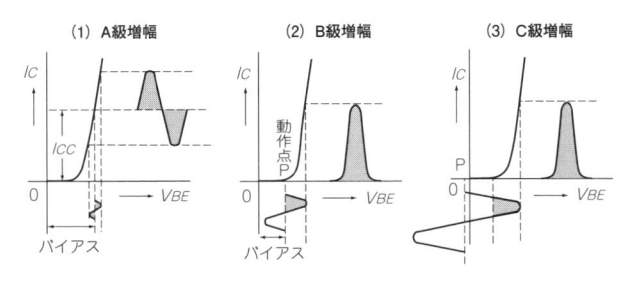

図3.12 バイアスの考え方

れる（波形全体を増幅することはできないが、無信号時の消費電力を低減できる）。低周波回路では、後述のB級プッシュプルとするか、高周波回路では同調負荷としなければならない。

● C級増幅

ベース－エミッタ間に加えるバイアス電圧V_{BB}を0または逆バイアスとする。したがって、正弦波入力に対して、その半サイクルより小さい出力波形が得られる。入力信号があるときのみコレクタ電流が流れるので、最も消費電力が小さい。この方式では入力信号波形を増幅することはできず、信号の周波数成分のみの増幅となり、主として、高周波回路や周波数逓倍などの特殊用途に利用される。

(2) バイアスの温度変化

温度によってトランジスタの諸定数が変化することは、半導体材料としてある程度避けられない問題である。特にコレクタしゃ断電流I_{CBO}とベース－エミッタ電圧V_{BE}の変化は温度依存性が大きい。

図3.13は、小信号用シリコントランジスタの温度に対するI_{CBO}の変化を示したものである。

このように、I_{CBO}はほぼ10℃の上昇ごとに約2倍という急激な変化を示す。ただし、一般に使用されるシリコントランジスタは、I_{CBO}の変化がバイアスに与える影響が比較的小さく、通常のバイアス回路の検討では無視することもある。

また、図3.14はトランジスタのV_{BE}-I_C特性の一例である。この図から、1℃温度が上昇するごとに約2〜2.5[mV]の割合でV_{BE}が減少することがわかる。

いずれにしても、I_{CBO}、V_{BE}は温度上昇につれ、I_Cを増加させる傾向をもっていることになる。このため、温度が変化してもできるかぎりバイアス点が移動しないようにすることが、バイアス回路を考えるときの課題といえる。

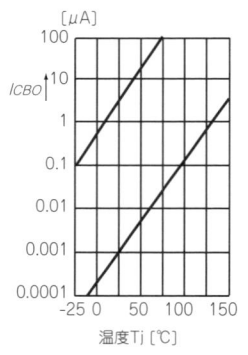

図3.13 I_{CBO}温度依存性（シリコントランジスタの例）

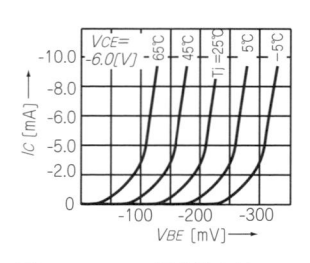

図3.14 V_{BE}の温度依存性

(3) バイアスの種類

トランジスタに用いられるバイアス回路としては、**固定バイアス**、**自己バイアス**、**電流帰還バイアス**がある。

【第3章】基礎電子回路
1 トランジスタ増幅回路

①固定バイアス回路
これは最も簡単な回路であり、ベースに流す電流値が電源電圧E_Cとバイアス抵抗R_1によって固定されているため、この名前がある。バイアス抵抗R_1は、

$$R_1 = \frac{E_C - V_{BE}}{I_B}、I_B = \frac{I_C}{h_{FE}}$$であるため、

$$R_1 = \frac{(E_C - V_{BE})h_{FE}}{I_C} \quad \cdots\cdots\cdot 式❻$$

として求められる。

この回路は、I_{CBO}の変化がh_{FE}倍されてI_Cに影響されるため、安定度が悪い。

つまり、V_{BE}が温度によって変化すると、I_Cまで変化してしまい、動作電圧が変わる。

主に電源電圧の比較的小さい場合に用いる。

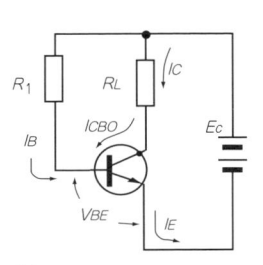

図3.15 固定バイアス回路

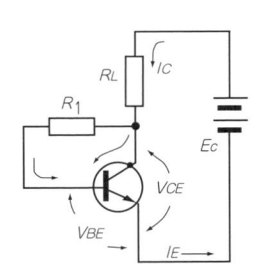

②自己バイアス回路
図3.16は、自己バイアス回路を示したものである。バイアス抵抗R_1を負荷抵抗R_Lを通して接続しているため、固定バイアスよりも安定度がよくなっている。これは、もしコレクタ電流が温度などで変化したとき、自動的にベース電流を流して、常に決められたV_{BE}の値が設定されるようになっている。

バイアス抵抗R_1は、次式で求めることができる。

$$R_1 = \frac{E_C - I_C \times R_L - V_{BE}}{I_B} \quad \cdots\cdots\cdot 式❼$$

図3.16 自己バイアス回路

③電流帰還バイアス回路
図3.17は電流帰還バイアスと呼ばれ、固定バイアス、自己バイアスと比べて最も安定度のよい回路である。これは、エミッタ側に抵抗R_Eがあって、エミッタ電流が温度などで変化したとき、R_Eの電圧降下によってトランジスタのベース-エミッタ間の電圧を調整し、常に一定したV_{CE}を与える。

R_Eは電流帰還の作用をもつので、大きく選んでI_Cのばらつきを少なくし、R_1、R_2は小さく選んだ方がよい。R_1、R_2を設定すれば、次式が成立つ。

$$V_B = \frac{R_2 E_C}{R_1 + R_2} \quad \cdots\cdots\cdot 式❽$$

$$I_E = \frac{V_B - V_{BE}}{R_E} \fallingdotseq I_C \quad \cdots\cdots\cdot 式❾$$

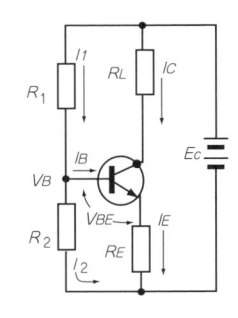

図3.17 電流帰還型

1.2 基本的な増幅回路(低周波増幅用)

(1) CR結合増幅回路

トランジスタを使用した低周波の小信号増幅回路の代表的なものが**CR結合増幅回路**である。

図3.18はその回路図であるが、主な特徴をあげると次のようになる。
① 安価で軽量、小型にできる。また、周波数特性がよい。
② 位相の回り方が少なく、負帰還がかけやすい。
③ コレクタ回路の抵抗(図3.18のR_4、R_8)による直流の電圧降下が大きいので電源利用率が悪い。
④ 前段(図3.18のTr_1)の出力抵抗と、次段(図3.18のTr_2)の入力抵抗の比が大きいため、ミスマッチングによる損失が大きい。

図3.18のR_1、R_2、R_3はTr_1のバイアス抵抗、R_5、R_6、R_7はTr_2のバイアス抵抗、C_2、C_4はそれぞれバイパスコンデンサである。C_1、C_3、C_5はそれぞれカップリングコンデンサ(結合コンデンサ)といい、入出力およびトランジスタ回路間でバイアスを分離し、交流信号のみを結合する働きをしている。これによって、各トランジスタ回路のバイアス回路は個別に設計できる反面、直流信号を増幅することはできない。

(2) B級プッシュプル増幅回路

すでに学んだように、B級増幅では動作点をカットオフ点におくため、正弦波入力に対し、半サイクルの期間しか動作しないが、**B級プッシュプル増幅回路**では、2個の特性のそろったトランジスタ(多くの場合極性(NPNとPNP)が異なる)を使い、正弦波入力に対してその半サイクルずつをそれぞれ受け持たせて増幅を行う。

図3.19に一例を示すが、ベース-エミッタ間電圧を0バイアスにし、入力信号を加えると正の半サイクル(INの電圧が+)ではTr_1が動作し、Tr_2は逆バイア

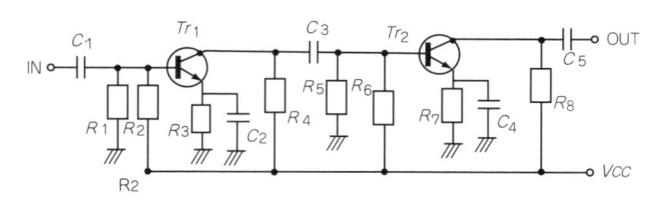

図3.18　CR結合増幅回路

【第3章】基礎電子回路

スされているので動作しない。

負の半サイクル（INの電圧が−）では、逆にTr₂が動作し、Tr₁は逆バイアスのため動作しない。

そして、各トランジスタで増幅された出力電流は、OUT端子で合成されて出力信号となる。

●特長
① 電源効率（コレクタ効率）が非常によく（最大78％）、大出力を高効率でとるのに適している（ステレオのパワーアンプ等に用いる）。
② 無信号時の消費電力が比較的少ない。
③ コレクタ損失を2個のトランジスタで分担できる（単電源に比べ2電源が必要となるが電源電圧は半分でよい）。

なお、欠点としては、小出力部分でのひずみ、すなわち、クロスオーバひずみ（図3.20）が生じやすく、それを防ぐため微少なバイアスを加えることがある（図3.19では、回路中のダイオードがこの役割をしている。この対策を施したものを**AB級**とも呼ぶ）。また、バイアスの温度変化や電源変動に対する安定化が必要である。

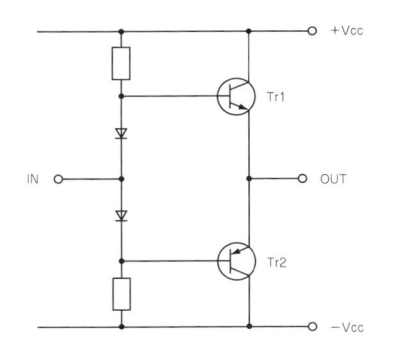

図3.19　B級プッシュプル増幅回路

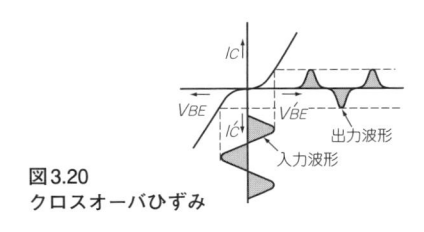

図3.20　クロスオーバひずみ

1.3 高周波増幅回路

無線通信などで使用される高周波の増幅では、低周波増幅に比べ、中心周波数に対して比較的狭い帯域幅をもつ増幅なので、同調回路（共振回路）を使用することが多い。

つまり、図3.21に示すように、同調回路を負荷として、必要な周波数範囲の信号を取出してできるだけ

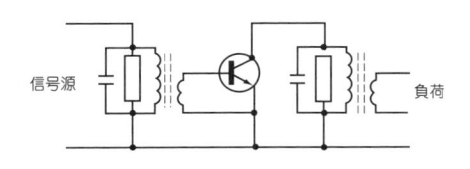

図3.21　高周波増幅回路の基本回路［単同調］

増幅し、それ以外の周波数は大きく減衰させる、いわゆる選択性が必要となる。

一般に、高周波大電力の同調回路では、**図3.22**に示すように、コレクタ電流が半サイクル、またはそれ以下しか流れなくても、フライホイール効果によって出てくる出力電圧は1サイクルになる。したがって、低周波増幅で考えたようなひずみは、あまり問題とならない。

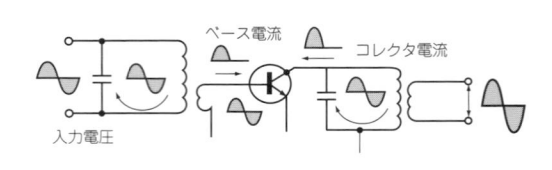

図3.22 同調回路のフライホイール効果

同調回路において、その周波数特性を調べてみると、**図3.23**に示すように、単同調回路の共振点f_0における電圧V_0より、3dB（デシベル）

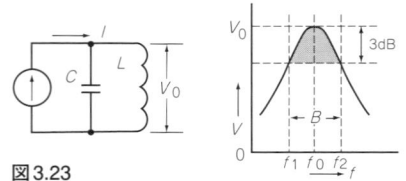

図3.23 単同調回路の周波数特性

落ちた点、すなわち$0.7V_0$の周波数f_1、f_2の差を**帯域幅**Bと呼び、共振周波数f_0と帯域幅Bとの比をQで表すと、次式のようになる。

$$Q = \frac{f_0}{f_2 - f_1} = \frac{f_0}{B} \quad \cdots\cdots\cdots 式❿$$

ここでのQを**選択度**と呼び、コイルの良さを示すものであるが、この選択度は、同調回路の特性を知るうえで便利な値である。

つまり、Qが高いということは特定の信号分のみを増幅し、それ以外を減衰させるという点で望ましいことである。

1.4 直流増幅回路

直流増幅は、低周波増幅回路では利得が得られない0～数[Hz]の信号（たとえばパルス信号、のこぎり波、方形波、直流成分を含んだ正弦波）を増幅するもので、計測制御機器、通信機器に広く利用される。

直流増幅回路の代表的なものが、**図3.24**に示す**直結形差動増幅回路**である。

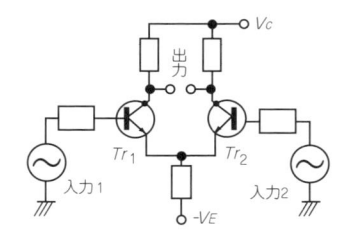

図3.24 直結形差動増幅回路

直流増幅回路で重要なことは、ドリフトの

【第3章】基礎電子回路
1 トランジスタ増幅回路

影響を受けて、動作が不安定になるため、ドリフト対策が必要となることである。ドリフトとは、入力信号が一定であるにもかかわらず、出力電圧が変動する現象であり、温度変化によるトランジスタ定数の変動や、電源電圧の変動などによるバイアス電圧変化が原因となる。

図3.24の回路は、同一特性のトランジスタ2個をエミッタを共通にして接続することによって、温度ドリフト、バイアス電圧ドリフトを相殺して、ドリフトを少なくしようとするものである。

●補足●
・整合

最大電力を得るために、**負荷の抵抗値（インピーダンス）**と電源側（信号源側）の抵抗値（インピーダンス）を等しくすることを整合、あるいは**マッチング**（matching）と呼ぶ。整合がとれていないと、無駄な電力消費が大きく利得が低下したり、信号にゆがみが生じたりして、回路特性や通信の質を悪くさせる。たとえば、受信機ではスピーカ、送信機ではアンテナなどが等価的に負荷抵抗と考えられる。

一般に、負荷抵抗の値を変えずに整合をとるには、整合トランスを電源側と負荷側にそう入し、マッチングさせるのが普通である。

・スイッチング作用

トランジスタは、ベースに順バイアスを印加するとコレクタ電流が流れ、逆バイアスあるいは0にするとほとんど流れない。そこで、ベース回路に方形波を入れるとコレクタ電流をON、OFFできるスイッチング回路となる。この動作はスイッチング作用と呼ばれ、マルチバイブレータや各種の論理回路に応用され、パルス信号の処理や記憶に広く使われている（ディジタル回路で利用されているICは、内部のトランジスタのON/OFFによって、2値論理演算や様々な機能を実現している）。

2 オペアンプ

2.1 オペアンプの基礎

(1) オペアンプとは

オペアンプとは、正しくは「演算増幅器(operational amplifier)」といい、複数のトランジスタ、ダイオード、抵抗などの素子を組み合わせて増幅作用をもつ回路を構成し、それをICにしたもので、非常に増幅率が高く(数万倍から百万倍程度)、回路設計上は理想的には無限大の増幅率をもつ増幅器として扱うことができる。

しかし、そのままでは動作が不安定になるため、出力の一部を入力に戻して相殺する**負帰還**という手法を用いて、動作を安定させるとともに増幅率などのパラメータを容易に設定できる回路を構成して使用する。

オペアンプはこの特徴のため、増幅回路のみならず、コンパレータ(比較回路)、加算、減算、微分、積分回路などの演算回路、発振回路などの回路を、少数の外付け部品を付け加えるのみで構成できる。そのため単体のトランジスタやダイオードなどと同じく、回路素子の1つとして扱われる。

(2) オペアンプの端子と図記号

オペアンプは一般に電源端子を2本、入力端子を2本、出力端子を1本持っており、図3.25のように表記される。各端子の意味は次のようになる。

①正電源端子 V+、負電源端子 V−

オペアンプの電源端子。通常、極性が逆で大きさの同じ電源電圧を各々の端子に加える(規格上、正負非対称電源でも動作可能で、単電源で使用する場合は、負電源端子(V−)をグランド(GND)として使用する)。

②非反転入力端子 V_N、反転入力端子 V_I

信号の入力端子。オペアンプは、+端子と−端子の入力電圧の差電圧を増幅する構造となっており、非反転入力端子V_Nを入力端子とすると、増幅された信号の位相は入力と同相で出力され、反転入力端子V_Iに入力すると出力は反転してあらわれる。負帰還をかけて増幅回路を構成すると、この2端子の間の電位差が0になる。あたかも短絡しているような状態に見えるため、これを**仮想短絡**(バーチャルショート)と呼ぶ。

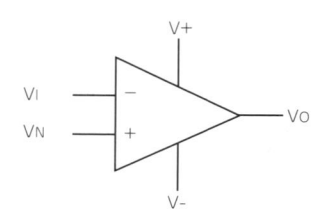

図3.25 オペアンプ図記号

③出力端子 OUT
信号の出力端子。通常、直流分の無い信号が出力されるので、コンデンサ等で直流をしゃ断する必要がない。

2.2 オペアンプの応用回路

(1) 反転増幅回路
オペアンプを用いた最も基本的な増幅回路の1つで、図3.26のような構成になる。この回路では、入力に対して出力の極性が反転するので、**反転増幅回路**と呼ぶ。

この回路では、抵抗R_2を通じて負帰還がかけられている。この回路の電圧増幅度Aは、仮想短絡を実現する条件から、

$$A = -\frac{R_2}{R_1}$$

となる。"−"の符号は反転を意味する。

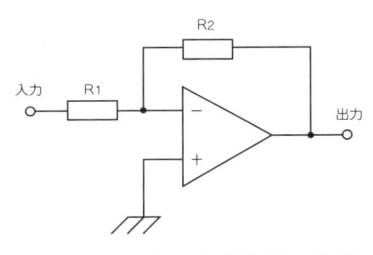

図3.26 反転増幅回路（電源端子省略）

(2) 非反転増幅回路
反転増幅回路に対して、図3.27のように、入力と出力が同じ極性になるようにした回路を**非反転増幅回路**と呼ぶ。

この回路では、反転増幅回路と同じように抵抗R_2を通じて負帰還がかけられ、仮想短絡を実現する条件から電圧増幅度Aは、

$$A = 1 + \frac{R_2}{R_1}$$

となる。

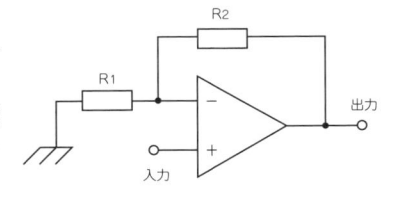

図3.27 非反転増幅回路（電源端子省略）

(3) その他の回路
オペアンプは、負帰還用や入力端子に接続する素子として、R、L、C、ダイオードなど種々のものを組み合わせて使用することで、増幅回路以外にも種々の機能をもつ回路を実現できる（例：加算回路、微分回路、積分回路、フィルタ、コンパレータ、等）。これらの回路の詳細な説明については省略するので必要な際は他資料を参照されたい。

3 発振回路

3.1 発振回路の基礎

(1) 発振回路とは

発振回路とは、直流電源から回路に与えられたエネルギーによって、一定の繰返し周期をもつ電気振動(信号)を発生する回路である。その出力波形には、パルス、方形波、のこぎり波、正弦波など様々なものがあるが、ここでは最も一般的な正弦波発振について考えてみよう。

一般に、発振回路の性能を左右する重要な要素は、発振周波数の安定度である。しかし、安定度の高い水晶素子でも回路が外部から影響を受けやすければ安定度が高いとはいえず、回路全体が安定している必要がある。

(2) 発振の条件

発振回路で最も多く用いられるのは帰還による発振回路で、その原理は**図3.28**に示すように増幅器に入力電圧 V_g を加え出力電圧 V_p の一部 V_g' を正帰還したとき $V_g' \geq V_g$ であれば V_g を取去っても常に V_p が得られる。

このように選択した周波数を帰還することで増幅器で与えられた直流電力を一定の電気振動に変換し、発振回路として動作する。

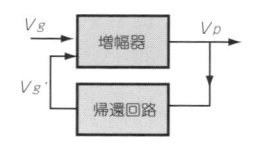

図3.28
帰還による発振回路

●発振の条件

①一般に入力電圧と出力電圧(信号)は逆位相であるから、正帰還するためには、出力の信号を入力電圧に同位相で帰還させなければならない。これを**反結合**と呼ぶ。

②帰還を含めた全体の利得(これをループゲイン($\mu\beta$)という)が1以上であること。

$$\mu\beta \geq 1 \quad \cdots\cdots 式❶ \quad [\mu:増幅回路の利得 \quad \beta:帰還率]$$

◎他に負性抵抗形発振回路があるが、特殊な場合以外には用いられない。また、発振波形からみると、帰還形四端子発振回路は正弦波を発生する。パルス性の波形は、弛張発振回路によるが、この回路については後にパルス回路として扱う。

3.2 発振回路の種類

(1) LC発振回路

LC発振器は、出力の一部を入力に帰還する形の発振器の一種であり、反結合回路をLとCの同調（共振）回路で構成するものである。

図3.29に示したのは、コレクタ同調形発振器の回路図である。

コレクタ側にある同調回路LCに振動電流が発生し、その一部がLとL_1の相互インダクタンスによってベース側に帰還されて入力となる。

この発振周波数f_0は、次式で表すことができる。

$$f_0 = \frac{1}{2\pi\sqrt{LC}} \text{[Hz]} \quad \cdots\cdots\cdots 式⑫$$

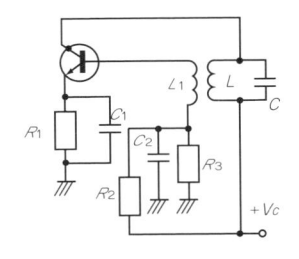

図3.29 LC発振回路の例
コレクタ同調形発振回路

発振周波数は数百[Hz]～数百[MHz]程度である。

他の構成のLC発振器としては、図3.30(a)に示した**ハートレー発振回路**、および図3.30(b)に示した**コルピッツ発振回路**がある。

発振周波数f_0は、ハートレー発振回路の場合、

$$f_0 = \frac{1}{2\pi\sqrt{(L_A + L_B + 2M)C}} \quad [M：L_AとL_Bの相互インダクタンス]$$

となる。この回路ではLを可変にできるので、周波数を広い範囲で変えることができる。

またコルピッツ発振回路の発振周波数f_0は、

$$f_0 = \frac{1}{2\pi\sqrt{L\dfrac{C_A C_B}{C_A + C_B}}}$$

となる。この回路ではLを小さくできるので、発振周波数を高くすることが比較的容易にできる。

(a) ハートレー発振回路　(b) コルピッツ発振回路

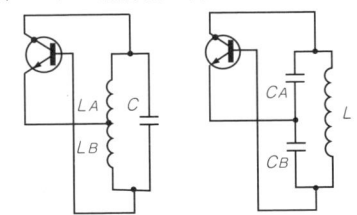

図3.30 その他のLC発振回路

(2) CR発振回路

帰還回路にCとRによるフィルタを用いたもので、コイルなどを使わないので手軽にできるという特徴がある。**CR発振回路**の周波数は、通常1[MHz]以下の低周波である。

例としてブリッジ形発振回路を図3.31に示す。

ブリッジ形発振回路は周波数を可変することが比較的容易な発振器なので、可変低周波発振器として測定用に用いられる。

図3.31の回路の発振条件としては、電圧増幅度Avが次式を満足することが必要である。

$$Av \geq \frac{R_1}{R_2} + \frac{C_2}{C_1} \quad \cdots\cdots\cdots 式❸$$

また、発振周波数f_0は、次式で求められる。

$$f_0 = \frac{1}{2\pi\sqrt{C_1 C_2 R_1 R_2}} [\text{Hz}] \quad \cdots\cdots\cdots 式❹$$

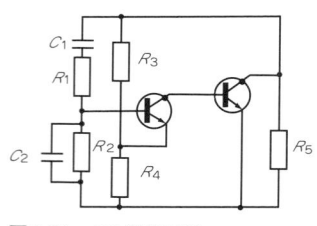

図3.31　CR発振回路

(3) 水晶発振回路

LC発振器やCR発振器では、電源電圧の変動、負荷変動、温度の変化などで発振周波数が変動しやすく、安定度を保つことが困難である。そこで、水晶片の両面に電極を付けて電圧をかけ、水晶の圧電現象を利用して共振回路と類似の作用をさせ、振動を発生させる水晶振動子X_{tal}を用いると、非常に安定した発振周波数を得ることができる。

図3.32(a)に水晶振動子の等価回路を、**図3.32(b)**にその特性を示す。**図3.32(b)**のf_sは、振動子の直列共振周波数、f_pは並列共振周波数で、次式で表すことができる。

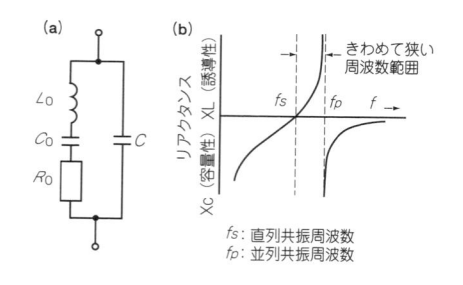

図3.32　水晶発振回路の等価回路と特性

$$f_s = \frac{1}{2\pi\sqrt{L_0 C_0}} \qquad f_p = \frac{1}{2\pi\sqrt{L_0 \dfrac{C_0 C}{C_0 + C}}} \quad \cdots\cdots\cdots 式❺$$

このf_sとf_pは、きわめて近い値で、この間で振動子は誘導性リアクタンスとして働く。この性質を利用し、f_sに極めて近い範囲で発振動作を継続するように回路を構成したものを**水晶発振回路**と呼ぶ。

水晶発振回路は数MHz以上の比較的高周波の振動を作ることができる。**図3.33**は、水晶発振回路の一例である。

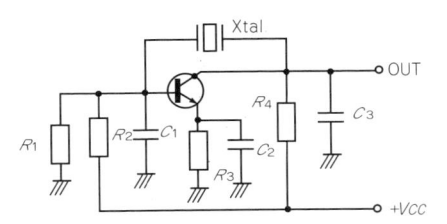

図3.33　水晶発振回路の例

（4）クロックオシレータ

クロックとは、ディジタル回路が動作する時に、タイミングを取る（同期を取る）ための周期的なパルス信号のことをいう。通常は一定周波数の方形波の信号で、周波数が安定していることが必要なため、発生には水晶発振回路が使用される。水晶振動子、発振回路、分周回路などを、ICのように1つのパッケージに入れて部品化したもの（水晶発振モジュール、クロックモジュール）が多く使用される。

4 変調回路と復調回路

アナログ媒体である電波を利用する無線通信や放送で、信号を送受する場合、これを伝送しやすい交流に変えて送り、受ける側では、この交流から元の信号を取出すことが行われる。

ここで、高周波(搬送波、キャリアなどという)を情報に応じて変形する(情報をのせる)操作を変調と呼び、高周波(変調信号)から情報を分離して取出す操作を**復調**、または**検波**と呼ぶ。

そして、情報を伝送する変調された高周波を**被変調波**(**変調信号**)、変調されていない元の高周波を**搬送波**(**キャリア**)と呼ぶ。

4.1 変調回路

(1) 振幅変調(AM)

高周波(搬送波)の振幅を、信号波の波形に応じて変化させる方法を**振幅変調**(Amplitude Modulation)と呼び、略してAMという。わが国の中波ラジオ放送ではこの方式が使われているが、図3.34はその原理を示したものである。

AM波の周波数スペクトルを調べてみると、AM波に忠実に増幅するためにはf_0を中心に$2f_a$という帯域幅を必要とする。この$2f_a$を**占有周波数帯域幅**と呼び、ここでf_aは信号波の周波数帯域幅である(図3.35)。

◎実際に変調された被変調波は様々な高周波の集まりでありこれを**側波帯**と呼び搬送波より周波数の高い方を**上側波帯**、低い方を**下側波帯**と呼ぶ。つまり側波の振幅は変調度に比例し、波数の高い方を上側波、低い方を下側波と呼ぶ。そして、搬送波の両側に数多くの側波から成る側波帯がありそれらの成分を示したものを**周波数スペクトル**という。

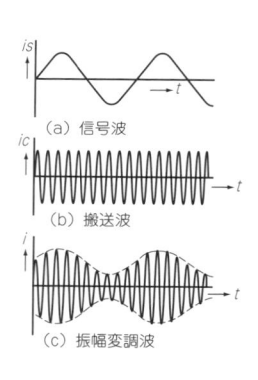

図3.34 振幅変調の原理
(a) 信号波
(b) 搬送波
(c) 振幅変調波

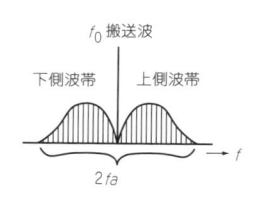

図3.35 変調信号の周波数スペクトル

(2) 振幅変調回路

振幅変調回路を大別すると、直線変調回路と2乗変調回路とがある。

直線変調回路は、増幅回路の入力に搬送波を加えておき、別に増幅利得を信号波形に応じて変化させてやる方法で、トランジスタの非線形特性を利用する必要がないので、ひずみが少ない。**図3.36**は、その一例としてコレクタ変調形を示したものである。

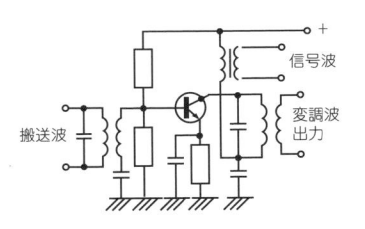

図3.36 コレクタ変調回路

2乗変調回路は、特性曲線のわん曲部、すなわち2乗特性部分を利用するもので、変調によるひずみが大きい。

●SSB方式（単側波帯方式）

情報を送るという点を考えると、下側波帯と上側波帯の両方を送る必要はなく、片方の側波帯だけで十分間に合うことが知られている。この方式を**単側波帯**（Single side band：**SSB**）**方式**と呼んでいる。主として、短波帯での通信や放送に用いられている。

なお、この方式の特徴としては、次のような点があげられる。
①電力消費が少なくてすむ。
②占有周波数帯域幅が半分にできる。
③送受信器が通常のAMに比べ、多少複雑になる。

(3) 周波数変調（FM）

図3.37に示すように、信号波にしたがって搬送波の周波数を変化させる方法を、**周波数変調**（Frequency Modulation）と呼び、略して**FM**という。

この方式は、主としてFM放送などに用いられている。FMの被変調波の振幅は常に一定であって、変調情報は被変調波の時間軸に入っているわけである。

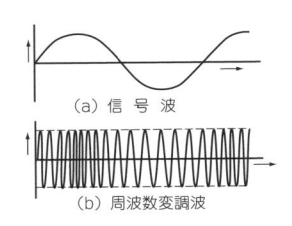

図3.37 周波数変調の原理

振幅が一定であるため、もし外部雑音などで振幅が変化するようなことがあっても、振幅を整える振幅制限器を使って振幅性雑音を除去できるため、AMより雑音を軽減させることができるのが大きな特徴である。

●FM波の特性

周波数変調波は、周波数がf_cを中心として、$(f_c - \Delta f)$から$(f_c + \Delta f)$の間を信

号波の周波数f_sによって毎秒f_s回の割合で変化する。このΔfは、周波数が平均値からずれる最大量を表し、**最大周波数偏移**と呼ぶ。

ここで周波数変調指数は、次式で表すことができる。

$$m_f = \frac{\Delta f}{f_s} \quad \cdots\cdots\cdots 式⑯$$

信号波の周波数f_s（最大変調周波数）を一定とし、最大周波数偏移Δfを増せば偏波が広がって周波数帯域幅は広くなる。

また、逆にΔfを一定とし、f_sを変化させると、側波の数は変化するが、帯域幅はf_sに無関係に一定となる。

FM波の実用上の占有周波数帯域幅は、ほぼ$2(\Delta f + f_s)$とみてよい。

FM波は必要とする周波数帯域が広いので、中波（MF）や短波（HF）帯は利用できず、超短波帯（VHF）以上のきわめて高い周波数帯で用いられる。

（4） 周波数変調回路

周波数変調回路には、直接FM形と間接FM形がある。

①直接FM変調回路

LC発振器のLまたはCの値を変調信号で変化させれば、発振周波数の変調ができることを原理とした回路。

コンデンサマイクロホンをCの一部として用いたものや、可変容量ダイオード（バラクタ）を使ってCの容量を変化させるもの、トランジスタとR、Cを組合せたリアクタンス回路を用いた回路などがある。

いずれも簡単ではあるが、周波数安定度はよくない。

②間接FM変調回路

変調信号入力を積分回路を通して、振幅が周波数に反比例する出力を取出し、位相変調を行ってFM波を得る回路であり、発振回路を直接FM変調せずに発振に水晶発振器を用いるので安定度が高い。

4.2 復調回路

（1） 振幅変調波の復調

振幅変調波の復調の基本は直線検波である。**図3.38**は、直線検波の原理図である。

まず、復調しようとする被変調波は、トランスによってインピーダンスを整合され、検波用ダイオードD_1によって順方向に導通し、半波整流される。そして、C_1、R_1、C_2のフィルタで搬送波のみが除去され、直流成分をもった信号波はR_L

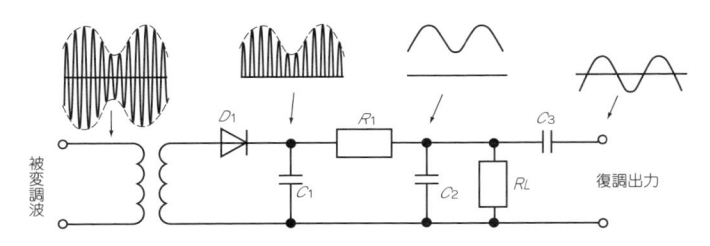

図3.38　直線検波の原理

の両端に加わる。C_1、C_2の値は、搬送波に対してインピーダンスが低く、信号波に対してはインピーダンスが高くなるような値で選んである。次にC_3により直流がカットされ、目的の信号波が得られる。

　この直線検波の入力電圧は、少なくとも$0.5[\mathrm{V}]$以上は必要である。この回路は、ダイオードの特性の直線部分を利用するので**直線検波**と呼ばれ、別に**包絡線検波**とも呼ばれる。

(2) 周波数弁別回路

　周波数変調波（FM）は振幅が一定であるため、振幅変調波のような検波はできない。そこで、周波数変調波を復調するには、いったん入力周波数の変化を振幅変調波に変換してから、前述の直線検波を行えば復調信号を得ることができる。この周波数変調を振幅変調に変換する回路を**周波数弁別回路**と呼び、次のようなものがある。

①フォスタシーレー形回路

　フォスタシーレー形回路の原理は復同調回路の1次側電圧位相と2次側電圧位相とが共振点の両側で逆転することを利用したものである（**図3.39**）。

　被変調入力に$(f_o \pm \Delta f)$の周波数変調波が1次側L_1、C_1に印加されると、2次側L_2、C_2に電圧V_1、V_2が誘起される。このとき、1次側電圧は、Ccを経てL_3にもかかっているから、結局D_1、D_2にはそれぞれ(V_3+V_1)、(V_3+V_2)の電圧が加えられる。ここで、入力周波数が共振周波数より高く$(f_o+\Delta f)$なったり、低く$(f_o-\Delta f)$なったりすると、D_1側回路とD_2側回路でC_3、C_4に印加される電圧に差ができるため、出力端子に周波数偏移

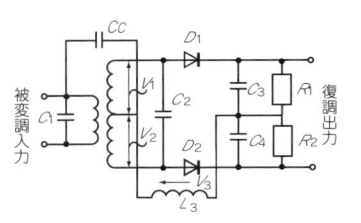

図3.39　フォスタシーレー形

Δfに比例した信号検波出力が得られるようになっている。

このフォスタシーレー形では、雑音などによる振幅変調分を検波されるので、あらかじめ振幅制限器（リミッタ）を通して有害な振幅変調分を除いておくことが必要である。

②**レシオディテクタ形回路**

図3.40は、レシオディテクタ形回路の回路図を示したものである。

この回路は比検波回路とも呼ばれ、フォスタシーレー形と原理的には同じものである。

ただ、ダイオードD_1、D_2の方向、大容量のコンデンサC_5の追加、および、出力の取出し方法に違いがある。

特にC_5は大容量のため、入力電圧が急に変化しても出力にはほとんど変化が表れないようになっている。これは入力側からみれば一種の振幅制限作用となり、前段のリミッタを簡略化できるため、よく用いられる。

図3.41は、レシオディテクタの周波数−電圧特性で、入力変調周波数が中心周波数f_0より高い方にずれると正の出力電圧が得られ、低い方へずれると負の電圧が得られる。このような特性をS字特性と呼び、図のa→bの直線部分を利用して復調出力を得ている。

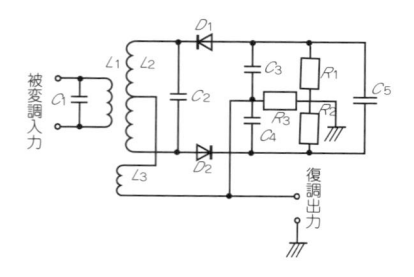

図3.40　レシオディテクタ形

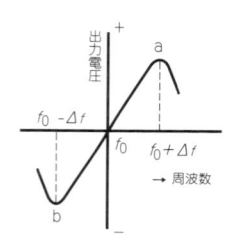

図3.41　レシオディテクタのS字特性

5 電源回路

5.1 電源回路の特性

電子回路中のエネルギー供給源として直流電源が必要であるが、整流電源の特性としては次のようなことが必要となる。
① 滑らかで平滑な直流が得られること。
② 負荷が変動しても出力電圧の変動が少ないこと。
③ 交流電力を効率よく直流電力に変換し、無駄な損失が少ないこと。

(1) リップル百分率

直流電源（整流電源）において、直流出力に含まれる交流成分を**リップル**という。この直流出力に含まれる変動分の割合をパーセント（%）で表したものを**リップル百分率**といい、下記の式で表現される。値は小さいものほど安定した直流出力となる。

$$\text{リップル百分率}\, r = \frac{\text{リップル電圧（電流）の実効値}\Delta V}{\text{直流出力電圧（電流）の平均値}Vd} \times 100\,[\%]$$

※リップルは本来実効値であるが、ピーク・ツー・ピーク値を用いる場合もある。

(2) 電圧変動率

負荷の変化に対して、出力電圧がどの程度変化するかを表したもので、無負荷のときの出力電圧を V_o、全負荷のときの出力電圧を V_e とすれば、次式が成り立つ。

$$\text{電圧変動率}\, a = \frac{V_o - V_e}{V_e} \times 100\,[\%]$$

(3) 整流効率

交流入力電力が、どの程度出力電力として変換されたかを示すものである。

$$\text{整流効率}\, \eta = \frac{\text{直流出力電力}P_d}{\text{交流入力電力}P_o} \times 100\,[\%]$$

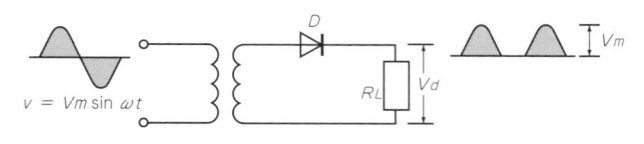

図3.42　半波整流回路

5.2 整流回路

(1) 半波整流回路

図3.42に示すように、ダイオードDに正の電圧が加わったときのみ、出力として得られる。出力電圧の最大値をV_mとすれば、平均値V_dは、V_m/πとなる。
　普通、リップル率は121%、整流効率は40%程度である。

(2) 全波整流回路

中間タップ型**全波整流回路**ともいう。図3.43に示すように、ダイオードを2本使って、正、負の期間とも負荷に電流を流す回路であり、電源変圧器に中間タップがある。出力電圧の平均値V_dは、$2V_m/\pi$となる。リップル率は約48%、整流効率は約80%程度である。

(3) ブリッジ整流回路

図3.44に示すように、4本のダイオードをブリッジ形に接続したものを**ブリッジ整流回路**と呼ぶ。出力波形としては全波整流回路と同じであるが、電源トランスの2次側中間タップが簡略化されること、および1本のダイオードに加わる逆電圧が2分割され、ダイオード1本当たりの耐圧が小さくて良いなどの特徴がある。

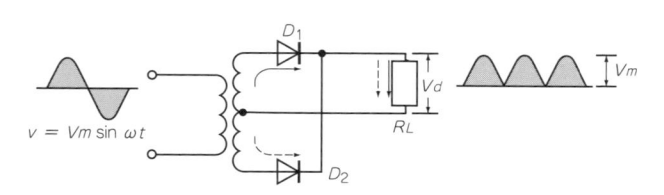

図3.43　全波整流回路

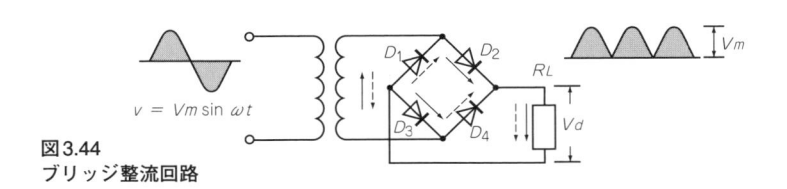

図3.44
ブリッジ整流回路

（4）倍電圧整流回路

図3.45において、まずD_1が導通し、C_1に交流の最大値V_mが充電される。次の半サイクルでD_2が導通し、C_1のV_mと電源電圧が同方向に加わり、$2V_m$が負荷R_Lに現われる。この**倍電圧整流回路**には半波倍電圧整流として図3.45、全波倍電圧整流として図3.46に示すような構成がある。いずれにしても、負荷に対する電圧変動が大きいので、負荷電流の小さいときに用いられる。

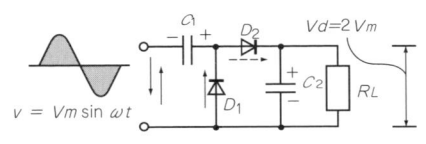

図3.45 半波倍電圧整流回路

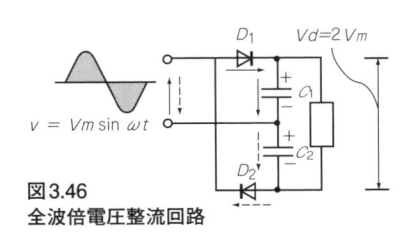

図3.46 全波倍電圧整流回路

5.3 平滑回路

前述の整流回路だけでは、リップル分が多いため負荷の変動に対して出力が変動しやすい。このリップル分を減少させ、滑らかな直流にするために用いられるのが平滑回路である。図3.47は、その回路例と負荷特性を示している。

○**コンデンサ入力形**
　整流回路に並列にコンデンサを入れたものであり、負荷電流が増大すると出力電圧が下がり、電圧変動が大きい。
　一般に、トランジスタ回路などの小容量電源の整流に用いる。

○**チョーク入力形**
　チョークコイルの交流成分の変動を抑圧する作用によって安定化させる平滑回路。半波整流のようにチョークコイルに流れる電流が半周期ごとに途切れるよう

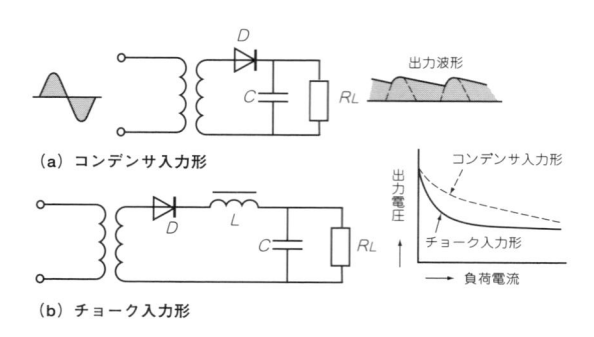

図3.47　平滑回路の構成と動作

な場合には利用できないため、原則として全波整流回路の平滑回路として利用される。

5.4 安定化電源

　整流回路と平滑回路を組合せて得られる出力電圧は、入力電圧の変化、負荷の変化によって変動するので、これをツェナーダイオードやトランジスタを用いて出力電圧の変動分を検出し、自動的に出力電圧を一定に保っている。
　これを直流安定化電源、または**直流定電圧電源**と呼んでいる。
　図3.48は、そのブロックダイヤグラムと回路例を示したものである。
　一般には、定電圧ダイオードを用いた簡単な定電圧回路があるが、この回路は

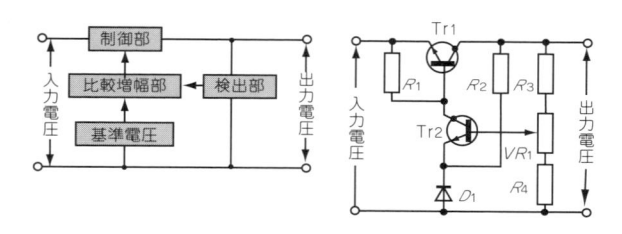

図3.48　安定化電源回路のブロックダイヤグラム（左）と回路例（右）

トランジスタ直列型定電圧回路である。
　たとえば、出力電圧が下がった場合、検出部の電圧（Tr_2のベース電圧）が下がって、Tr_2は逆バイアスの方向に動く。そこで、Tr_2のコレクタ電流が減少し、Tr_2のコレクタ電圧が上昇する。Tr_2のコレクタ電圧は、Tr_1のベース電圧であるから、Tr_1のベース電圧上昇によって、Tr_1のコレクタ電流は増加する方向に働く。したがって、出力電圧は上がり、一定に保たれる。
　出力電圧が上がった場合は、その逆の要領で出力一定となるわけである。
　以上の構成を基本としたものが一般に**リニアレギュレータ**と呼ばれ、IC化したものは**三端子レギュレータ**と呼ばれている。

5.5 スイッチング電源

　全波整流した後スイッチング回路によって一旦高周波パルスに変換し、さらに整流・平滑を行う構成となっているものが**スイッチング電源**で、変換効率が高く、小型で軽量であることから最近の電子機器には広く利用されている。
　DC–DCコンバータなどにも応用されている。ただし、スイッチング回路による高周波ノイズが大きいため、使用に関してはノイズ対策などの注意が必要である。

6 パルス回路

6.1 パルス回路の基礎

(1) パルス波形

いままで学んできた回路では、主に正弦波を取扱ってきたが、正弦波のような連続波と異なり、限られた時間だけ存在するような波形を**パルス波**と呼び、正弦波とは区別している。

代表的なものとして、図3.49に方形波とのこぎり波を示したが、このパルス波を使ったパルス技術は、レーダやテレビジョンをはじめ、自動制御機器、電子計算機などに広く利用されている。

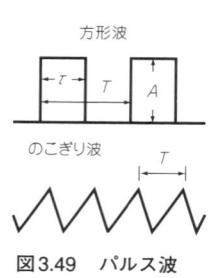

① T：繰返し周期 $[s]$
② $f=1/T$：繰返し周波数 $[Hz]$
③ A：振幅（ピーク値で表し、電圧パルスは $[V]$、電流パルスは $[A]$）

図3.49に示す方形波のように、無限小の時間で A に達し、無限小の時間で 0 になる方形波は実際上ありえないが、パルス回路の原理を理解する基本形としてよく用いられる。この方形パルスは、実際の回路網を通すと波形がくずれて、様々な応答を示す。そのため、パルス波形の性質を表すのに、④～⑥の定義が用いられ、過渡現象の考え方が必要となってくる。

図3.49 パルス波

④ $τ$：**パルス幅** $[s]$：パルス前縁と後縁の50%振幅間の時間。
⑤ **立上り時間**：図3.50に示す t_r がそれで、パルスの振幅の10→90%になるまでの時間をいう。
⑥ **立下り時間**：図3.50に示す t_f がそれで、パルスの振幅の90→10%になるまでの時間をいう。

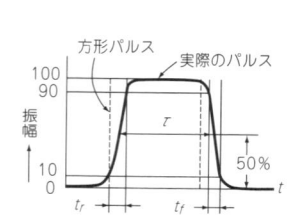

図3.50 パルス波形の名称

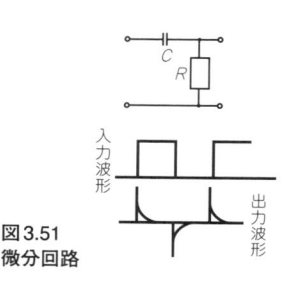

(2) 微分回路

図3.51は、微分回路とその入出力波形を示したものである。

パルス回路においては、波形の立上り、または立下りの変化の速い部分の変化分を取出す操

図3.51 微分回路

作、波形のトリガ化などに用いられる。
　コンデンサCの値と抵抗値Rの積を時定数CR[s]といい、この時定数CRの値とパルス幅τによって、出力波形は**図3.52**のような特性を示す。

（3） 積分回路
　図3.53は、積分回路とその入出力波形を示したものである。
　積分回路の波形は、時定数CRとパルス幅τの大きさによって、**図3.54**のような特性を示す。

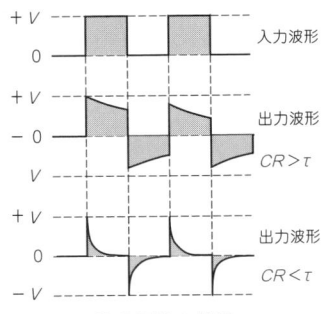

図3.52　微分回路の特性

（4） リミッタ回路
　リミッタ回路は、不ぞろいのパルスの高さをそろえたりパルスの頂部を平たんにしたり、あるいは正弦波から方形波をつくったりするのに用いる。**図3.55**は、その回路と出力波形を示したものである。
　以上の他に、波形を変形する回路としては、入力波形をあるレベルでカットし、クリップして整形するクリップ回路（リミッタ回路もその一種といえる）

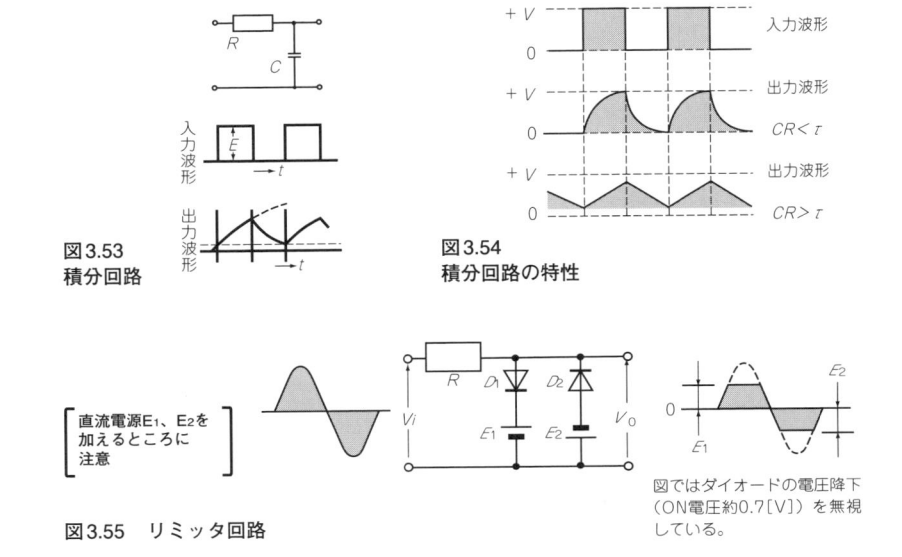

図3.53　積分回路

図3.54　積分回路の特性

［直流電源E₁、E₂を加えるところに注意］

図3.55　リミッタ回路

図ではダイオードの電圧降下（ON電圧約0.7[V]）を無視している。

や、入力パルスの振幅や波形を変えずに、必要とされている一定の電圧を取出すクランプ回路（レベル・シフト回路）などがある。

6.2 パルス発生回路

パルス発生回路の基本はマルチバイブレータである。

マルチバイブレータは、スイッチング回路の基本となるもので、方形波の計数その他パルスの取扱いに重要な役割を果している。

マルチバイブレータは、その特徴と動作から、以下の3種類に分けられる。

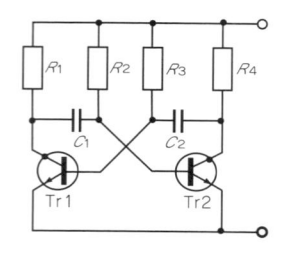

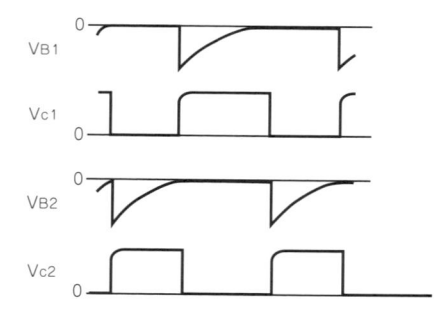

(1) 無安定マルチバイブレータ

非安定マルチバイブレータとも呼ばれ、図3.56に示すように2つのトランジスタが自分のコレクタと相手のベース間をコンデンサによって結合されている。

無安定マルチバイブレータは、入力信号がなくとも自ら発振する。2個のトランジスタは自動的に交互に導通↔しゃ断を周期的に繰返すようになっていて、それぞれのコレクタから位相の反転した方形波が得られる。

図3.56 無安定マルチバイブレータ

主として、パルス発生器として用いられている。

(2) 単安定マルチバイブレータ

図3.57は、単安定マルチバイブレータの回路図である。**単安定マルチバイブレータ**は、トリガ入力パルスに対して、ある任意の一定の時間幅の出力パルスを1個発生させる回路であり、特に波形の整形や定時間のパルス発生、遅延回路に使用されている。出力パルス幅は、$\tau = 0.7 \times C_1 R_4$で求められる。回路中の$C_3 R_6$は微分回路であり、$C_2$はスピードアップコンデンサである。

【第3章】基礎電子回路

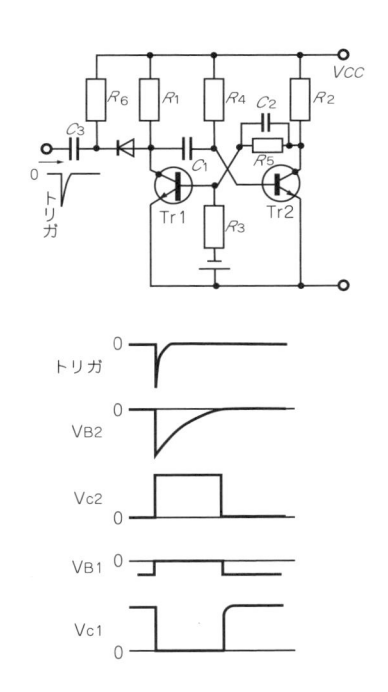

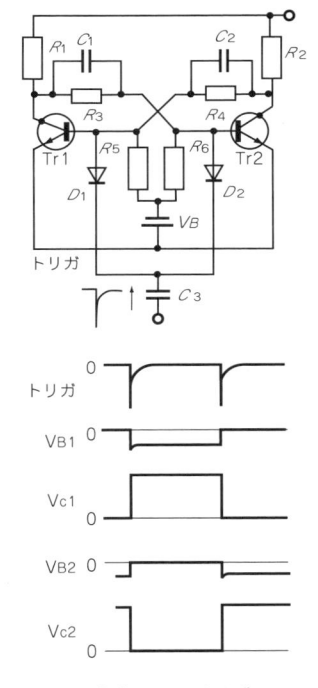

6 パルス回路

図3.57 単安定マルチバイブレータ

図3.58 双安定マルチバイブレータ

実際には、標準ロジックICなどの品種の1つとしてIC化（74HC123など）されている。また、通称モノマルチなどと呼ばれている。

（3）双安定マルチバイブレータ

一般には**フリップフロップ回路**とも呼ばれ、**図3.58**はその回路図である。この回路では、入力トリガパルスが加わるごとに、片方がON（導通）、もう一方がOFF（しゃ断）の状態を繰返す。つまり、入力トリガが加わるごとに、トランジスタのON、OFFが反転するので、記憶回路として動作する。

実際には双安定マルチバイブレータと呼ばれることは、現在ほとんどない。
一般にフリップフロップとして1つの機能素子として扱われ、標準ロジックICはもとよりカウンタやシフトレジスタの構成要素、各種ディジタルICやLSIの内部構成要素として多く用いられる。

7 ディジタル回路

7.1 論理回路

(1) 論理回路の基礎

論理回路は、パルスの演算回路として用いられるもので、**ゲート回路**とも呼ばれ、信号の有無、すなわち"0"か"1"か、"ON"か"OFF"かなどの2値の信号の変化や符号によって、演算処理をする回路である。

その回路には、AND、OR、NOTの3つの基本回路と、NANDとNORの全部で5つの基本的な回路がある（**図3.59**）。

さらに、特殊ではあるが非常によく用いられる論理演算としてExOR（イクスクルーシブオア：排他的論理和）、ExNOR（イクスクルーシブノア：排他的論理積）がある。

また、論理回路の機能を表すには、2進法の"1"、"0"を変数として取扱う**ブール代数**の論理式や、**真理値表**と呼ばれる入出力の関係を"1"、"0"の論理値で示す表が使用される。

※ "1"と"0"を用いないで"H"と"L"で表現する場合もある。

①AND回路（論理積）

入力A、B、C…がすべて"1"のときだけ出力が"1"となる回路であり、**AND回路**（論理積）と呼ばれる。ブール代数の論理式で表せば、

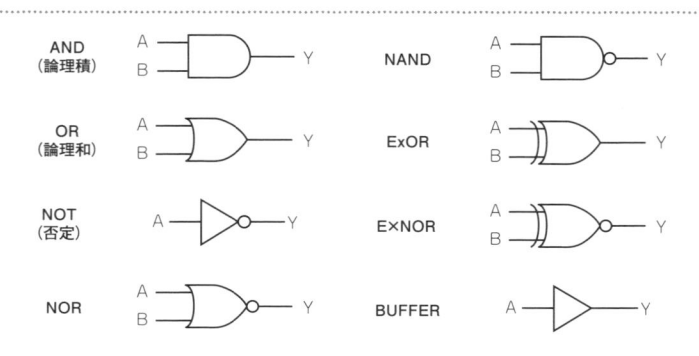

X＝A・B、あるいは、X＝A・B・C…となる。

注：NOT（否定）：一般にはインバータと呼ばれる。否定を表すのは丸印"○"である。

図3.59　論理回路

② OR回路（論理和）

入力A、B、C…のどれか1つ以上が"1"であれば、出力が"1"となる回路であり、**OR回路**（論理和）と呼ばれる。論理式で表せば、

$X = A + B$、あるいは、$X = A + B + C \cdots$ となる。

③ NOT回路（否定）

入力が"0"のとき出力が"1"あるいは入力が"1"のとき、出力が"0"になる回路で、**NOT回路**（否定）と呼ばれる。

論理式で表せば、$X = \overline{A}$ となる。

NOTの働きをする論理素子は一般にNOTといわず**インバータ**と呼ばれている。

④ NAND回路

AND回路とNOT回路を組合せたもので、入力A、B、C…がすべて"1"のときだけ、出力が"0"となる回路。

論理式で表せば、$X = \overline{A \cdot B}$ あるいは $X = \overline{A \cdot B \cdot C \cdots}$ となる。

⑤ NOR回路

OR回路とNOT回路を組合せたもので、入力A、B、C…どれか1つ以上が"1"であれば、出力が"0"となる回路。

論理式で表せば、$X = \overline{A + B}$、あるいは $X = \overline{A + B + C \cdots}$ となる。

⑥ ExOR回路

入力A、Bが"1"、"0"で異なるときだけ、出力が"1"となる回路。

論理式で表せば、$X = A \cdot \overline{B} + \overline{A} \cdot B$、あるいは $X = A \oplus B$ とも表現される。

⑦ ExNOR回路

入力A、Bが共に"1"、または共に"0"で同じになるとき、出力が"1"となる回路。

論理式で表せば、$X = A \cdot B + \overline{A} \cdot \overline{B}$、あるいは $X = \overline{A \oplus B}$ とも表現される。

実際の回路は、以上の7つの基本回路を組合せて、要求される機能をもった回路を構成する。

さらに論理としては意味を持たない$Y = A$という機能素子を**バッファ**という。但し、実際のバッファにはNOTとして機能する素子もあるので注意が必要である。これら基本素子は論理回路を構成する上で重要な要素であり、現在は多くの論理機能を集積したディジタルICがシーケンス制御や電卓、電子計算機などに使用されている。

(2) 組合せ回路（Combinational Logic Circuit）への応用

図3.60のように入力信号の状態のみにより、出力の状態が確定する回路を**組合せ論理回路**という。

組合せ回路は、過去の入力信号に関係なく、現在の入力信号の条件により直ち

に出力を決める論理回路であり、過去の入力値を記憶する機能を持たない。回路は、論理素子（ゲート回路）による組合せにより構成され、多種多様な機能の回路が実現できる。

図3.60　組合せ回路のイメージ図

●組合せ回路の代表例

ここで、一般によく利用されている組合せ回路の例を示す。

❶エンコーダ（Encoder：符号器）
・Decimal to BCD・エンコーダ
・プライオリティ・エンコーダ
❷デコーダ（Decoder：復号器）
・アドレス・デコーダ
・BCD to 7セグメント・デコーダ
❸データセレクタ（Data Selector）
❹コンパレータ（Comparator：比較器）
・大小比較（マグニチュード・コンパレータ）
・一致・不一致検出
❺アダー（Adder：加算器）
❻パリティ・チェッカ（Parity Checker）

●補足●ド・モルガンの定理

ブール代数の定理の1つであり、論理和と論理積の間には、次のような関係が成立する。

$$\overline{A+B} = \overline{A}\cdot\overline{B} \qquad \overline{A\cdot B} = \overline{A}+\overline{B}$$

これは、A、Bの論理和（または論理積）の否定は、A、Bそれぞれの否定の論理積（または論理和）に変換できるという、論理回路を構成する上で重要な法則である。

（3）組み合わせ回路の例

①一致回路

入力A、Bが互いに一致したときに出力が"1"に、一致しないときは出力が"0"となる回路である。

論理式では、$X = A\cdot B + \overline{A}\cdot\overline{B}$のように表される。これはExNORそのものである。

図3.61はその回路例、表3.2は真理値表を示したものである。

②半加算回路（ハーフ・アダー）

一桁の2進数の和は、0+0=0、0+1=1+0=1、1+1=10となって桁上げが

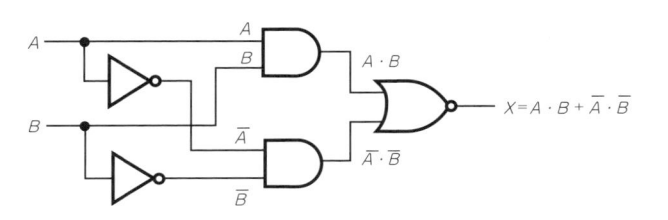

【第3章】基礎電子回路
7 ディジタル回路

図3.61　1ビット同士の一致検出回路

表3.2　真理値表

A	B	X
0	0	1
0	1	0
1	0	0
1	1	1

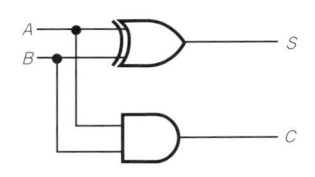

$X = A \cdot B + \overline{A} \cdot \overline{B}$

図3.62　1桁の半加算回路

表3.3　真理値表

A	B	S	C
0	0	0	0
0	1	1	0
1	0	1	0
1	1	0	1

生じる。

すなわち、2つの2進数A、Bが"0"のとき和(S)は"0"、いずれか"1"のとき和は"1"、ともに"1"のとき和は"0"で、桁上げ(C)が"1"となる。

これを真理値表で示すと、**表3.3**のようになる。

また、この関係を論理式で表すと、$S = A \cdot \overline{B} + \overline{A} \cdot B$、$C = A \cdot B$となり、和SはA、BのEx ORであり、桁上げCはA、BのANDである。

このような下位からの桁上げを考慮しない回路を**半加算回路**と呼ぶが、**図3.62**はその回路例を示したものである。下位からの桁上げを含む加算を行う回路は全加算回路と呼ばれる。

7.2 フリップフロップ

(1) フリップフロップの基礎
①R-Sフリップフロップ回路

R-Sフリップフロップは、出力(Q)を"1"にセットするセット入力(S)と、"0"にクリアするリセット入力(R)を持ち、一度セット(またはリセット)信号が入力されると、入力がなくなった後も次に反対の入力が加えられるまでは、前の状態を保持する。

表3.4 真理値表

S	R	Q	$\bar{Q}$	
0	0	(Q)	($\bar{Q}$)	(不変)
0	1	0	1	
1	0	1	0	
1	1	(0)	(0)	(禁止)

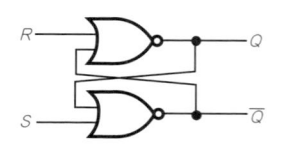

図3.63　NORゲートによるR-Sフリップフロップ

R-Sフリップフロップは、ゲート回路の組合せによって構成することができる。**図3.63**はNORゲートによるR-Sフリップフロップの例で、**表3.4**はその真理値表である。

②Dタイプフリップフロップ

実際の回路中で、最もよく使用されるフリップフロップである。

入力端子は、クロック（CK）とデータ（D）、出力端子はQとその反転出力$\bar{Q}$である。

基本動作は、クロックの立ち上がりエッジ（または立ち下がりエッジ）が入力された時、D入力のレベルをQに出力するものである。

図3.64にブロック図、真理値表およびタイムチャートを示す（立ち上がりエッジトリガタイプの例）。

図のタイムチャートのように、矢印を付け時間的な関係を示すようにすることで正確なシーケンス（順序）を確認することができる。

簡易的ではあるが動作の確認によく用いられる方法である。

③その他のフリップフロップ

実際の回路ではDタイプフリップフロップの機能でほとんどの機能を実現できるが、様々な回路構成に対応するために**図3.65**に示すように、その他のフリップフロップが用いられている。代表的なものとしてTタイプフリップフロップ、J-Kタイプ

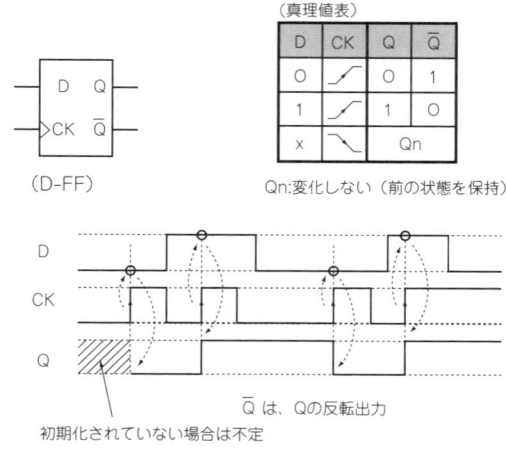

（真理値表）

D	CK	Q	$\bar{Q}$
0	↑	0	1
1	↑	1	0
x	↓	Qn	

Qn:変化しない（前の状態を保持）

(D-FF)

$\bar{Q}$ は、Qの反転出力

初期化されていない場合は不定

図3.64　Dタイプフリップフロップ

【第3章】基礎電子回路
7 ディジタル回路

〈トグル型T-FF〉

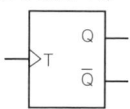

（真理値表）

T	Q	Q̄
↗	反転	
↘	保持	

（タイムチャートの例）

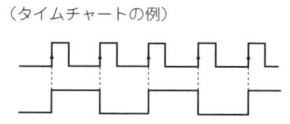

〈トリガ型T-FF〉

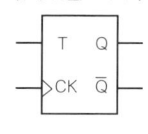

（真理値表）

T	CK	Q	Q̄
0	↗	保持	
1	↗	反転	
x	↘	保持	

（タイムチャートの例）

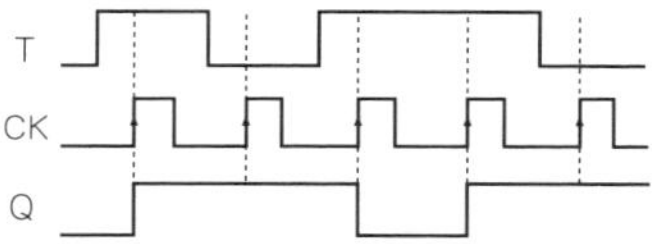

〈J-Kタイプのフリップフロップの図記号と真理値表〉

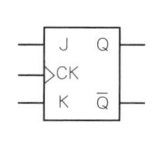

J	K	CK	Q	Q̄
0	0	↗	Qn	
1	0	↗	1	0
0	1	↗	0	1
1	1	↗	トグル	
x	x	↘	Qn	

（真理値表）

Qn：前の状態を保持
トグル：Toggle（反転）

（タイムチャートの例）

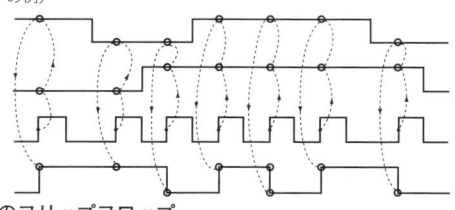

図3.65　その他のフリップフロップ

フリップフロップ、ラッチなどがある。

　※**ラッチ**という場合には、単に状態を記憶（あるいは保持）するという意味で使用される場合と、ラッチという種類の機能素子を意味する場合があるので注意が必要である。出力Qの初期状態を"L"として、D-ラッチとD-FFの動作の違いを右図に示す。

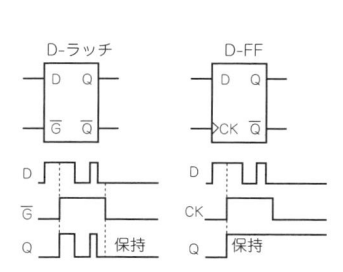

(2) フリップフロップの応用
①分周回路への応用
図3.66のように、トグル動作（反転動作）は入力CLKと出力の関係を考えれば、周期が2倍となり、周波数で見ると1/2となることがわかる。これを**2分周回路**（周波数を1/2とする回路）という。
②シフトレジスタへの応用
図3.67が4ビットシフトレジスタの基本構成である。

入力されたデータは、クロック信号が入力されるたびにQ0～Q3へ順に移動する。

③その他
シフトレジスタはもとより、バイナリカウンタやジョンソンカウンタ、リングカウンタなどいわゆる順序回路を構成する基本素子がフリップフロップであり、LSIの中でもレジスタやマクロセルとして重要な位置を占めている。

ディジタル回路の動作を理解する上で最も重要な基本素子と言える。

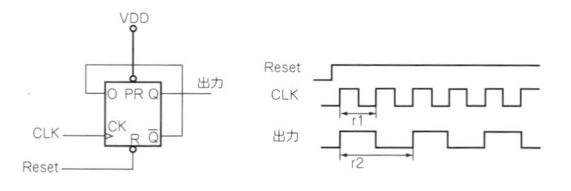

図3.66　分周回路

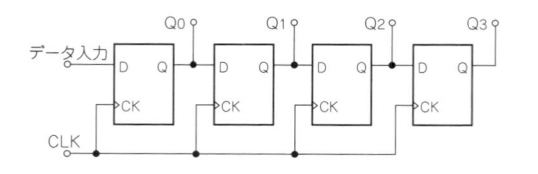

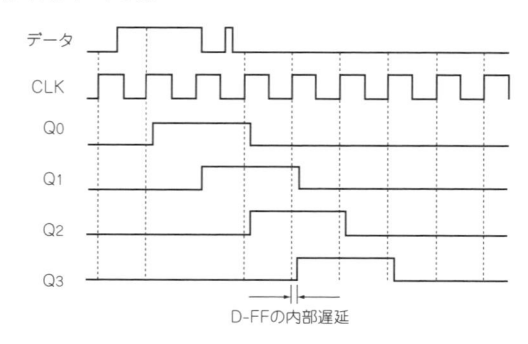

図3.67　シフトレジスタへの応用

デシベルの基礎

8.1 デシベルの考え方

(1) デシベルの意味

増幅回路において、増幅の度合をみるために、入力信号に対する出力信号の比をとって**増幅度**〔倍〕という単位を使用してきた。

ところが、増幅を重ねていくうちに、その数が何千、何万という膨大な数を取扱うことになってしまう。

たとえば、図3.68に示すように、100倍の増幅器を3段直列に接続し、増幅回路を構成すると、全体の増幅度Aは、

$A = 100 \times 100 \times 100 = 1{,}000{,}000$〔倍〕

と非常に大きな数値となるとともに、計算も複雑になる。

そこで、増幅度を入力と出力の比で表さないで、比の対数を用いて表す方法がデシベル表示であり、単位記号は〔dB〕である。

この方法で表すと、図3.68の全体の増幅度Aは120〔dB〕という小さな値ですんでしまうことになる（計算法については後述）。

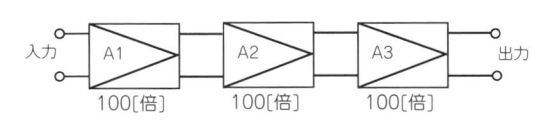

図3.68 デシベル表示

①**増幅利得**

デシベル〔dB〕を用いて表した増幅度を**増幅利得**、あるいは単に**利得（Gain）**と呼ぶ。

　　増幅度〔倍〕↔増幅利得（利得、ゲイン）〔dB〕

なお、増幅度を対数で表したときの単位には、もともとベル〔Bell〕という単位記号〔B〕を用いるが、一般に使用する増幅度の数値に対してベルでは大きすぎるので、その1/10の**デシベル**〔deci Bell〕、単位記号〔dB〕を使う。

②**人間の五感と〔dB〕**

人間の五感（聴覚、視覚、嗅覚、味覚、触覚）は、対数的に感応するといわれている。

たとえば、耳と音との関係についていえば、人間の耳は時計の非常に小さな音から雷のような大きい音までも聞くことができる。ところが、雷の大きい音が時計の音の何千倍であっても、耳には何千倍の音の大きさとなっては感じないで、図3.69に示すように実際の音の大きさと聴覚との関係は対数関係となる。

つまり、音が100倍となっても人間の耳には2倍になったようにしか感じないということである。このことは、〔dB〕が人間の感覚にマッチした値であること

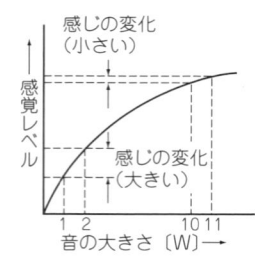

を示している。

(2) デシベルの計算法

電子機器、あるいは電気に関係のある者が〔dB〕による表示法を理解できないと、カタログ、取扱い説明書などに記載されている〔dB〕の意味がわからず、その商品（部品）の特性はもちろんのこと、他の商品との性能の比較すらできないということになりかねない。そのためにも電子機器の組立てに従事する者は、〔dB〕についてはよく知っておく必要がある。

図3.69　聴覚と音の大きさ

①対数の定義と公式

指数関係　　　　　対数関係
$y=10^x$　　　⟷　　$\log_{10} y = x$　　　　………式⓱

$y=10$の肩に付いている指数xの関数で、このような関係を指数関係と呼ぶ。また、この指数関数の逆の表し方を対数関係と呼び、ある数(y)が10の何乗になるのか、その数(x)を求める方法であるということができる。

たとえば、$100 = 10^2$を対数で表せば、$\log_{10} 100 = 2$となる。

① xは、10を底（てい）とするyの対数といい、数は通常、10進法で表されるから、対数の底も10にとると計算が便利となる。
② 10を底とする対数を常用対数と呼び、一般には底の10を省略して、単に$\log y$と書く（その他にeを底とする自然対数もあるが、ここでは必要ないので説明しない）。
③ logは対数（ロガリズム：logarithm）のlogをとったもので一般にログと読む。
④ $\log_{10} y$とxの関係を表した数表を対数表と呼ぶ。

重要公式

●対数の公式●
$\log_{10} AB = \log_{10} A + \log_{10} B$　………式⓲
$\log_{10} \dfrac{A}{B} = \log_{10} A - \log_{10} B$　………式⓳
$\log_{10} A^n = n \log_{10} A$　………………式⓴

上に示した対数の公式、および次に示す対数の値を憶えておけば、日常的なほとんどすべての対数計算を行うことができるので、よく頭に入れておく必要がある。

| $\log 1 = 0$ | $\log 2 = 0.301$ | $\log 3 = 0.477$ | $\log 7 = 0.845$ | $\log 10 = 1$ |

②対数計算

── 例 題 ──

Q1：log6の値はいくらか。
A：公式⑱から、log6＝log2×3＝log2＋log3＝0.301＋0.477＝<u>0.778</u>

Q2：log5の値はいくらか。
A：公式⑲から、$\log\frac{10}{2}$＝log10－log2＝1－0.301＝<u>0.699</u>

Q3：log8の値はいくらか。
A：公式⑳から、$\log 2^3$＝3log2＝3×0.301＝<u>0.903</u>

Q4：$\log\frac{1}{21}$ の値はいくらか。
A：$\log\frac{1}{21}$＝log1－log21＝log1－(log3＋log7)＝0－0.477－0.845＝<u>－1.322</u>

(3) 利得（Gain）

デシベル〔dB〕で表された増幅度を一般に利得（ゲイン：Gain）と呼ぶが、電子回路でよく利用する利得は、次の3種類である。
・ 電力利得：G_p
・ 電圧利得：G_v
・ 電流利得：G_i

以上の各利得は、それぞれ次に示すような計算式によって導かれる。

重要公式

電力利得　$G_p = 10\log\dfrac{出力信号電力(P_0)}{入力信号電力(P_i)}$ 〔dB〕 ………………式㉑

電圧利得　$G_v = 20\log\dfrac{出力信号電圧(V_0)}{入力信号電圧(V_i)}$ 〔dB〕 ………………式㉒

電流利得　$G_i = 20\log\dfrac{出力信号電流(I_0)}{入力信号電流(I_i)}$ 〔dB〕 ………………式㉓

〔ただし入力信号＜出力信号のとき増幅、入力信号＞出力信号で減衰〕

電力利得における定数の10は〔B〕の単位を〔dB〕単位にするために付けたものである。また、電圧および電流利得で定数が20になっているのは、

$$G_p = 10\log\frac{\frac{V_o^2}{R}}{\frac{V_i^2}{R}} = 10\log\left(\frac{V_o}{V_i}\right)^2 = 20\log\frac{V_o}{V_i} \text{[dB]}$$

$$G_i = 10\log\frac{I_o^2 R}{I_i^2 R} = 10\log\left(\frac{I_o}{I_i}\right)^2 = 20\log\frac{I_o}{I_i} \text{[dB]}$$

ということからである。

また、最初に述べた、1,000,000〔倍〕が120〔dB〕になるのは、式❷によるものであり、

$G_v = 20\log 1,000,000 = 20\log 10^6 = 20 \times 6\log 10 = 120$〔dB〕

となるわけである。

なお一般に、利得G〔dB〕と表現するのに対して、増幅度はA〔倍〕で表す。

―― 例 題 ――

Q1:電流増幅度 A_i=35〔倍〕は、電流利得 G_i では何〔dB〕か?

A:式❷から、$G_i = 20\log 35 = 20\log(\frac{10}{2} \times 7) = 20(\log 10 - \log 2 + \log 7)$
$= 20(1 - 0.301 + 0.845) = 30.88 \fallingdotseq 31$〔dB〕

または、 $G_i = 20\log 35 = 20(\log 10 + \log 3.5)$
対数表より、log3.5=0.5441
したがって、$G_p = 20(1 + 0.5441) = 30.882 \fallingdotseq 31$〔dB〕

Q2:A_p=240〔倍〕は、G_pで何〔dB〕か?

A:$G_p = 10\log 240 = 10\log(100 \times 2.4)$ 対数表よりlog2.4=0.3802
したがって、$G_p = 10(2 + 0.3802) = 23.802 \fallingdotseq 24$〔dB〕
また、対数表を使わない場合は、
$G_p = 10\log 240 = 10\log(2^4 \times 3 \times 5) = 10(4\log 2 + \log 3 + \log 10 - \log 2)$
$= 10(4 \times 0.301 + 0.477 + 1 - 0.301) = 10 \times 2.38 \fallingdotseq 24$〔dB〕

Q3:G_v=64〔dB〕は、A_vで何〔倍〕か?

A:$20\log A_v = 64$であるから、

$\log A_v = \frac{64}{20} = 3.2 = 3 + 0.2$ 対数表より、0.2 ≒ log1.58

したがって、$\log A_v = \log 10^3 + \log 1.58 = \log(10^3 \times 1.58)$
∴ $A_v = 10^3 \times 1.58 = \underline{1580}$〔倍〕

Q4：$20\log A_i = -43.3$〔dB〕からA_iを求めよ。

A：$\log A_i = -\dfrac{43.8}{20} = -2.19 = -3 + 0.81$　　対数表より$0.81 = \log 6.46$

$\log A_i = \log 10^{-3} + \log 6.46 = \log(10^{-3} \times 6.46)$

$$\therefore A_i = \underline{6.46 \times 10^{-3}}〔倍〕$$

　このように、増幅度を対数で表すと膨大な数も小さな値となって、数値の取扱いが容易になり、乗除の計算も簡単な加減の計算となるので、非常に便利である。

　また、先に説明したように、人間の感覚にもマッチした表示法であるため、電子、電気の分野では〔dB〕表示が数多く使われている。

　以上で、ほぼデシベル、利得の計算法は理解できたはずである。

(4) 相対値と絶対値

　いままで述べてきたデシベルは、すべて相対値という考え方である。すなわち、増幅回路で増幅度の比率だけを扱って、実際のレベル（電圧、電流や電力の値）がいくつであるかということを考えない方法であった。

　これに対し、一定の基準値を決め、それに対する絶対値で表す方法、つまり、レベルを考慮した表示法として、次のような方法が一般に用いられている。

①dBμまたはdB$_\mu$V

　ある電圧Vを表すのに、1〔μV〕（マイクロボルト：10^{-6}〔V〕）を基準にして〔dB〕表示する。

　　すなわち、　　$20\log \dfrac{V〔\text{V}〕}{1〔\mu\text{V}〕}$〔dB$\mu$〕

　ここで〔dBμ〕を、**デービーマイクロ**と読む。

②dBm

　ある電力Pを、1〔mW〕を基準にして〔dB〕表示をする方法。

　　すなわち、　　$10\log \dfrac{P〔\text{W}〕}{1〔\text{mW}〕}$〔dBm〕

　ここで〔dBm〕は、**デービーエム**と読む。

　なお、上記の方法は、比較する数値の片方をあらかじめ決めてあるので、レベルを考慮した絶対値を示すことになる。たとえば、1〔V〕は10^6〔μV〕であるから120〔dBμ〕、1〔W〕は10^3〔mW〕であるから30〔dBm〕となる。逆に0.1〔μV〕は10^{-1}〔μV〕であるから-20〔dBμ〕、0.5〔mW〕は-3〔dBm〕となる。

8.2 実際例にみるデシベル

(1) 電話加入者線

公衆電話網における加入者線では**入出力インピーダンスを600〔Ω〕に統一**している。したがって、600〔Ω〕の抵抗に1〔mW〕0〔dBm〕を与える電圧Vは、

$$V = \sqrt{RP}〔V〕 = \sqrt{600 \times 10^{-3}} = \sqrt{0.6} = 0.775〔V〕$$ となる。

〔R：入出力インピーダンス〔Ω〕、P：電力〔W〕〕

したがって、7.75〔V〕は20〔dBm〕、77.5〔V〕は40〔dBm〕ということになる。

600〔Ω〕0〔dBm〕が0.775〔V〕になるということは、減衰器（アッテネータ）を設計する上で大切な点である。

(2) CRフィルタ

電子機器では、フィルタがよく用いられるが、その基本は図3.70に示すようなCR回路であるが、ここでも〔dB〕は使われる。

このフィルタの周波数特性を描いてみると、図3.71に示すようになる。

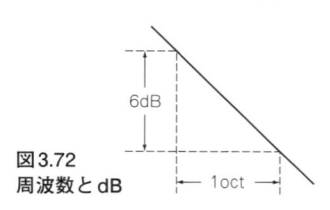

図3.71において、3〔dB〕レベルが落ちた点f_0を、**しゃ断周波数**（またはカットオフ周波数）と呼び、次式で表される。

$$f_0 = \frac{1}{2\pi CR} 〔Hz〕$$

f_0からさらに周波数を上げていくと、コンデンサCのリアクタンスX_cは、

$$X_c = \frac{1}{2\pi fC}$$

であるから、減衰量は周波数に反比例するため、フィルタの特性は6〔dB/oct〕で減衰するということになる。

なお、octはオクターブのことで、図3.72に示すように、周波数が2倍になるごとに6〔dB〕の割合で低くなるということである。

以上の回路を、CRによる低域通過ろ波器（ローパスフィルタ）と呼ぶ。

また、これと同じ考え方で、高域通過ろ波器（ハイパスフィルタ）の回路とその特性を図3.73に示した。

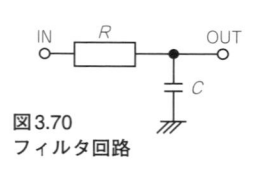

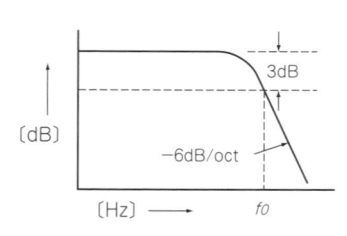

図3.70 フィルタ回路

図3.71 フィルタの周波数特性

図3.72 周波数とdB

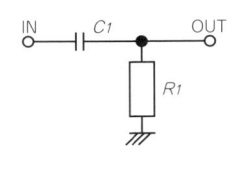

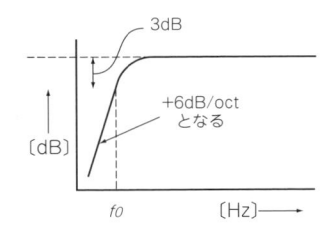

図3.73　高域通過ろ波器とその特性

(3) 音圧レベル

人間の耳が聞き得る最も小さな音圧は、20〔μPa〕(マイクロパスカル) で、この音圧を0〔dB〕としている。

実際の音圧はこの0〔dB〕と比較した絶対値で表すが、dBmやdBμのような表記はせず、単にdBと表記する。

一般に、普通の会話レベルは60〔dB〕～70〔dB〕である。

なお、音圧レベルのdB表示は、周波数に無関係であるため、同じ60〔dB〕の音でも、1〔kHz〕と10〔kHz〕の音では、耳に違った音として聞こえる。

(4) マイクロホンの感度

マイクロホン感度は、マイクロホンに1〔kHz〕、0.1〔Pa〕の音圧が入ったとき、出力電圧に1〔V〕が表れる場合を、0〔dB〕と決めている。

したがって、-80〔dB〕のマイクロホンといえば、出力電圧に0.1〔mV〕の電圧が出るということである（ただし、入力は1〔kHz〕、0.1〔Pa〕)。

例 題

Q：マイクロホンの感度が-80〔dB〕のマイクに、34〔dB〕の音圧が入ったときのマイクロホンの出力電圧は何〔μV〕か。

A：0.1〔Pa〕の音圧は74〔dB〕であるから、34〔dB〕の音圧は-40〔dB〕ということになる。したがって、マイクロホンの出力電圧 V_1 は、次のようにして求められる。

$$20 \log V_1 = -80 - 40 = -120$$
$$\log V_1 = -6 = \log 10^{-6}$$
$$V_1 = 10^{-6} \text{〔V〕} = \underline{1 \text{〔μV〕}}$$

(5) SN比と雑音指数

信号電圧Sと雑音電圧Nとの割合を**SN比**と呼び、SNR、S/N等とも表記し、普通単位としては〔dB〕で表す。

$$S/N = 20\log\frac{信号電圧(S)}{雑音電圧(N)}〔\text{dB}〕$$

たとえば、放送ではS/N 30〔dB〕以上というようになっている。S/Nが40〔dB〕とは、信号100に対して雑音が1ということである。

これに対して、**雑音指数NF**（noise figure）というのは、入力端でのS/Nを出力端でのS/Nで割った値であり、これも〔dB〕を用いて表している。

したがって、雑音指数は増幅器の内部で発生する雑音によって、S/Nが最終的に劣化する割合を示す。いいかえれば、増幅器の内部から雑音がどれだけ発生しているかを表す量である。

もし、増幅器で雑音発生がまったくなければ、雑音指数は0〔dB〕ということになる。

このように、SN比と雑音指数とは、本質的に別なものなのである。

(6) 受信感度について

受信機の感度とは、ある標準の出力を得るのに要するアンテナ入力電圧のことで、この値が小さいほど、受信機の感度がよいということになる。

受信感度は、普通1〔μV〕を0〔dBμ〕と規定している。もし入力電圧が2〔μV〕で規定出力が出たとすれば、この受信感度は6〔dBμ〕ということになる。

受信機のような高周波回路でのインピーダンスは、普通、50〔Ω〕である。

また、電界の強さを表す電界強度は、1〔μV/m〕を基準として、これを0〔dBμV/m〕としている。

第3章 ● 基礎電子回路

実力診断テスト

解答と解説は次ページ

次の設問において、記述が正しければ○、記述が間違えていれば×を解答しなさい。

【1】 図1の回路におけるコレクタ電圧は4〔V〕である。
【2】 水晶発振回路はLC発振回路やCR発振回路に比べて発振周波数が安定している。
【3】 コイルのQはインダクタンスと抵抗およびキャパシタンスによって決まり、Qが高いほど特性が優れている。
【4】 B級増幅は、トランジスタのV_{BE}－I_c曲線の立上り点(カットオフ点)に動作点を置いた増幅の方法である。
【5】 フリップフロップ回路は記憶素子の1つとして計算機によく使われている。
【6】 増幅器において入力電圧100〔mV〕、出力電圧3〔V〕であるとき、この増幅器の増幅度は30倍である。
【7】 図2の回路において、AとBが共に高レベルのときにランプは点灯する。
【8】 高周波の振幅を信号波の波形に応じて変化させる方法を周波数変調(FM)と呼ぶ。
【9】 2つ以上の入力信号がある場合、すべての入力「0」のときに出力が「1」となり、1つでも入力に「1」があるときは出力が「0」となる論理回路を、OR回路と呼ぶ。
【10】 オペアンプを用いた反転増幅回路では、負帰還用の抵抗と入力に直列に入った抵抗の値を変えることで、電圧増幅度を変更できる。
【11】 増幅度$A_p=72$を利得で示すと18.6〔dB〕である。

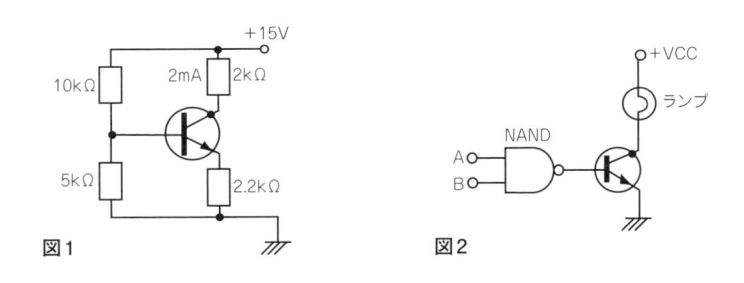

図1

図2

第3章●実力診断テスト　解答と解説

【1】× ☞ トランジスタのコレクタ電流が2〔mA〕であるから、負荷抵抗が2〔kΩ〕の電圧降下は、2〔mA〕×2〔kΩ〕。したがってコレクタ電圧は15〔V〕－4〔V〕= 11〔V〕となるので、誤り。

【2】○ ☞ LC発振回路やCR発振回路において、発振周波数を決定するものは、インダクタンスL、コンデンサC、抵抗Rなどで、いずれも電気的素子によっていた。したがって周波数の安定度も$10^{-3} \sim 10^{-4}$程度であった。その原因はL・C・R素子が十分安定していないことであるが、トランジスタのパラメータやバイアスの変動なども不安定な要因であった。
　水晶発振回路は、発振素子自体がきわめて安定していて、他の回路に比べけた違いによいものが得られる。

【3】○ ☞ このQを選択度と呼び、コイルのよさを示すものである。つまり、Qが高いということは、受信機（ラジオ）において、接近した周波数の数多くの電波のうちから希望する電波を選択、分離できる能力があるということである。

【4】○

【5】○ ☞ メモリではなく、ディジタル回路の構成要素として多く利用されている。

【6】○ ☞ 電圧増幅度A_vは、

$$A_v = \frac{V_o}{V_i} \quad [V_o: 出力電圧 \quad V_i: 入力電圧]$$

$$\therefore A_v = \frac{3〔V〕}{100〔mV〕} = 30〔倍〕$$

となり、問題は正しい。

【7】× ☞ 図の回路において、入力A、Bにそれぞれ"1"を入れると、NANDの出力には"0"が出てくる。それがトランジスタのベース入力に加えられる。ベースに0が加えられてもトランジスタはONせず、したがってランプは点灯しない。

【8】× ☞ 周波数変調（FM）ではなく、振幅変調（AM）である。

【9】× ☞ 問題はNOR回路のことである。論理回路の問題では必ず真理値表を作って検討してみると確実である。

【10】○ ☞ 電圧増幅度は2つの抵抗の比になる。

【11】○ ☞ 増幅度Apは電力増幅度を表している。これを電力利得Gpとするには、
$G_p = 10\log72 = 10(\log10 + \log7.2) = 10(1 + 0.8573) = 18.6〔dB〕$

【第4章】製図法

　製図に関する出題は、毎年3～5題である。検定基準の細目にあるように、組立て図や部品図から立体的形状を頭に描けること、また回路図や束線図などを読むことができること、電気用図記号の主なものについて知っていること、という3点がポイントである。
　実際に自分で図面を描ける力は検定では求められないが、JISの製図法、電気用図記号について特に熟知し、日常的に図面を読み書きしていれば、十分解答できるであろう。

1 製図の基礎

1.1 投影法

(1) 正投影
①第一角法と第三角法
　立体空間にある物体の位置・形状を正確に一平面上に描き表す方法を**投影**という。画面に直角な平行光線で投影することを**正投影**という。

　図4.1に示されるように、空間を互いに直交する2つの平面により4等分し、この分割された空間を右上より左回りに、**第一角、第二角、第三角、第四角**と呼ぶ。このとき第一角に置かれた物体を平行光線で水平面、垂直面に正投影する方法を**第一角法**といい、第三角に置かれた物体を正投影する方法を第三角法という。

　物体が垂直面に投影された図を**正面図**といい、水平面に投影された図を**平面図**という。垂直面と水平面の両側に、この2面と直角な面を考え、この面への投影を行えば側面図となる（図4.2）。

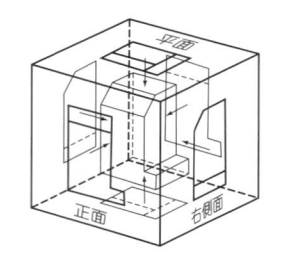

立体から平面へ　第三角の各投影面

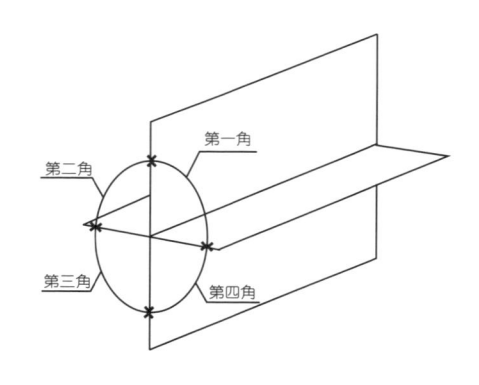

図4.1　投影法

　JIS製図規格における正投影図は、第三角法によって描くことになっているが、必要な場合は、第一角法を使用してもよい。
②第三角法の利点
　①　品物を展開した場合と同じ関係にあるので、実物を見るような感じで理解しやすい。
　②　関係面が近い面どうしを表すので、比較対照しやすく描き誤り、見まちがいが少ない。
　③　補助投影するとき容易である。

図4.2　第三角法

図4.3　等角図

図4.4　キャビネット図

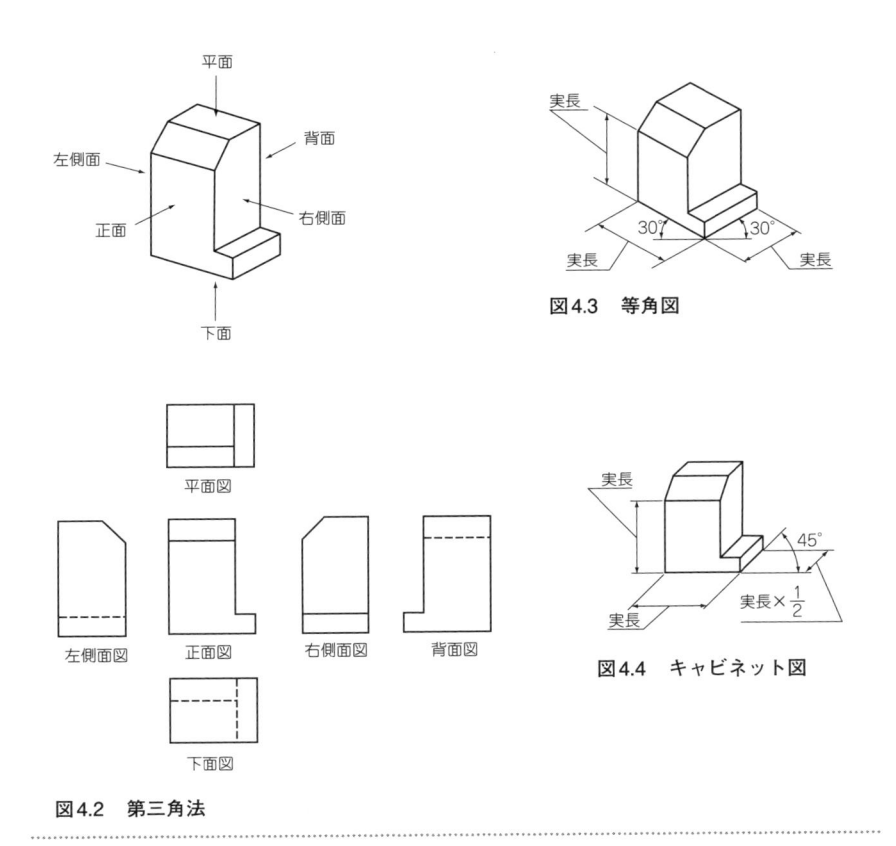

（2）正投影と斜投影

画面に直交する光線を物体にあて、その形状を写し出すことを**正投影**といい、前出の第一角法と第三角法とがある。

これに対して、画面に一定の角度をもつ斜めの光線を物体にあて、その形状を写す方法を**斜投影**と呼ぶ。斜投影は全体の見取り図等を示すときに便利である。斜投影によるものでは、図4.3に示す等角図、図4.4に示すキャビネット図などがある。

1.2 線の名称および利用法

(1) 線の種類
①線の断続形式による分類

実　　線	———————	連続した線
破　　線	....	短い線をわずかな間隔で並べた線
一点鎖線	—・—・—	線と1つの点とを交互に並べた線
二点鎖線	—・・—・・—	線と2つの点とを交互に並べた線

　以上の4種類の線を、細線、太線、および極太線の3種類に分け、線の太さの比率は、1:2:4とする。そして、同一画面において線の種類ごとに太さをそろえる。線の太さの基準は、0.18、0.25、0.35、0.5、0.7、および1.0（mm）とし、用途により次のように用いる（JIS B 0001）。

②線の用途

外 形 線	———————	太い実線。見える部分の形状を表す。
寸 法 線		細い実線。寸法記入を表す。
寸法補助線		細い実線。寸法記入で図形から引き出すのに用いる。
引 出 線		細い実線。記述・記号等を指示するために用いる。
回転断面線		細い実線。図形内で、その部分の切り口を90度回転して表す場合に用いる。
水 準 面 線		細い実線。水面、油面等の位置を表す。
中 心 線	＝＝＝＝	細い実線または細い一点鎖線。図形の中心を表す。
かくれ線	— — —	細い破線または太い破線。見えない部分を表す。
基 準 線	—・—・—	細い一点鎖線。基準であることを明示する。
ピッチ線		細い一点鎖線。図形のピッチをとる基準を表す。
破 断 線	～～～	不規則な波形の細い実線。取り去った部分を表す。
切 断 線	—・⌐・—	細い一点鎖線（一部太い実線）。切断位置を表す。

(2) 想像線の用途（JIS B 0001）

　想像線は、投影法上では図形に現れないが、便宜上必要な形状を示すのに用いる。細い2点鎖線で表し、主な用途は次の通りである。
① 移動する部分を移動した個所に表す（**図4.5**）。
② 図示された断面の手前にある部分を表す場合（**図4.6**）。
③ 隣接部分を参考に表す場合（**図4.5**）。
④ 加工前、加工後の形を表す場合（**図4.7**）。
⑤ 仕上しろを表す場合（**図4.8**）。

【第4章】製図法

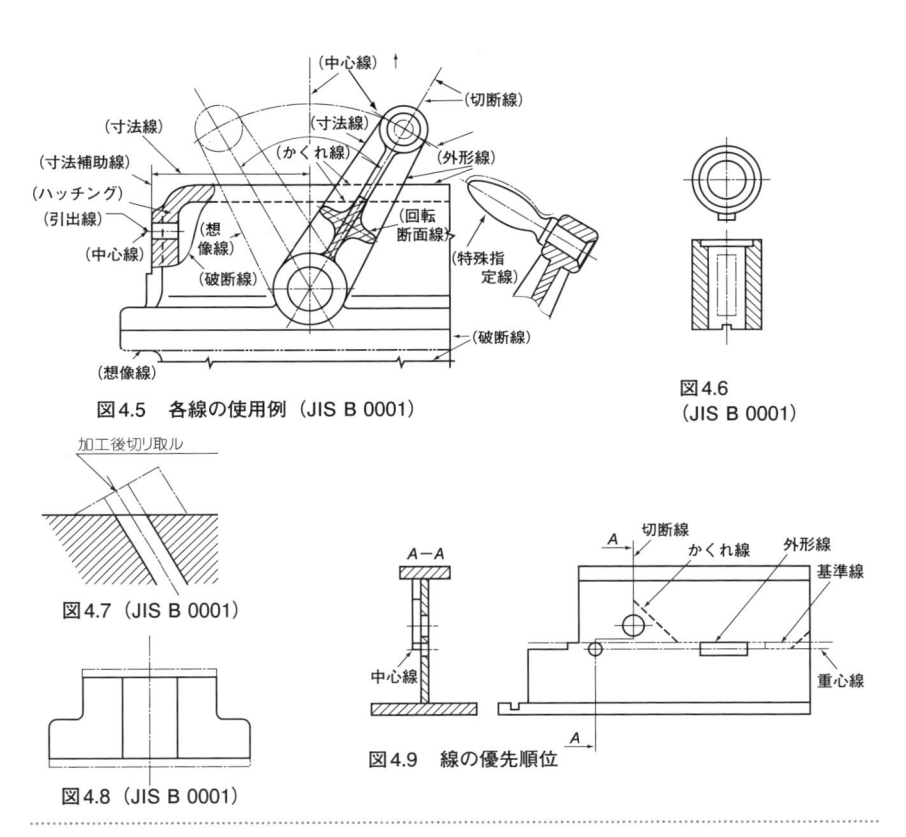

1 製図の基礎

図4.5　各線の使用例（JIS B 0001）

図4.6（JIS B 0001）

図4.7（JIS B 0001）

図4.8（JIS B 0001）

図4.9　線の優先順位

(3) 線の優先順位

図面で2種類以上の線が同じ場所に重なる場合には、次に示す順位に従って、優先する種類の線で描く（**図4.9**を参照）。

優先順位	用途による名称
1	外形線
2	かくれ線
3	切断線
4	中心線
5	重心線
6	寸法補助線

1.3 図形の表し方

(1) 主投影図（正面図）の選定

製図の際の原則として、次のことがあげられる。
① 品物の形や機能を最も明瞭に表す面を主投影図に選ぶ。
② 加工法を考え、加工時に置かれる位置を主投影図に選ぶ。

143

③ 不要な図を描かないようにし、主投影図だけで表しがたい場合のみ、必要な他の投影図（平面図、各側面図、補助投影図など）を追加する。

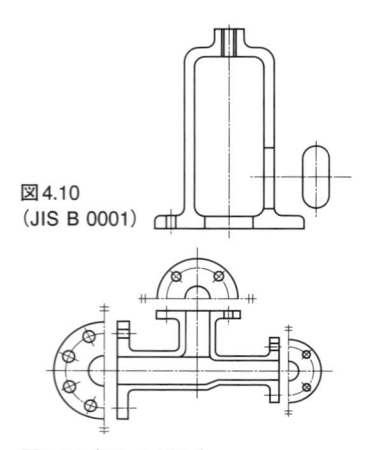

(2) 局部投影図

品物の一局部の形だけを図示して足りる場合は、その必要部分を**局部投影図**として表す（**図4.10**）。品物が中心線に対して対称である場合は、中心線の片側を省略してよい。ただし、対称中心線を越えて外形線を少し延長するか対称図示記号（2本の平行細線）をつける（**図4.11**）。

図4.10 (JIS B 0001)

図4.11 (JIS B 0001)

(3) 補助投影図

品物の斜面の実形を表す必要のあるときは、その斜面に対向する位置に必要部分だけを補助投影図として表す（**図4.12**）。

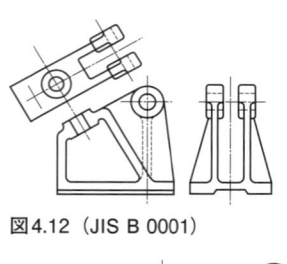

図4.12 (JIS B 0001)

(4) 展開図示法

板金工作による品物は、必要に応じて平面図に板取りのための展開図を描く（**図4.13**）。

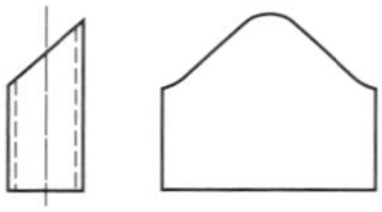

図4.13 (JIS B 0001)

(5) 回転図示法

投影面に対して傾斜している部分は、普通の投影法では実形実長が表しにくいので、その部分を投影面と平行になるまで回転させて描く（**図4.14**）。

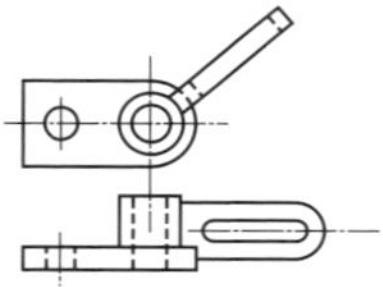

図4.14 (JIS B 0001)

(6) 省略図示法

かくれ線はできるだけ省略し、かくれ線で示さなくとも図が理解できる場合は、**図4.15**のように省略する。

また、同形状の穴、管、はしご状の横棒などのように多数連続して並ぶ場合は、**図4.16**に示すように、要所あるいは端部のみを図示

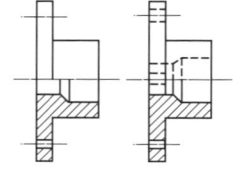

図4.15 (JIS B 0001)　(a) 良　(b) 不良

し、他は中心線あるいは中心線の交点によって示す。

(7) 慣用図示法
①丸み部分の表示
2つの面の交わり部に丸みをもつ場合は、図4.17(a)、(b)に示すように交わり部が丸みをもたない場合の2面の交線の位置に太い実線で表す。
②相貫部の図示法
円柱が他の細い円柱または角柱などと交わる部分の線（相貫線）は、正しい投影法によらないで、主となる円柱そのままの外形線で代用するのがよい（図4.18）。
③中間部省略法
軸、棒、管、形鋼、テーパ軸などの同一断面形の部分が長い場合は、その中間部を破断線をもって短縮し、省略することが可能である（図4.19）。

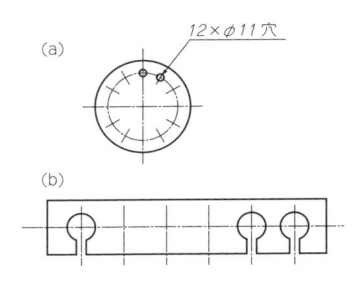

図4.16（JIS B 0001）

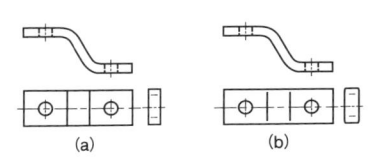

図4.17

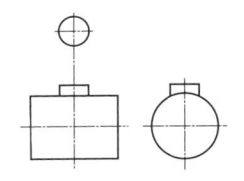

図4.18

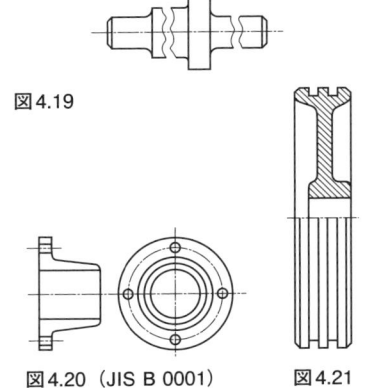

図4.19

1.4 断面法

（1） 断面図の種類
断面は、原則として基本中心線で切断した面で表す。この場合、切断線を記入しない。
①全断面図
品物の基本中心線で全部、切断して示した図（図4.20）。
②片側断面図
上下あるいは左右対称な品物では、外形と断面とを組み合わせて表すことができる（図4.21）。
③切断線
基本中心線でないところで切断した断面

図4.20（JIS B 0001）　図4.21

図4.22（JIS B 0001）

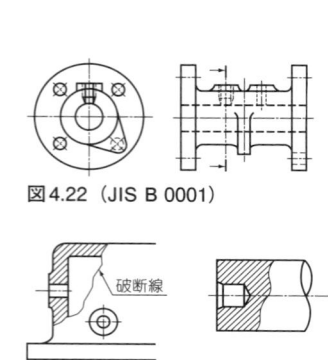

図4.23（JIS B 0001）

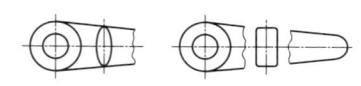

図4.24

図4.25（JIS B 0001）

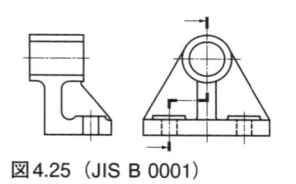

図4.26（JIS B 0001）

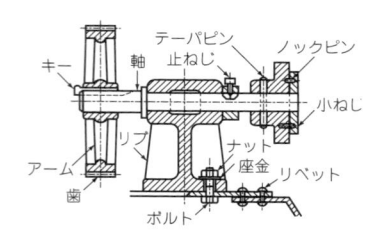

図4.27　断面図示をしてはならないもの（JIS B 0001）

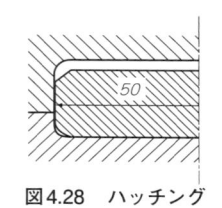

図4.28　ハッチング

は、切断線によって、切断の位置を示す（**図4.22**）。

④部分断面図

品物の一部だけを断面図で示したいときは、必要とする個所を破断線を用いて切り開き、内部を示すことができる（**図4.23**）。

⑤回転図示断面図

品物のある部分（アーム、リブ、フック、ハンドル、軸など）の断面は切断個所または切断線の延長上に90度回転して表してもよい（**図4.24**）。

⑥階段式断面図

断面は、必ずしも一直線とは限らず、階段状に切断することができる。この場合、切断線によって切断の位置を示す（**図4.25**）。

⑦薄物の断面

薄物、形鋼、パッキンなどの断面を小さく描く場合、極太の実線で表し、板の重ね目は線と線の間に0.7mm以上のすきまをおく（**図4.26**）。

【第4章】製図法

(2) 断面図示禁止のもの
軸、ピン、ボルト、ナット、座金、小ねじ、止めねじ、リベット、リブ、車のアーム、歯車の歯などは、原則として長手方向には切断しない（図4.27）。

(3) ハッチング
断面には、必要がある場合、ハッチング（あるいはスマッジング）を施す（図4.28）。

断面にハッチングを施す場合には、中心線に対して45°に細い実線で等間隔に描き、隣接する断面のハッチングは線の向き、または角度を変えるかその間隔を変えて区別する。

なお、切り口の面積が広い場合は、その外形線に沿って適切な範囲にハッチングを施す。ハッチングを施す部分の中に文字、記号などを記入するために必要がある場合には、ハッチングを中断する。

1.5 寸法記入法

(1) 寸法記入の原則
① 製作する立場になって、製作しやすいように記入する。
② 寸法は、特に明示しないかぎり、仕上り寸法を示す。
③ 寸法記入は主投影図に集中させ、他の投影図に重複して記入しないことを原則とする。
④ 寸法は、基準部を設けて、その基準部から記入していく。
⑤ 関連する寸法は、なるべく1個所にまとめて記入する。
⑥ 寸法のうち重要度の少ない寸法を参考として示す場合は、寸法数字にカッコを付けて記入する。

(2) 寸法、角度の単位
① 長さの寸法は、すべてミリメートル（mm）単位により、単位記号は省略する。ただし、他の単位を用いる必要がある場合には、これを特に明示しなければならない。
② 小数点は下付きの点とし、数字を適当に離して、その中間に大きめに描く。なお、寸法数字の桁数が5桁以上の場合は、3桁ごとに少しあけるとよい。コンマで区切ってはいけない。
③ 角度は一般に度またはradで表し、必要がある場合には、分および秒を併用する。度、分、秒はそれぞれ数字の右肩にそれぞれ°、′、″を記入する。

（3） 寸法数字に併用する記号

ϕ…**まる**と読み、円の直径を表す。ふぁいともいう。

□…**かく**と読み、正方形を表す。

　　寸法数字の前に寸法数字と同じ大きさで記入する（**図4.29**）。ただし、図形で明らかな場合は省略する。また、**図4.29**にあるように、細い実線で交差する対角線の部分は、平面であることを表している。

R…**アール**と読み、半径を表す。寸法数字の前に寸法数字と同じ大きさで記入する（**図4.30**）。

S…**エス**と読み、球面を表す。寸法数字の前に寸法数字と同じ大ささで、「Sϕ」あるいは「SR」と記入する（**図4.31**）。

t…**ティー**と読み、板厚を表す記号であり、板の厚さを図示しないとき、板の図の付近に「t10」などと書き加える（**図4.32(b)**）。

　　45°の面取りを示す記号(C)は、**図4.33**に示すような意味をもち、45°の面取りのときのみ使用する（**図4.32**）。なお、45°以外の面取りの場合は、それぞれ**図4.34**に示したように記入する。

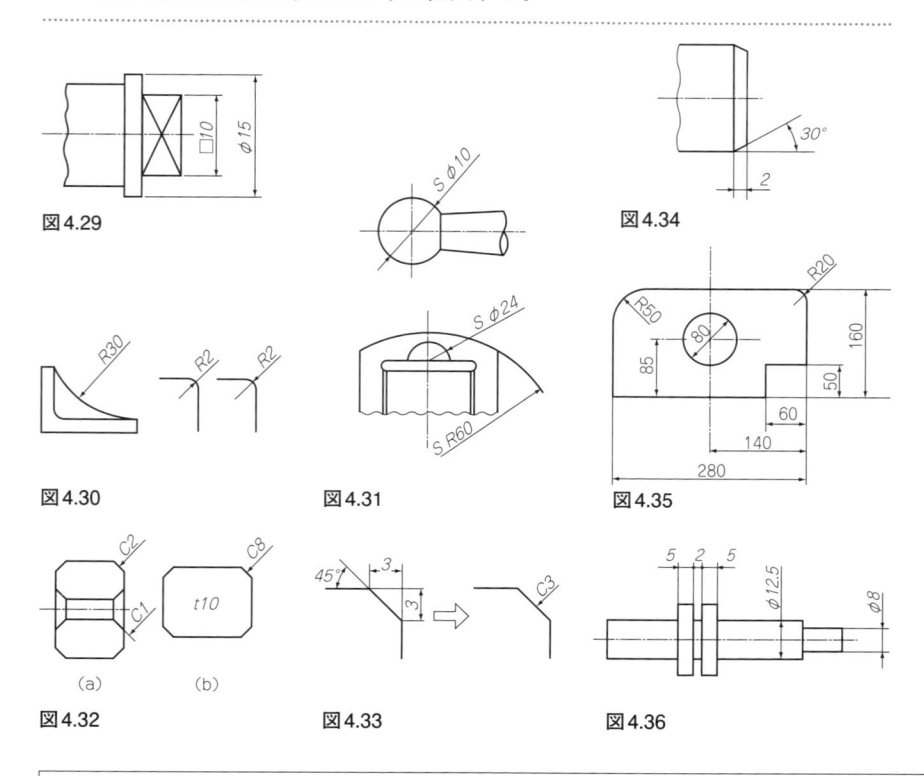

図4.29

図4.34

図4.30

図4.31

図4.35

図4.32

図4.33

図4.36

図4.37

図4.38

図4.39　弦の長さ

図4.40　弧の長さ

図4.41　曲線の寸法記入法

図4.42　穴の寸法記入法

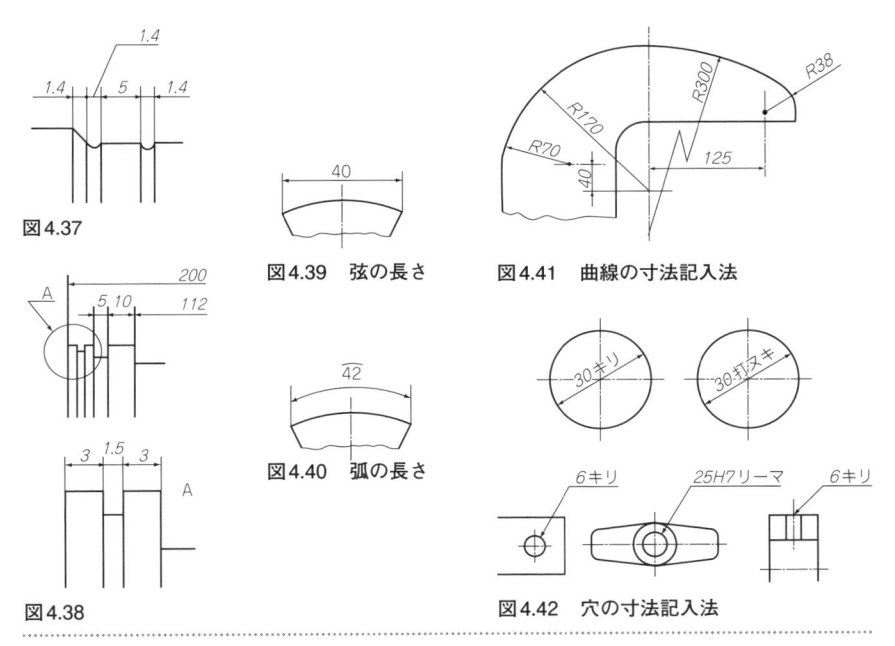

(4) 各種の寸法記入法

長さの寸法記入は、寸法線を中断せずに、水平寸法線には上向きに、垂直寸法線には左向きに、寸法線の上側に記入する（**図4.35**）。また、斜め寸法線に対してもこれに準ずる。

①狭い部分の寸法記入法

矢印を付けられないときは黒丸を用いてもよい（**図4.36**）。また、引出し線を用いて寸法を示してもよい（**図4.37**）。

また、詳細図を描いて、これに記入してもよい（**図4.38**）。

②弦、円弧の寸法記入法

弦の長さ：寸法線は弦に平行な直線にする（**図4.39**）。

弧の長さ：寸法線をその弧と同心の円弧にし（**図4.40**）、数値に⌒をつける。

③曲線の寸法記入法

曲線は、これを構成する円弧の半径と、その中心または円弧の接線の位置で表す（**図4.41**）。

一般の曲線は、基準線と曲線上の各点までの距離で表す。

④穴の寸法記入法

きり穴、リーマ穴、いぬき穴、打ぬき穴など、穴の区別をする必要がある場合には、寸法にその区別を付記しておく（**図4.42**）。

同一寸法のボルト穴、小ねじ穴、ピン穴、リベット穴などの寸法は、穴から引出し線を引出して、その総数を示す数字の次に短線をはさんで記入する。

この場合、穴の総数は同一個所の一群の穴の総数を記入し、穴が1個のときは記入しない（**図4.43**）。

⑤ こう配とテーパの記入法

テーパは原則として中心線に沿って記入し、こう配は原則として辺に沿って記入する（**図4.44**）。

⑥ 形状が対称で片側を省略した場合の寸法記入

中心線に対して対称である図形は、対称部分の一方だけを描き他方は省略する。寸法線は中心線より少し延ばし、延ばした方には矢印を付けない（**図4.45**）。

なお、寸法が数多い場合には、**図4.45**の右側のように寸法線を短縮してもよい。

⑦ 角度の記入法

図4.46左図に示したように描くのを原則とするが、必要のある場は右図に示したように描いてもよい。

⑧ 引出し線

寸法、加工法、注記、照合番号などを記入するために用いる引出し線は、斜め方向に引き出す。

この場合、引出し線には矢印を付ける。ただし、照合番号用の引用線を、形状を表す線の内側から引き出す場合には黒丸を用いる（**図4.47**）。

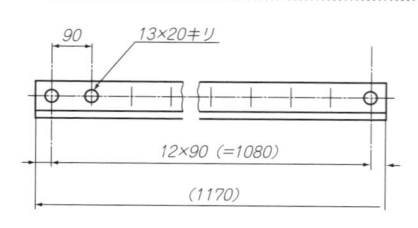

図4.43　穴寸法省略記入法

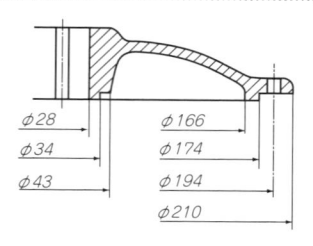

図4.45　片側省略の場合

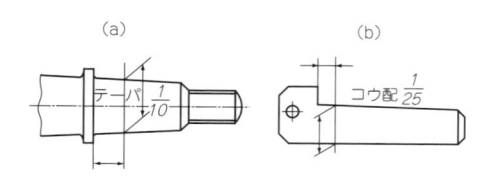

図4.44　こう配とテーパの記入法

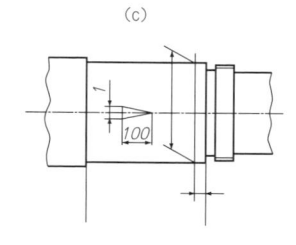

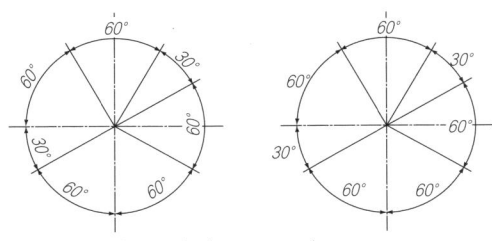

図4.46　角度記入法（JIS B 0001）

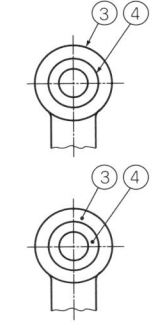

図4.47　引出し線

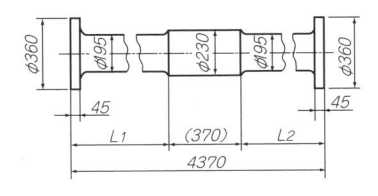

図4.48　同形異寸法のとき

記号＼品番	1	2	3
L1	1915	2500	3115
L2	2085	1500	885

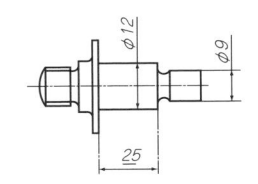

図4.49　寸法不一致

⑨同形で寸法が異なる場合
　同じ形で、寸法だけが異なる場合には、寸法の異なる部分に記号を入れ、それぞれの寸法を示す数値を図形の付近に表示する（**図4.48**）。

⑩図の寸法と不一致の場合
　一部の寸法数字が図の寸法と比例しないときは、寸法数字の下に太い実線を引く（**図4.49**）。
　ただし、一部を省略切断したことが明らかなときは、この太い実線は省略する。

2 電子製図

2.1 電子機器の図記号

(1) 電気用図記号

電子機器内部の回路接続を表すには回路図を用いるが、その場合、部品は電気用図記号を使用する。

表4.1は、よく使われる基本図記号や電気通信用図記号について旧JISと新JISの記号の違いをリストにしたものである。旧来のJIS C 0301はJIS C 0617へ移行された。記号を利用する場合は、次の項目に注意する。

●図記号を用いる場合の注意事項●
① 図記号の大きさを変えることは自由であるが、できるだけ相似形に描く。
② 同一の内容について2つ以上の図記号が定めてある場合、同一画面では同一系列の図記号を用いる。
③ 規格に定めてないもの、規格では不十分なものに対しては、基本図記号の組合せによって表す。それでも不十分なときは、文字や記号を併記する。

(2) 図記号の書き方

製図にあたっては、その図に適した大きさに正しく描き、これをトレース紙の下に敷いて型紙に使えば、大きさや形のそろった図が描ける。

2.2 電子機器の設計・製図

(1) 電子機器用図面類

電子機器は、トランジスタ、抵抗、コンデンサ、コイルなどの部品を、目的や機能によっていろいろ組合せたものである。

電子機器を製作する場合には、まず仕様書があり、それに基いて設計、製図が行われる。

電子機器用の図面類は、電気回路系統と機構系統に大別され、さらに**表4.2**に示されたように分類される。

●仕様書●
その機種の指針を示すもので、使用目的、機能条件、電気的条件など必要な事項を簡潔明瞭に記述したものである。

【第4章】製図法
2 電子製図

表4.1 電気基本図記号

名　称	旧図記号	新図記号
直流		
交流、低周波数		
高周波		
導線		
接続点		
端子		
導線の分岐（T接続）		
導線の二重接続		
抵抗または抵抗器		
可変抵抗または可変抵抗器		
インダクタまたはリアクトル		
固定タップ付きインダクタ		
直熱陰極形3極管		
コンデンサ		
半固体コンデンサ		
有極性コンデンサ（電解コンデンサ）		
可変コンデンサ		
整流接合		
ダイオード		
可変容量ダイオード		

表4.1 電気基本図記号（続き）

名　称	旧図記号	新図記号
トンネルダイオード		
発光ダイオード		
フォトダイオード		
双方向性ダイオード		
Nゲートターンオフ3端子サイリスタ （アノード側を制御）		
Pゲートターンオフ4端子サイリスタ （カソード側を制御）		
双方向性3端子サイリスタ またはトライアック		
ＰＮＰトランジスタ		
ＮＰＮトランジスタ （コネクタを外囲器と接続）		
Ｐ形ベース単接合トランジスタ		
Ｎ形ベース単接合トランジスタ		
Nチャンネル接合形 電界効果トランジスタ		ゲート ─┬─ ドレイン 　　　　　　ソース　※ゲートとソースの接続は、一直線に描かなければならない
Pチャンネル接合形 電界効果トランジスタ		
回転機	C ：回転変流機 G ：発電機 GS：同期発電機 M ：電動機 MS：同期電動機　　（＊）	［例］ （G）（M）　※アスタリスク、＊は、次に示す文字記号の中の一つで置き換えなければならない。
メーク接点		
ブレーク接点		
非オーバラップ切り替え接点		
限時動作瞬時復帰のメーク接点		
瞬時動作限時復帰のメーク接点		

【第4章】製図法
2 電子製図

表4.1 電気基本図記号（続き）

名　称	旧図記号	新図記号
限時動作瞬時復帰のブレーク接点		
瞬時動作限時復帰のブレーク接点		
ヒューズ		
個別の警報回路が備わったヒューズ		
マイクロホン		
イヤホン		
スピーカ		
電圧計		
パルス表示器		
ランプ	RD＝赤　YE＝黄　GN＝緑　BU＝青　WH＝白	[例]　※ランプの色を表示する必要がある場合、符号を図記号の近くに表示する。
ベル		
ブザー		
サイレン		
増幅器		
変調器、復調器または弁別器		
接地		
保護接地		
フレーム接続		
コネクタ（アセンブリの固定部分）		

155

表4.1　電気基本図記号（続き）

名　称	旧図記号	新図記号
力率計		(COSφ)
電流計		(A)
位相計		(∮)
無効電力計		(var)
周波数計		(Hz)

表4.2　電子機器用図面類の種類

電気回路系統	系統図（ブロックダイヤグラム）
	接続図（回路図）
	配線図
	束線図
機構系統	組立図
	部品図

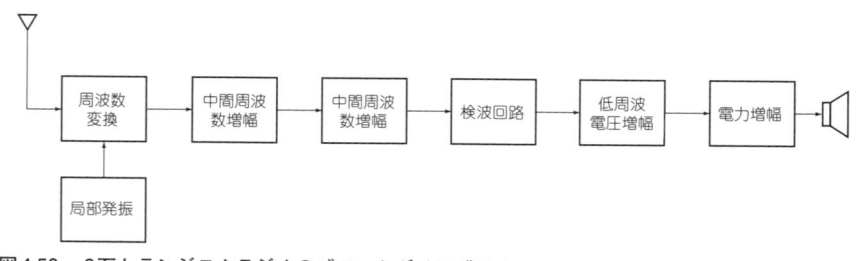

図4.50　6石トランジスタラジオのブロックダイアグラム

(2) 系統図（ブロックダイヤグラム）

仕様書に示された内容に基いて、その電子機器に必要な回路図の単位を囲ったブロックで示した図のことで、**図4.50**に6石トランジスタラジオのブロックダイヤグラムを示す。

その電子機器の構成は、この系統図をみてほぼ理解できる。各ブロックには必

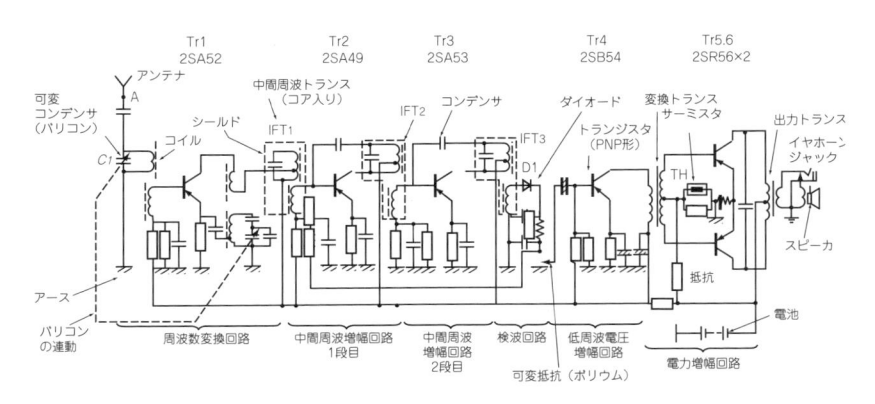

図4.51　6石トランジスタラジオ回路図

要に応じて、使用するトランジスタなどの名称、目的、機能、動作などを併記することもある。なお、図記号の配列は動作順序に従って左から右に展開するのが原則である。

(3) 接続図（回路図）

系統図に基いてブロックの回路を最も具体的に表した図のことである。

図4.51は、図4.50の系統図による6石トランジスタの回路図を示したものである。この図中の記号は、すべて前項で表示したJIS記号を用いてある。

電子機器の電気的接続は、すべてこの接続図によって表される。

●接続図を描く場合の原則●

① 主回路を中心に考えて、信号の流れが一見してわかるように、系統図と同様、左から右へ、上から下へ続くようにする。

② 補助回路は主回路の外側、電源回路は最下段に書く。

③ 対称に働く回路は接地をはさんで対称に書く。

④ 接続図に文字記号や数値を入れるときは図4.52のようにする（ただしΩ、Fなどの単位を省く場合もある）。

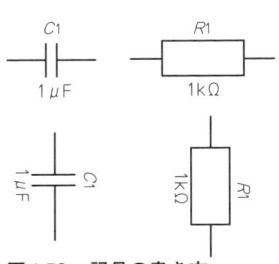

図4.52　記号の書き方

(4) 配線図・束線図

接続図が決まると、各構成部品の取付け方法や、部品相互の具体的な接続方法によって配線図がつくられる。配線では次の点に注意する。
① 信号の流れる線はできるだけ短くする。
② 配線相互間の誘導、干渉ができるだけ起きないようにする。
③ 長い配線が一方向に走っているときは、可能なかぎり束線を採用する。
④ 接続誤りを防ぎ、完成後の点検を容易にするために色別配線（JISによる5色、9色の色別配線）を行う。

●束線の利点●
① 配線が分業化されているので、主配線を部品として設計できる。
② 部品化しているので、機器に取付ける前に誤配線、断線、ショートのチェックができる。
③ 配線が整然とできるので組立作業の能率がよく、調整・保守がしやすい。

(5) 組立図・部品図

1つの電子機器をつくるには多くの機構部品や材料を用いるが、それらを組立てるために組立図が必要となる。

組立図は、1つの部品、たとえばプリント板、取付アングル、シールド板などの部品図によって構成されている。これらは電気的性能そのものというよりは、それを補助する場合が多く、この設計がまずいと製作がしにくく保守しにくいものになる。特にパネル板での設計は、使用する際の安全、使いやすさ、疲労の軽減、快速さを十分考慮し、部品配置を決定する。

●組立図作成の要点●
① 第三角法で描くが、必要に応じて等角図で立体的に表現する。
② 組立部品の位置や方向には十分注意して配置する。
③ わかりにくい組立部品などは、抜き描きで拡大し、組立て手順などを記入する。
④ 部品の端子番号、極性などは必ず記入する。
⑤ 部品名、ねじ類などは、矢印で引き出し番号を付けて、部品表と照合できるようにする。なお、部品表には、ねじ類の寸法や種類、組立て上の注意事項を明記する。

第4章●製図法

実力診断テスト 解答と解説は次ページ

【1】図1は、JISの電気用図記号とその名称を対応させたものであるが、いずれも正しい。

【2】組立図や部品図は第三角法で描き、また必要によっては等角図を用いて立体的に表現してもよい。

【3】図2のうち、弧の長さを表すのは（b）図である。

【4】下記の記号は寸法数字に併用するJIS記号であるが、全部正しい。

正方形	板厚	45°の面取り	半径	直径	球
□	t	C	R	D	$S\phi$、SR

【5】JISの製図法では、想像線には太い破線を用いる。

【6】メートル並目ねじのねじ山の角度は60度である。

【7】第三角法では、正面図の右側に右側面図が、上に平面図がくる。

【8】図3の電気用図記号は、双方向性ダイオードである。

【9】JISの電気用図記号の指示景気記号で、力率計を表す記号はどれか。

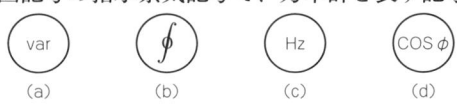

(a) var　　(b) ∮　　(c) Hz　　(d) COSφ

【10】JISの機械製図において、寸法数値に（　）が付けて記入している場合は、その寸法が参考寸法であることを示している。

【11】JISの電気用図記号において、トライアックを表す記号はどれか。

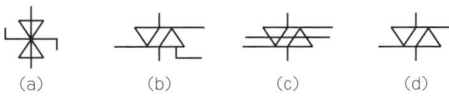

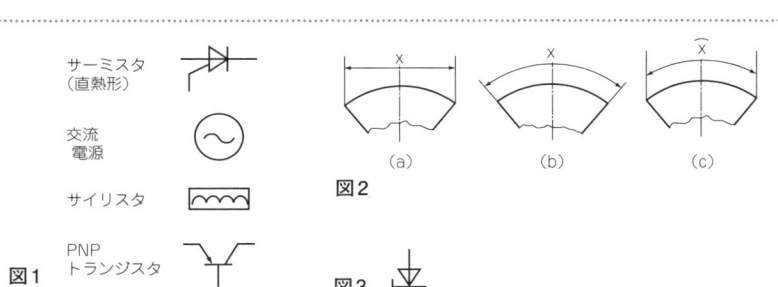

図1
- サーミスタ（直熱形）
- 交流電源
- サイリスタ
- PNPトランジスタ

図2
- (a) 弦の長さ
- (b) 直線距離
- (c) 弧の長さ

図3

第4章●実力診断テスト　解答と解説

【1】 ×　☞ サーミスタとサイリスタが入れ違っている。
【2】 ○
【3】 ×　☞ 弧の長さの正しい表し方は(C)図である。(a)図は弦の長さ、(b)図は角度の記入法である。
【4】 ×　☞ 直径はDではなくϕで表す。
【5】 ×　☞ 想像線は、細い二点鎖線を用いることになっている。
【6】 ○
【7】 ○　☞ 下図参照。

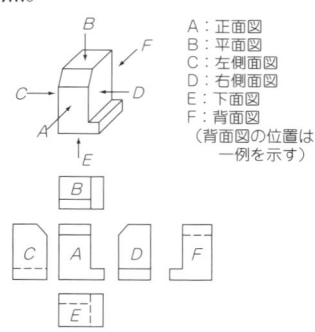

A：正面図
B：平面図
C：左側面図
D：右側面図
E：下面図
F：背面図
（背面図の位置は一例を示す）

【8】 ×　☞ 電気基本図記号P154参照。
【9】 d
　　a：無効電力計
　　b：位相計
　　c：周波数計
　　d：力率計
【10】 ○　☞ 右図のように外形寸法と両側の10mmに必要寸法公差がある場合、溝の30が参考寸法になる。

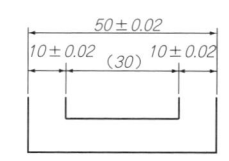

【11】 b

【第5章】
機器組立て法

　電子機器組立てに関する問題は、日頃から現場で実作業にたずさわっているわけだから、当然、専門的な技能と知識を問う内容のものとなっている。

　しかし、毎日の仕事に付随する様々な事柄や疑問を見過ごすことなく、整理してはっきりと体系化し実力を養成しておけば、容易に解答できる問題がほとんどである。

　したがって、出題の傾向も単なる作業手順や規格に関する知識を問うものだけでなく、実作業で実際に体得した知識かどうかを判定するようなものが多く、出題数は5〜10題程度である。

　なお、実技試験に対応する知識もこの章で紹介する。

1 部品の表示法

1.1 部品の定格表示法

(1) カラーコードの覚え方

抵抗やコンデンサの定格値は、**表5.1**に示すようにカラーコードの色別と色帯の順序で表している。この色と数字の関係は、JIS C 5062によって規定されている。カラーコードの覚え方の例を**表5.4**に示す。

(2) 抵抗のカラー表示

抵抗値の示し方には、数値で表示したものと**カラーコード**(色帯)で表したものとがある (JIS C 5062)。

カラーコードによる表示は、一端から4帯のカラーコードを設け、その色によって抵抗値を示すようにしている。

図5.1に示すように、4帯のカラーコードのうち、1帯から3帯が数値を示し、4帯目は抵抗値の許容差を示す(数値で表示したものに、数値の後にG、J、Kなどの記号を付けたものもあるが、これは許容差を示し、それぞれ±2%、±5%、±10%を示している)。

表5.1 カラーコードの表示案内

色	第1色帯	第2色帯	第3色帯 (0の数)	第4色帯
黒	0	0	(0)10^0	—
茶	1	1	(1)10^1	±1%
赤	2	2	(2)10^2	±2%
橙	3	3	(3)10^3	—
黄	4	4	(4)10^4	—
緑	5	5	(5)10^5	±0.5%
青	6	6	(6)10^6	—
紫	7	7	(7)10^7	—
灰	8	8	(8)10^8	—
白	9	9	(9)10^9	—
金	—	—	10^{-1} (0.1)	±5%
銀	—	—	10^{-2} (0.01)	±10%
無	—	—	—	±20%

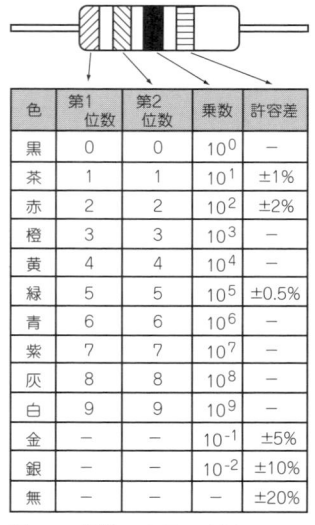

色	第1位数	第2位数	乗数	許容差
黒	0	0	10^0	—
茶	1	1	10^1	±1%
赤	2	2	10^2	±2%
橙	3	3	10^3	—
黄	4	4	10^4	—
緑	5	5	10^5	±0.5%
青	6	6	10^6	—
紫	7	7	10^7	—
灰	8	8	10^8	—
白	9	9	10^9	—
金	—	—	10^{-1}	±5%
銀	—	—	10^{-2}	±10%
無	—	—	—	±20%

図5.1 抵抗のカラー表示

【第5章】機器組立て法

1 部品の表示法

なお、図5.2は、その読み方の例を示したものである。

(3) コンデンサの表示記号

文字p、n、μ、m及びFは、それぞれ、単位をファラド(F)で表した静電容量値の10のべき数10^{-12}、10^{-9}、10^{-6}、10^{-3}、および1として表5.2の例のように表す。

なお、表示箇所などのスペースなどに制約がある場合、有効表示記号3けたの表5.3を用いる場合もある。

●**注記** 静電容量の記号は3数字で表す。第1数字及び第2数字は、ピコファラド（pF）またはマイクロファラド（μFはアルミニウム電解コンデンサなどの大きい容量のコンデンサに適用する）の単位で示した有効数字とし、第3数字は有効数字に続くゼロの数を表す。ただし、英大文字Rは小数点を表し、この場合はすべて有効数字とする。

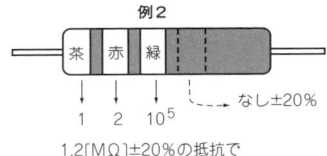

例1

4.7[kΩ]±5%の抵抗であることを示す。(黄 紫 赤 金 → 4 7 10^2 ±5%)

例2

1.2[MΩ]±20%の抵抗であることを示す。(茶 赤 緑 なし → 1 2 10^5 なし±20%)

図5.2 抵抗のカラーコードの読み方

表5.2 静電容量値の表示記号の例（最大有効数字3桁）

静電容量値	表示記号	静電容量値	表示記号
0.1pF	p10	100μF	100μ
1pF	1p0	1mF	1m0
10pF	10p	10mF	10m
100pF	100p	100mF	100m
1nF	1n0		
10nF	10n		
100nF	100n		
1μF	1μ0		
10μF	10μ		

表5.3 静電容量値に対する表示記号の例（最大有効数字3桁）

静電容量値	表示記号
0.5pF（またはμF）	R50
3.3pF（またはμF）	3R3
150pF（またはμF）	151
1500pF（またはμF）	152

表5.4 カラーコードの覚え方

コード	色	覚え方
0	黒	黒い礼服（0ふく）
1	茶	お茶を一杯（1ぱい）
2	赤	赤い人参（2んじん）
3	橙	みかん（3かん）は橙
4	黄	黄色いシミ（4み）
5	緑	緑子（緑5）
6	青	青虫（6し）
7	紫	紫式（7）部
8	灰	ハイ（灰）ヤー（8）
9	白	白い雲（9も）

2 部品の取付けと組立て

2.1 組立ての手順

(1) 作業の要素

電子機器の組立て作業の内容は、機器の種類や構造によって相違はあるけれども、家電製品であれ、産業機器であれ、その本筋は変わらない。すなわち、主要回路部分はプリント基板組立てをし、大きな部品類、操作部分などをそれに接続し、安全な取扱いができるようなスタイルに集約することが基本となる。したがって、組立ての手順も次にあげるような作業要素に大きく区分できる（**図5.3**参照）。

① **プリント基板組立て**（プリント板組立てともいう）
② **束線**（ワイヤリング・ハーネスともいい、配線を束ねて接続する）
③ パネル、シャーシへの部品取付け
④ 部品相互の配線接続
⑤ フォーミング、仕上げ

この場合、①から③まではそれぞれ作業上は独立できるので、どれから手がけてもよいし、グループで作業分担する場合にも、このように分けることができる。

(2) 作業時間

組立てに要する作業時間は、総合時間を作業要素ごとに配分し、総和がそれに収まるようにするのがよい。しかし、技能検定課題のように、組立て時間が制限されている場合は、各作業要素が終るごとに時間を測り、誤差が生じたときは、次の工程かまたは最終的なフォーミング仕上げで修正するとよい。

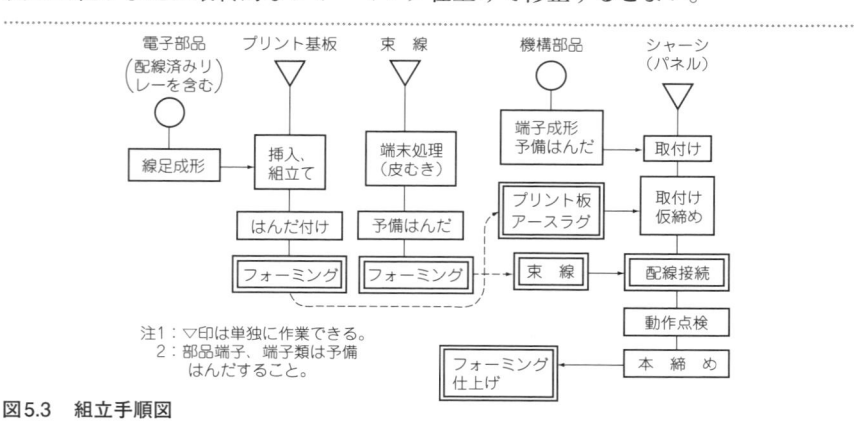

図5.3 組立手順図

表5.5　電子機器組立て時間配分例組立手順図

要素と時間　　氏名		A	B	C	D
①基板組立て	120分	102分	117分	124分	130分
②束線作業	50分	40分	56分	55分	55分
③配線作業	55分	55分	66分	53分	68分
④シャーシ組立て	25分	27分	17分	25分	30分
⑤フォーミング	40分	44分	44分	35分	30分
⑥合計時間	4時間50分	4時間28分	5時間00分	4時間52分	5時間13分

表5.6　標準時間

作業要素	標準時間
①基板組立て	60～80分
②束線作業	40～50分
③配線作業	40～50分
④シャーシ組立て	20～30分
⑤フォーミング	20～30分
⑥動作確認	10～20分
⑦最終確認	5～10分
合計時間	3時間50分
検定標準時間	4時間
検定打ち切り時間	4時間30分

電子機器組立の評価　　指導員名　月　日　時

作業要素／氏名	シャーシへの部品取付け	基板への部品取付け	はんだ付け パターン面	はんだ付け パターン面以外	束線配線	動作	作業態度	総合評価

図5.4　評価表の例

表5.5は組立て時間が5時間ぐらいの、やや複雑な機器を作ったときの各人の所要時間の例を示している。また**表5.6**は技能検定課題1、2級の標準的な組立時間の要素配分を示しているので、この目標で作業手順と時間の配分を工夫するとよい。なお組立て途中および組立て終った時点の品質評価は、**図5.4**のように作業要素で評価すると、機器本来の品質向上と作業員の技能向上に役立つ。

技能検定課題1、2級では試験時間が同じ4時間（打ち切り時間4時間30分）であるが、作業内容が下記のように異なる。

① 2級は束線図が試験用紙に添付されているが1級は自分で作成する。

② 2級は全てパターン化されたプリント板を使用するが、1級はプリント板の一部を軟銅線（スズメッキ線）で配線（回路を作製）する。また、試験当日の指定された作業番号（部品実装位置の違い4種類有り）で配線作業を行う。

2.2 作業用工具

(1) はんだごて

　国内外の自然環境に対する悪影響を考慮して共晶はんだ（鉛と錫の合金）から鉛フリーはんだへの切り替えが進められており、電子機器組立実技試験でも使用はんだは鉛フリーはんだである。鉛フリーはんだは共晶はんだに比べて融点が高いことやこて先の酸化を緩和していた鉛を含んでいないため4～5倍の速さでこて先の劣化（酸化）が進み、寿命が短くなることから必要以上に温度を上げないことやこて先の管理が重要になる。

　価格は、数千円で買えるものから数十万円近いものまであるが、用途にあったものを選ぶ必要がある。

(i) 電気はんだごての選定
① 作業に合った熱容量であること。
② こて先は、急速に加熱され熱効率や熱復帰率が良いこと。
③ こて先温度は、定格温度に達した後の温度変化が少ないこと（±5℃以内）。
④ 握り部が熱くならないこと。
⑤ 電気的特性が良好であること。
　・こて先と作業台の接地点との間の電気抵抗は、5MΩ以下。
　・こて先から接地点へ漏れ電圧は交流の実効値で2mV（Zin≧100kΩ）以下。
　・こて先の過度電圧は、交流のピーク値で2V（Zin≧100kΩ）以下。
⑥ こて先およびヒータの交換が容易であること。
⑦ 軽く、使用したときのバランスがよいこと。
⑧ こて先、ヒータ部、グリップがよく固定されていてがたつきのないこと。
⑨ こて先は酸化防止処理が施されていること（純鉄メッキ等：メッキ厚があるほど良い）。
注）参照：JISC61191-1附属書A（規定）はんだ付け器具及び装置に関する要求事項

(ii) はんだごての種類と特徴（鉛フリー用）
① **外部コントロールタイプ**（ステーションタイプ）
　　はんだごて本体と温度コントロール部が分離されており温度設定はコントロール部よりダイヤルやデジタル表示付ボタン設定が行える仕様になっており温度管理の容易性や、こて本体が軽量で取扱い易いが若干高価である（**写真1**）。

② **コントロール内蔵タイプ**
　　はんだごて本体に温度コントロールが内蔵され、従来品と同様な形状になっており外部コントロール部がないため作業空間を広く取れ、価格も比較的

【第5章】機器組立て法

2 部品の取付けと組立て

写真1　FX888D-01BY
(提供：HAKKO社)

写真2　FX601-03
(提供：HAKKO社)

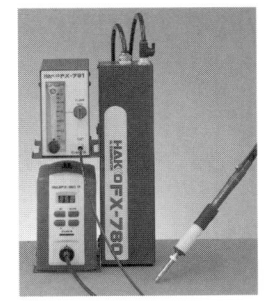

写真3　N2システム
(提供：HAKKO社)

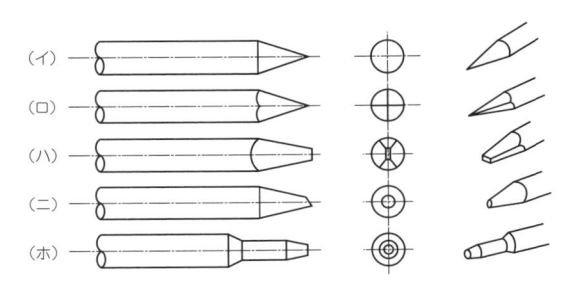

図5.5　こて先の形状

安価である（**写真2**）。
③　**窒素ガス対応タイプ**
　　外部コントロールタイプに窒素ガス対応を施し、はんだ溶解時の酸化防止やはんだ付けを行う対象部品の予熱効果が得られ、はんだの濡れ性、広がり性の向上が期待できるが窒素ガスの準備費や機器も高価である（**写真3**）。
④　**一般はんだごて**
　　こて先が鉛フリー用にメッキが強化されているが温度コントロールがないため、必要以上に温度が上昇し、こて先の劣化（酸化）が進み寿命が短くなる欠点はあるが安価である。

(iii)　**こて先の形状**
　一般に市販の既製品のこて先は、**図5.5(イ)** に示すように、円すい形が多いが、電子部品等をはんだ付けする場合は対象部品や回路パターン面に対しての熱伝導を効率よく行うため接触面積が重要になる。したがって**図5.5(ハ)** に示す面当りする形状が良好である。
　消耗した場合は、新品に交換することが望ましい。こて先をやすり等で加工するとメッキがはがれ数時間で侵食し結果的に寿命を大幅に短くすることになるので避けること。こて先は、作業に合った形状を標準化し、取りそろえるようにする。

(iv) こて先の材料

こて先の材料の条件としては、熱伝導がよく、はんだによる消耗が少ないことが必要である。はんだによる消耗がないため、銅にめっきを施したこて先が多く使用されている。

(v) はんだごての取扱い

最良のはんだ付けを行うためには、最良のはんだごてが必要である。こて先が清浄で適量のはんだでぬれ、先端形状も作業に適した形状を維持していなければならない。

次にあげるのは、取扱い上の主な注意点である。

① 強い衝撃を与えたり、コードを引張ったりしないこと。断線の原因となる。
② ウェスまたは水を含ませたスポンジでこて先をよく拭いてからはんだ付けを行うこと。
③ こて先温度は、常に適温を保つように心がけ必要以上に温度を上げないこと。
④ 鉄めっきこて先は、長時間加熱したまま放置すると、はんだのぬれがなくなるので、やに入りはんだなどでぬらしておくこと。
⑤ 鉄めっきこて先は、めっきをきずつけないこと。ピンホールのような小さい穴からでも浸食され消耗するので消耗したら交換すること。なお、電気はんだごて以外にもはんだ付けを行うための工具器具は多種類あり、新しいものも電子機器の小形化に伴って次々と開発されている。

(iv) 低耐熱温度部品の保護

電子部品は一般的に熱ストレス（高温）に弱いため、ヒートシンク（**写真4**）を使用してはんだ付け作業を行う必要があり、耐熱温度などの部品規格を事前に把握しておく必要がある。

写真4
ヒートシンク610
（提供：HAKKO社）

(2) ワイヤラッピング工具

ワイヤラッピングとは、単線を角のある棒状端子に、熱的、化学的エネルギーを加えることなく常温で強固に巻付けて、接続部内部に接触圧力を発生させ、導体間の電気的接続を行う作業である。

別名、**無はんだ巻付け接続法**とも呼ばれる。はんだ付けよりも信頼性が高くプリント基板で作成するよりも低コストで、改修の容易性が特徴であるが近年の部品実装の高密度化と回路動作の高速化に伴い使用頻度が減少している。

なお、ワイヤラッピング用工具は大別すると、電動式、圧縮空気式、手動式に分けられる。

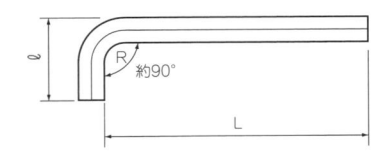

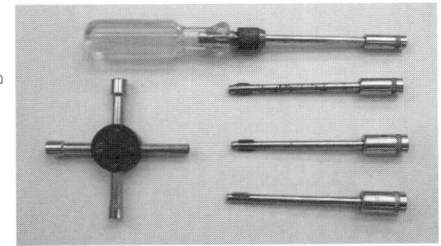

図5.6　六角棒スパナ

写真5　ボックススパナ

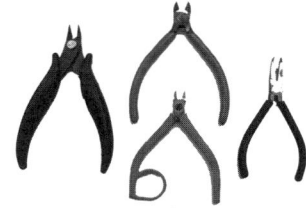

写真6　斜めニッパ

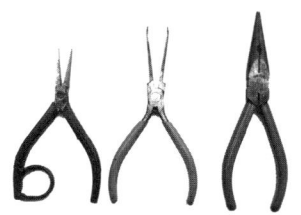

写真7　ラジオペンチ

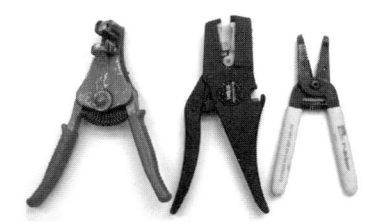

写真8　ワイヤストリッパ

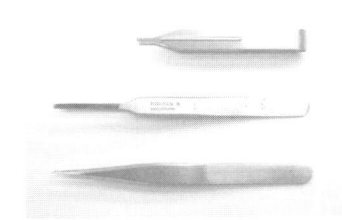

写真9　ピンセット

(3) 一般工具

以下は、電子機器の組立作業に用いる一般的な工具である。

① **ねじ回し（マイナス用・プラス用）**：一般のビス、ナットの締付けに用いる。主な作業工程としては、シャーシおよび総合組立てに使用する。
② **六角棒スパナ**（**図5.6**）。
③ **ボックススパナ**：密集した場所へのナット締付け用に使う（**写真5**）。
④ **マイクロニッパ**：心線のカットおよびこみ入った場所の心線カット用。
⑤ **スタンダードニッパ**：細い線のカット、その他用途は広い。
⑥ **斜めニッパ**：主に太い線のカット用。また、斜めの特徴を活かし、てこを使用して束線くぎ抜きとして用いることもある（**写真6**）。
⑦ **ラジオペンチ**：からげ作業用部品リード成形、ICのような線足の多い部品、また混み入った場所での作業などによく用いられる（**写真7**）。

表5.7 電子機器組立1、2級実技試験で使用する工具一覧（受験者が持参するもの）

区分	品名	寸法又は規格	数量	備考
工具類	リードペンチ		適宜	ラジオペンチやプライヤなどでも可
	ニッパ		1～2	
	プリント板支持台	プリント板の寸法を参考に製作	1～2	プリント板の寸法を図5.7に示す
	定規		1～2	
	ハンマ		1	
	くぎ抜き工具		1	
	はさみ		1	
	ワイヤストリッパ		1～2	
	プラスドライバ	NO.1	1	半固定抵抗器調整用
	プラスドライバ	NO.2	1	M3用、電動は使用不可
	マイナスドライバ	刃先巾2.5～3.0 [mm]	1	端子台電線解除用
	ボックスドライバ	5.5 [mm]	1	M3用、電動は使用不可
	スパナ	5.5 [mm]	1	M3用
	スパナ	14 [mm]	2	S1用
	スパナ	17 [mm]	1	ヒューズホルダ用
	電気はんだごて		適宜	市販品のみ可、こて台、こて先クリーナ、温度コントローラ、こて先温度計、予備のこて先を含めてもよい
	はんだ吸い取り用具		適宜	電動も可、ノズルクリーナ、予備のフィルタやノズルを含めてもよい
	ピンセット		1～4	
	IC挿入工具		1	
	ICリード整形工具		1	
	手動式結束工具		1	
	テーブルタップ		適宜	
	平やすり		1	
	作業台下敷		適宜	
	部品整理用具		適宜	部品記号の表示のみ可
	工具整理箱		1	
	結束板	300mm×300mm×15mm 程度	1	
	結束釘	頭部径:φ3mm、軸径:φ2mm、長さ:43mm 程度	60	未使用のものでなくともよい
計測器	デジタルテスタ		1～2	アナログテスタは不可
	清掃用具		適宜	洗浄溶剤は不可
	手袋		適宜	
	ガーゼ類		適宜	
	保護めがね		1	めがね着用者は除く
	作業衣等	作業に適したもの	一式	
	筆記用具		一式	
	テープ	セロテープ、マスキングテープ	適宜	用途は自由
	拡大鏡		1	スケール付きは不可、照明付き可
	照明器具		一式	

注1. 束線釘の形状は以下に準じること。

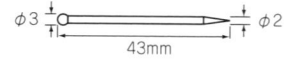

　　φ3　　　　　　　　φ2
　　　　　43mm

注2. 受験者が持参するものは、前項に示したものに限るが、必要がないと思われるものは持参しなくとも良い。ただし、保護めがねについては必ず持参し、着用すること。

注3. 市販の工具類に段差や溝などを追加工し専用治具としたものや、トルクやテンションが設定できたり測れるものは持参してはならない。（トルクドライバー、リードベンダー等の使用禁止）

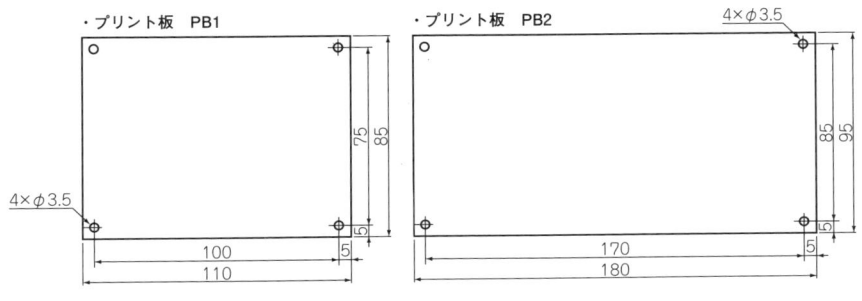

図5.7　プリント板の寸法

⑧　ワイヤストリッパ（写真8）。
- ●ワイヤストリッパ（単線用）：ラッピング作業時、ラッパと同時に持って作業できる。
- ●ワイヤストリッパ（ゲージ付き）：標準タイプとして、より線、単線ともに広く使用されている（写真8左側）。
- ●ワイヤストリッパ（自動調整刃タイプ）：一度に4～5本のストリップができる。奥深い狭い場所での使用も可能（写真8中央）。
- ●T型ストリッパ（細線用）：写真8右側。

⑨　ピンセット—ピンセットには先曲りピンセット、大ピンセットなどがある。リレー端子のからげ、混み入った場所の作業、および束線の束ね作業に用いられるが、特にフォーミング用として多く使われる（写真9）。

⑩　束線バンド締付け工具（写真10）
　束線バンドを手で仮固定した後この工具で締め付けと切断を同時に行う。

なお、技能検定試験では指定した以外のものは使用できない。
表5.7に受験者が持参する工具類を示す。

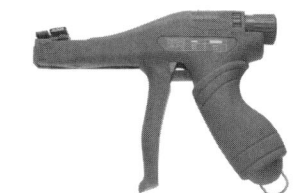

写真10　束線バンド締付け工具
（提供：パンドウイット社［MIL］MS90387-1）

2.3　部品取付け前の注意

電子機器の組立ては、部品と材料を点検することから始まる。そろえられたものを図面通りに取付ければよいということで作業を始めると、部品材料点数が多

いだけに、不良、補修の際に追求時間がかかり、仕様通りに仕上らないこともあるので、以下に述べるようなことに注意して作業を行う。

（1） 図面・仕様書の理解

経験だけに頼って作業をすると、思わぬ失敗をすることがある。図面や仕様書の内容を事前によく理解しておき、我流に解釈しないで組立て上の注意事項、すなわち部品取付けの寸法、位置、高さ、ねじやワッシャ類の取付け順序、部品の回り止めの有無、取付寸法の許容範囲などを整理しておく。

図面は変更・訂正される可能性もある。設計者の意図が図面に示されていても、図面を見なければ伝わってこない。また、図面通りに作業を行わなければ、品質の維持・管理もできない。

図面を見る際には、次にあげるような点に注意する。
① 組立図および部品図から立体形状を推測する。
② 組立上、注意を要する個所はどこか。図面の注記に重要な事柄が示されていないか。
③ 組立ての精度（許容差）の指定がないか。
④ どのような手順で組立作業を進めればよいか。
⑤ 必要な工具・治具および測定器具は何か。

（2） 部品の点検と整理

組立作業に必要な部品や工具をそろえたら、それらを作業台上で区分し、できるだけ手の届く範囲に配置する。雑然とした配置だと、部品の破損、紛失、誤使用を招くばかりでなく、作業能率が低下する。また、作業中であっても、着手する前と同じように作業台上は常に整然としておき、電子部品は用途、性能が同一であっても、メーカが異なると形状、端子の位置などが同じでないものが多いから、事前に部品を確かめると同時に仕上り不良の有無を確かめる。

トランジスタ、ダイオード、スイッチ類のように導通テストで死活がわかるものは、その点検方法と、できれば電流値の概略を覚えておくとよい。また、リレーはコイルの電圧程度のブザーテスタを用意するとよい。

このように、部品点検では、目視と部品別点検に適合したテスタを工夫することが必要である。

（3） 工具の用意

通常の工具は一般用途向けなので、刃先の形、厚み、切れ味、使い勝手などは、1個ごとに異なっている。したがって、多くの中から自分に適したものを選び、使いやすいように仕上げておくとよい。

一例をあげると、ドライバやボックススパナはビス・ナットを抑える使い方と

回して効かす使い方があるが、柄の長さを変えて、抑える方は短く、回す方は部品間に入りやすい長さにするとよい。両方とも同じ長さのままで使用すると、抑える力がはじけて部品やシャーシなどにきずを付けやすい。また、力の入る柄の部分は、手の感じを知るために木製のニス塗りしてないものがよい。

　その他、作業時に工具を位置決めして整然と置く習慣をふだんから身に付けておくことも必要である。

(4) 作業上の心がけ

　組立作業を円滑に進めるためには、部品整理箱、基板組立台のようなものが必要である。

　また、作業中は薄い手袋の常時着用が望ましい。特に基板のパターン面やアルミシャーシを取扱うときには必ず手袋を着用する。なお、手袋を使う場合、人差指、親指の先端をとって使用することもある。

　さらに、ICなどの電子部品は静電気により故障が発生する場合があるためイオナイザーや導電性マット、帯電防止材（部品トレーなど）、リストストラップ等で静電気対策が必要になる。

　リストストラップは感電による不慮の事故を防止するため1MΩの抵抗が人体接触部と接地部の間に入っている物を使用すること。

2.4 ねじ締め作業

(1) ねじ締め

　電子機器の組立てにおいて、配線、はんだ付け作業に次いで多いのがねじ締め作業である。

　筐体やシャーシへの部品取付けは、ワッシャを使ったねじ、ナット類による締付けか、タッピングによる締付けである。作業現場では、電動ドライバで締付けることが多いが、輸送中のねじのゆるみや、運転中に振動で故障が起るのは、正しいねじ締め作業ができていないことに起因する。

　また、締付け作業は品質面において大きく影響するので、トルクドライバなどで適正なトルクの感覚を身に付ける訓練をすることも大切である。

　ねじを指先またはドライバで、部品やねじが動かない程度に仮締付けを行ったうえで、ねじ回しやスパナで仕上げの締付けをする。

ナットを使用する締付け作業では、ボックススパナを用い、片面取りのナットや平座金の打抜きの方向にも注意して取付け、美観を損うことがないように気を付ける。

　ねじの締付けトルクは、ねじの材質と締付けられる相手の材料が何であるかによって加減しなければならない。

　一般に締付けの相手は鉄あるいは鋼が対象である。したがって、締付ける相手の材料がモールド品、プラスチック製品やパッキング材を使用している場合、これに使用するねじの締付けトルクは、図面または仕様書の指定、あるいは部品メーカの指定する締付けトルクの範囲内で締付ける必要がある。

　なお、ヒューズホルダ、ネオンランプ、ACコンセントなどのモールド製品は、おねじがモールド材質で、めねじが鉄または黄銅であるものが多いが、これらの部品の取付けは、メーカの指定した締付けトルクによって作業する。

　参考として検定のシャーシ組立におけるねじ締めおよび部品取付け方法を以下に示す。

　① **ねじ締め付けトルク**

　ねじはゆるむことなく、破損しない適正なトルクで締め付ける。適正締め付けトルクの下限値は、**表5.8**に示すとおりとし、トグルスイッチ、ヒューズホルダゴム足については指先で簡単に回らない程度にする。

　② **ねじの締め付け方法**

　ねじは、指定の呼び径のものを使用し、座金類の組み合わせは、**図5.8**による。

　③ **部品の取り付け**

表5.8　適正締め付けトルク

ねじ呼び径	ピッチ	適正締め付けトルク(鋼)下限値	適正締め付けトルク(黄銅)下限値
M2	0.4	0.137N·m(1.4kgf·cm)	0.127N·m(1.3kgf·cm)
M3	0.5	0.461N·m(4.7kgf·cm)	0.431N·m(4.4kgf·cm)

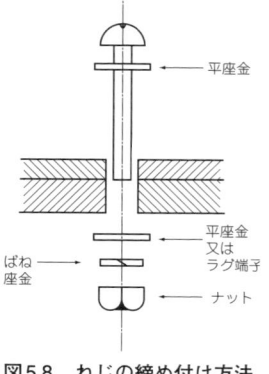

図5.8　ねじの締め付け方法

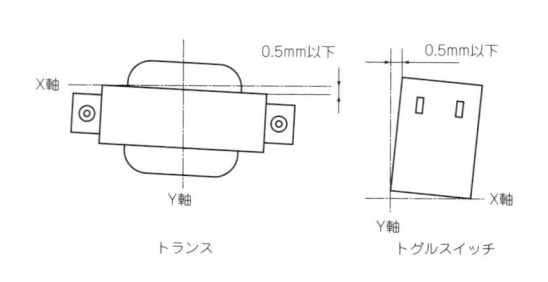

図5.9　部品の取り付け

【第5章】機器組立て法
2 部品の取付けと組立て

- シャーシ、スイッチ、銘（めい）板等の保護膜は、はがして組み立てる。
- 回り止め座金や回り止めのついている部品は、回り止め用の穴または切りかきに嵌（かん）合させる。
- シャーシに取り付ける部品は、シャーシの端面を基準にして、水平または垂直に取り付け、各部品の曲がりの範囲は0.5mm以下（図5.9）。

④　トグルスイッチの取り付け（図5.10）
⑤　ヒューズホルダの取り付け（図5.11）
⑥　ゴム足の取り付け（図5.12）

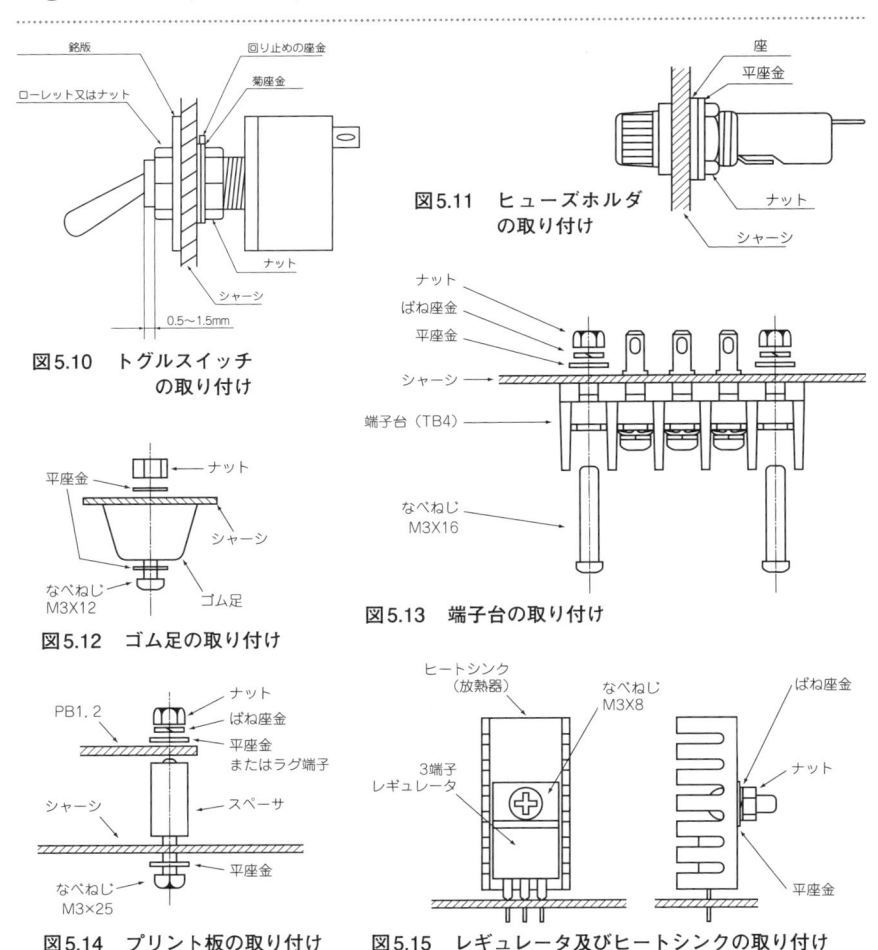

図5.10　トグルスイッチの取り付け

図5.11　ヒューズホルダの取り付け

図5.12　ゴム足の取り付け

図5.13　端子台の取り付け

図5.14　プリント板の取り付け

図5.15　レギュレータ及びヒートシンクの取り付け

175

表5.9　ねじの適正締付けトルク〔単位：N・m〕

ねじの呼び	ピッチ	締付けトルク	
		黄銅ねじ	鋼ねじ
M2	0.4	0.13～0.17	0.14～0.19
M2.2	0.45	0.20～0.26	0.21～0.28
M2.3	0.4	0.21～0.28	0.22～0.29
M2.5	0.45	0.28～0.37	0.30～0.39
M2.6	0.45	0.30～0.40	0.32～0.43
M3	0.5	0.43～0.58	0.46～0.62
M3.5	0.6	0.76～0.98	0.79～1.08
M4	0.7	1.08～1.47	1.18～1.57
M4.5	0.75	1.57～2.05	1.77～2.26
M5	0.8	2.16～2.84	2.35～3.04
M6	1	3.92～5.20	4.12～5.49
M8	1.25	9.41～12.1	10.1～13.4
M10	1.5		20.1～27.0

注）締付けトルクの適正範囲を（ねじり破壊トルク値）×0.5～0.8とした。

⑦　端子台の取り付け（**図5.13**）
⑧　プリント板の取り付け（**図5.14**）
⑨　3端子レギュレータ及びヒートシンクの取り付け（**図5.15**）
（技能検定では取り付けない）
　・正しい締付けトルク
　　一般に、径の小さいねじは締め過ぎ、径の大きいものは締付け不足の傾向がある。電子機器は、呼び径2～5mm程度のねじを使用することが多い。この範囲の締付けトルクは、径の大小によって10倍くらいのトルク差が必要である。
　　表5.9は、素材のねじり破壊トルクから計算し、各社が採用している標準の締付けトルク範囲を示してある。
　　締付けトルクは、ゲージによって簡単に測定できるので、自己の作業体得とする必要がある。数年前までは、もどしトルクで測定していたが、その締付けトルクの値には0.6～0.8程度の幅があって不正確なので、現在では用いられていない（**表5.10、5.11**）。

（2）ねじのゆるみ止め

　ワッシャを使っても使用中に締付けがゆるむことがある。これは、ねじの締め過ぎによるねじれのへたりや、部品本体の締付け時の変形に起因することが多い。
　この対策としては、**菊座金**、**歯付き座金**のような部品特有の形のものを用いた

表5.10　タッピンねじの適正締付けトルク

〔単位：N・m〕

素材	鋼			ステンレス		
呼び径	1種	2種	3種	1種	2種	3種
2	—	0.22〜0.33	0.20〜0.31	—	0.14〜0.22	0.13〜0.22
2.5	—	0.44〜0.71	0.46〜0.73	—	0.29〜0.47	0.30〜0.49
3	0.69〜1.08	0.79〜1.27	0.83〜1.37	0.43〜0.69	0.49〜0.79	0.54〜0.86
3.5	1.18〜1.77	1.27〜2.06	1.27〜2.06	0.69〜1.08	0.79〜1.37	0.79〜1.37
4	1.77〜2.84	1.77〜2.84	1.86〜2.94	1.08〜1.77	1.18〜1.86	1.27〜1.96
4.5	2.45〜3.82	2.65〜4.12	2.84〜4.51	1.47〜2.35	1.77〜2.75	1.86〜2.94
5	3.24〜5.20	3.53〜5.69	4.02〜6.37	2.06〜3.24	2.35〜3.73	2.65〜4.22
6	5.88〜9.41	6.37〜10.2	6.67〜10.6	3.73〜5.88	4.31〜6.86	4.41〜7.06

注）締付けトルクの適正範囲は（ねじり破壊トルク値）×0.5〜0.7とした。

表5.11　六角穴付止めねじの締付けトルク

〔単位：N・m〕

呼び径	M3	M4	M5	M6	M7	M8	M10
許容締付けトルク	0.39〜0.55	1.08〜1.47	2.75〜3.82	5.20〜7.26	8.14〜12.1	12.7〜17.8	

注）締付けトルクの範囲は（ねじり破壊トルク値）×0.5〜0.7とした。

り、ロックペイントのような**硬化性ロック剤**を塗る方法がある。

　ロック剤は、着色したものや透明のものがあるが、ねじ締付け時にねじ部に塗って締付けると効果的である。普通は、締付けてから、ねじ頭部とか、ナット部の全周の1/3程度を塗っている。

　なお、タッピンねじは、ねじ自身でもどりを防ぐ構造になっているが、ロック剤を塗ればより一層完全である。

2.5 プリント基板の組立て

　プリント基板は、電子機器部品として多く使用されているが、その大きな理由はアセンブリの簡易化、合理化にある。したがって、この組立てに用いられる部品、材料は標準化が徹底している。また、新技術も絶えず導入されている。すなわち、プリント基板は、電子機器の心臓部ということができる。

　プリント基板は片面、両面、多層基板と、回路内容によって使い分けられている。基板には部品配置面（部品取付け面、部品面ともいう）と、パターン面（導体面）があり、部品とパターンとの接続は、穴を通してランドではんだ付けする。この部品を取付けるまで、あるいは、はんだ付けするまでを**プリント基板組立て**（プリント板組立て、P板組立てともいう）というが、手作業に頼るところが意外に多い。

プリント基板組立ての電子部品実装装置は、近年の技術革新により部品の外形、大きさ、種類、挿入スタイル（縦形、横形、ピッチ距離など）の異なる部品が実装できるように改善されている。現在では、表面実装（SMT）が主流である。
　電子部品実装装置は一般に**マウンタ**と呼ばれている。

（1）プリント基板の取扱い
　プリント基板は、プリント基板製作の専門メーカで、銅箔積層板に化学処理を行い、配線回路ネガで露光し、エッチングされ、パターン面への溶剤塗布、部品取付け穴あけ、部品取付け面への印刷などの工程を経て完成する。
　プリント基板のパターン面は、酸化防止剤やフラックスで保護されているが、層が薄かったりまだらのこともある。したがって、直接手で触れることは、分泌される脂肪、汗などで表面を汚染し、はんだの乗りを悪くする。また、後日変色したり指紋が浮き出たりするので、絶対に避けるようにする。
　そのため、作業性は悪くなるが、薄い手袋を着用するか、指サックなどを使用することが望ましい。プリント基板は、完成後、1枚ごとに間に上質紙をはさんで包装されているか、ビニル袋に入れて運搬および保管されているが、機器の商品価値をきず付けたりして損わないよう、大切に取扱うようにする。

（2）組立て用部品の取扱い
　部品の取扱い上の注意は、部品の性質をよく知ることが基本になる。
　たとえば、次にあげるように、組立作業上必要である様々な部品の性質や特徴を熟知しておくことが重要である。
　① 部品端子は、保存が悪いとはんだ付け性が劣化する。
　② MOS型IC、FETのように、静電気にも敏感な部品には、3極のアース付はんだごてを使用する。
　③ 電解コンデンサの湿式のものは、電源回路に極性を間違えて使用すると爆発することがある。
　④ 熱の生じる部品や熱に弱い部品など、その条件を考慮して取扱う。

（3）部品の取付けスタイル
❶ 部品配置面側の処理
　① 部品は図面で指定されたプリント板の基準方向（X－Y方向）に従い、表示が下から上へ、左から右への方向に読取れるように、垂直、水平に整然と実装する（**図**5.16）。ただし、極性を有する部品および図面で、実装方向が指定された部品は例外とする。
　② 部品本体を横形に取付けるものは指定のない限り取付面に密着させ、本体の中心が左右の中心になるように取付ける。

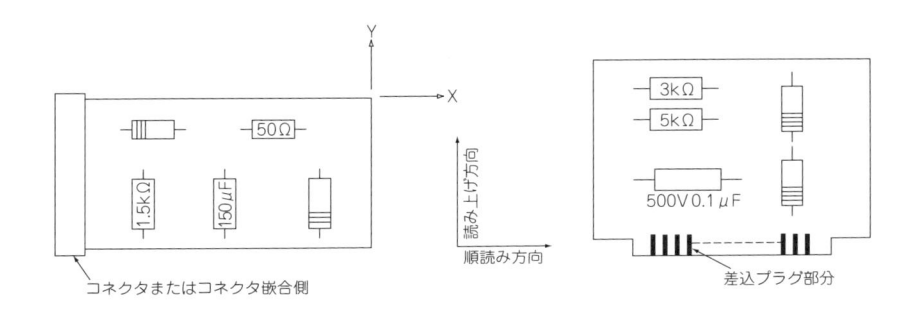

図5.16　チップ部品の実装

③　組立密度を増すために、部品を垂直に取付ける場合は高さを指定することが多い。特に抵抗やトランジスタの一部部品は、リード線をキンク（こぶつき）にして高さを決めているので、そこまで挿入し、スペースにより本体は斜めにすることがある。縦形取付けは、組立図により、周知徹底させる必要がある。

　　また、絶縁チューブを所要の長さに切って高さを決めることもある。**表5.12**はその例を示したものである。

④　垂直部品取付けで、部品本体が互いに接触したり、リード線に接触する場合は、絶縁チューブでカバーする。本体が金属ケースである場合は、その本体を透明絶縁物でカバーする。

⑤　基板の格子間隔は、JIS C 5010で1.25または2.5mm倍数のように作られているので、この寸法を参考にして部品の成形スタイルを整える。

❷ **部品の取付け寸法**

　プリント基板は、部品と裸のリード線との間隔は必ず2mm以上とし、接触の恐れがあるときは絶縁チューブをかぶせる。部品（部品取り付け面の軟銅線も含む）は、プリント板へ水平又は垂直に取り付けるものとし、曲がりの範囲は1[mm]以下とする。プリント基板に対して密着取付けの部品は、できるだけ密着させ

表5.12　基板への部品の取付け

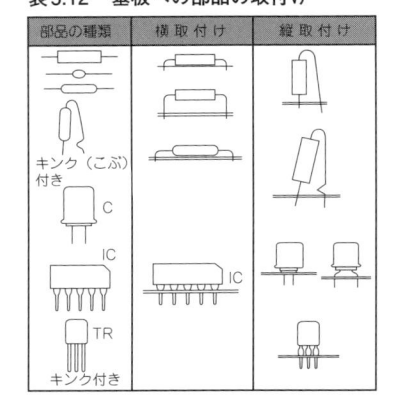

部品の種類	横取付け	縦取付け
（抵抗など）		
キンク（こぶ）付き		
C		
IC	IC	
TR キンク付き		

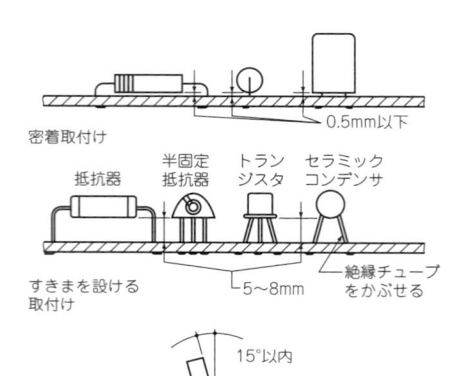

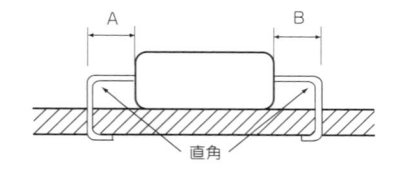

0.5mm以下のすき間となるように取付ける。抵抗器で、2W以上でプリント基板に対してすき間をあけた方がよいと思われるものや、トランジスタ、IC、半固定抵抗器、セラミックコンデンサなどは、プリント基板とのすき間を5～8mmとし、リード線には必要により絶縁チューブをかぶせる。なお、JISでは部品の傾きは15°以内である（**図5.17**）。

❸ **部品のリード線の曲げ方**

部品のリード線の折曲げは、部品の端からの直線部分の長さA、Bを最低2mm以上とし、できるだけA＝Bの寸法になるよう直角に曲げる（**図5.18**）。

❹ **パターン面側の処理**

① パターン面に突出るリード線は、片面基板の場合はランドに密着させてランドの形に従い、内方または外方に折曲げる。

② 折曲げたリード線の切断は、ランドに収まるように切る。ただし、短か過ぎるとよくない。折曲げ部から2～4mmの長さで、ランドはみ出しは0.5mm以下である。

③ リード線を突出したままはんだ付けする場合、突出し長さはNASA様式によると0.8～2.4mmと指定している。周囲状況をみて参考にする。

④ パターン面に部品を取付ける際、金属ケースの場合は透明な絶縁物でカバーする。また部品ははんだ付けしたランド上に取付けてはならない。

●**補足事項**

リード部品の種類は以下の2種類に分けられる。
・アキシャルリード部品（リード線が一線の同軸にある　図5.19(a)）
・ラジアルリード部品（リード線が同じ方向にある

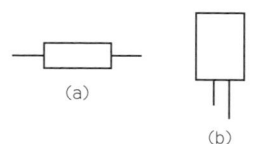

図5.19　リード部品

図5.19(b))

(4) リード線成形の注意事項

① 部品のリード線の切断や折曲げの際、部品内部の接続部分にストレスや損傷を与えないように工具の使い方に注意する(**図5.20**)。

② リード線を曲げて成形する場合、曲げの内径はリード線外径より大きいRにする。技能検定課題で、曲げが直角のように書かれているが、主旨は以上のことが根拠であり、ただ基板の穴にリード線が垂直に入ることをわかりやすくしたものである。

③ リード線を曲げる方向は、その部品を基板に取付けた場合、定格、極性などの表示がよく見える方向に曲げること。

④ 基板のランドに突出して曲げることのできないリード線などは、突出し長さは0.5〜2.5mmとし2.5mmを越えるものは切断してはんだ付けする。

(5) チップ部品の実装

チップ抵抗器のランドに対する位置ずれは**図5.21**に示す。

(6) 表面実装タイプICの実装

SOP ICのランドに対する位置ずれ、及びリード方向へのずれは、**図5.21**および**図5.22**に示す。

(7) 表面実装部品全般の注意

チップ部品はこて先を直接接触させたり修正のために何度も加熱を繰り返したりすると、電極食われや、破損の危険性があるので特に慎重に行う。

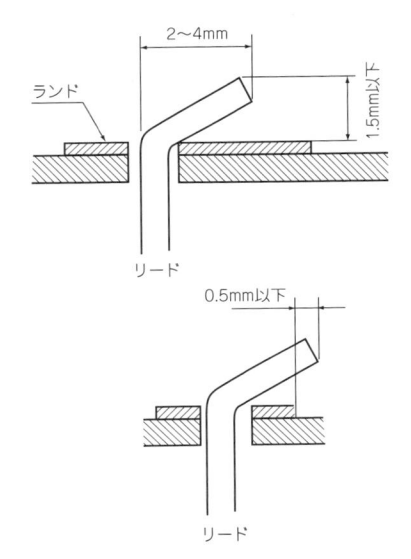

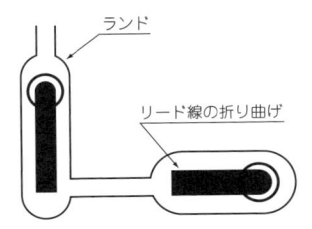

図5.20 パターン面に突出するリード線の処理

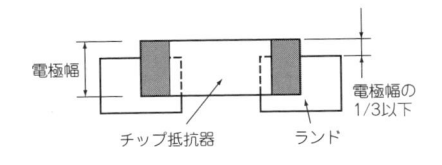

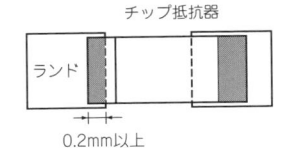

図5.21 チップ抵抗器のランド

図5.22　SOP ICのランド

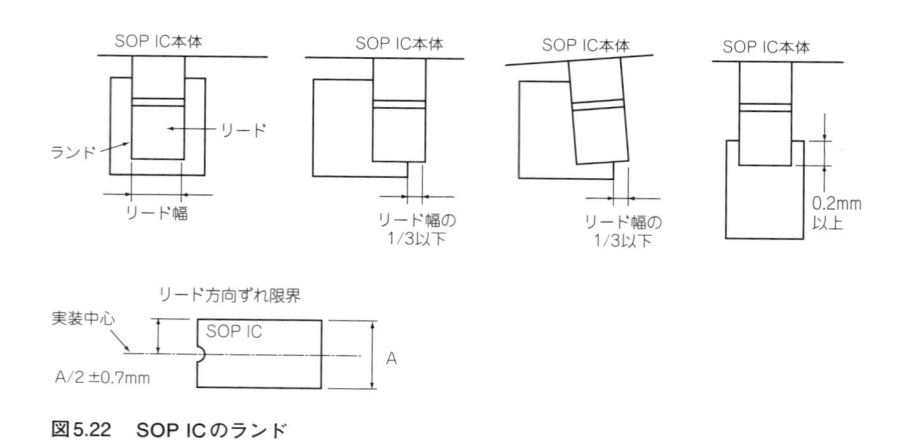

　表面実装部品は基板穴に入るリード部品と異なり実装位置がずれ易く固定に工夫が必要になる。チップ部品では電極の一方を少量のはんだで仮固定し、SOP ICでは1～2箇所程度同様に仮固定した後、仮固定以外の電極及びリードから正式なはんだ付けを行うのが最良である。

　また、仮固定の時点では位置の修正も容易に行うことができる。

3 配線と端末処理

3.1 配線の基本

(1) 配線の基本

配線とは、パネル、シャーシに取付けられた部品端子相互間や、プリント基板を実装したモジュールユニット、または基板端子間およびそれらと部品を電線によって電気的に接続することである。

次にあげるのは、配線の基本である。
① 配線、束線は、部品それぞれの最短コースを通るようにし、電力系配線と信号系配線は同一に引まわししないこと（誘導障害やノイズの飛込み、および冗長な配線による回路の電圧降下を防ぐ）。
② 余長を適度にとる（外部からの力による断線、および端子の変形、破損、接触を防ぐ）。
③ 振動などによって動かないように固定されていること。
④ 発熱体の近くの引まわしは避ける。
⑤ 扉への渡り線など可動部分には電線保護を施す（対屈曲ケーブル等の使用）。
⑥ 組立後の調整、および保守を考えた配線、束線にする。

(2) 接地回路配線

配線上、**接地**はなくてはならないものである。この接地の方法を誤ると、誘導障害など、計画通りに回路が働かないことがある。その例として、**図5.23**〜5.25に増幅回路のアースのとり方を示す。

図5.23は、増幅回路の入力側であるボリュームのアースと、出力側のスピーカのアース線を同一の線で配線している。入力側は小信号を扱い、出力側は大信号を扱っている。

このため、もしこのアース線にr_Sという内部抵抗があると、図5.24に示すように、$r_S \cdot I_0$という電圧が入力側に帰還され、ピーという発振を起すことになる。

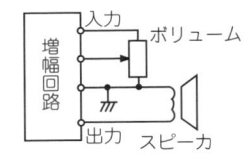

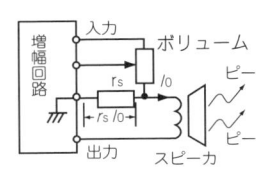

図5.23　増幅回路の例　　図5.24　悪い配線　　図5.25　よい配線

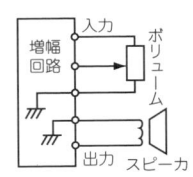

これはアース線の配線のまずさを示す一例である。

この対策としては、図5.25に示すように、入力側のボリュームのアース線と、出力側のスピーカアース線を別にすればよい。さらに、小信号の入力側はシールド線を使用し、出力側はr_Sの小さい太い線材を使用するとよい。これらのことは、アース線の配線を行うときの基本である。

(3) 高周波回路配線

高周波回路で注意しなければならないことは、ちょっとしたリードでもインダクタンスとして働くという点である。そのため、低周波回路とは異なった配線方法をとることになる。特に、1点アースをとることと、配線は太く短くするということが非常に重要となる。**1点アース**とは、共通インピーダンスがないようにすることであり、もし共通インピーダンスをもつと帰還がかかり、発振したり不具合が生じる。また、部品のリードが長いと、**リードインダクタンス**が生じ、これも回路障害を生じる原因の1つとなる。

なお、バイパスコンデンサも高周波回路では重要である。たとえば、図5.26に示すように、エミッタのパスコンのリードは短く、1つでだめなら2つ並列に接続してみてもよい。

(4) 高圧回路配線

高圧回路というと一般にテレビのブラウン管に加えるプレート電圧を思い出すが、普通、カラーテレビだと約DC25〔kV〕を使用している。

このくらいの電圧になると、配線用電線もそれに見合う絶縁電線を使用して、はんだ付けをする際も放電の起りにくいように気をつけて処置しなければならない。高電圧の場合の特性として、とがった部分に電位の傾きが起りやすくなるので、接続部のひげなどに注意する必要がある。

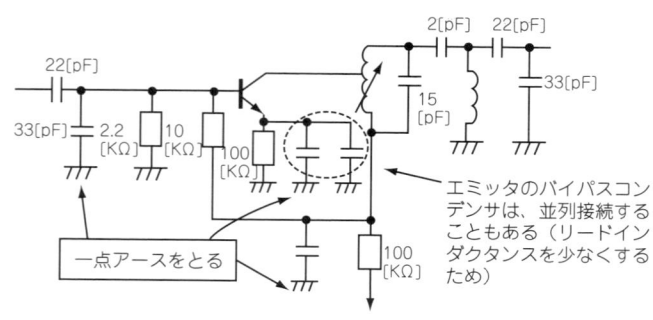

図5.26　高周波回路配線

【第5章】機器組立て法

3 配線と端末処理

いずれにしても、高圧部は一般の部分と違うため、回路全体をシールドしたり、感電防止の対策など、一般回路と区別している。

(5) 信号回路配線

信号はアナログ信号とディジタル信号とに分類される。特にアナログ信号は微弱な信号を伝達する場合があるので外来ノイズを受けないように考慮することが必要である。たとえば、ケーブルはシールド線（同軸線等）を使用し、シールド導体部は接地面に対して点接触ではなく面接触で確実に接合させることと、引き回しも接地面に密着させ、他のディジタル信号系及び動力系ケーブルと間隔をおいて配線することが望ましい。

ディジタル信号の配線においても近接したディジタル信号線間でクロストークノイズ（信号干渉）を避けるため、ツイストペア処理を施し同じく動力系ケーブルを避けて引き回しする（ツイストペア処理はGND線を信号線末端まで確実に行う）。

3.2 配線の方法

配線は、電線で行う場合と、プリントした銅箔で行う場合がある。電線を使用する場合には、次のような方法がある。
① **束線配線**：多くの線を束ねて1条のケーブル状にする。
② **ダクト配線**：あらかじめ取付けられたダクトの中を通す。
③ **ストラップ配線**：1本ごとにばらばらに接続する。

1本の線でプリントした銅箔回路を簡単にするために、ジャンプするように使われる線を**ジャンパー線**と呼ぶ。ジャンパー線は製造工数を増すという欠点があるが、パターン設計段階での工数を削減できるので、多く使われている。

(1) 束線の特徴

束線は配線の1つのスタイルであるが、主として小型の電子機器に多く用いられている。次にその利点をあげる。
① 1つの部品として単独取扱いができ、配線の分業化ができる。
② 部品化しているので、誤配、断線などの事前チェックができ、機器の組立能率がよい。
③ 配線が均一化でき、保守、点検が容易である。
④ 生産コストが比較的低い。
⑤ 以上の理由で、商品としての付加価値が高くなる。

(2) 束線の種類

束線の束ね方は、1個所ごとに束線バンドやひもによる単独結びで束ねる**部分束線**、1本のひもで部分、部分を連結して束ねる**連続束線**、麻製の細長い網袋とか合成樹脂製のスパイラルチューブの内側にケーブル状にすっぽり収める**内包形**の方法があり、それぞれ使用場所により使い分けまたは混用されている。

電子機器組立1、2級の技能検定では束線バンドが採用されている。

(3) 束線の作り方

作り方の順序は、①束線図を台上に置く→②釘打ち→③線引き→④束線→⑤取外し→⑥端末処理（TB1〜3は被覆をむいて芯線を撚るのみ、予備はんだは不可）、のようになる。

以下、技能検定2級課題（平成25年実施）にもとづいて、各作業を解説する（平成25年度から受験者は試験会場に束線クギと束線板を各自で持ち込む必要がある）。

(i) 釘打ち作業

束線図を、それが収まる大きさの板（t＝15mmベニヤ板）上に置き、束線釘をスキンナ（枝分かれ）の出る位置に、及びその他必要な位置に打つ。

ハンマは350〜400g程度の重さがよい。また、打点頭部を平らに仕上げ、くぎから滑らないようにする。1本のくぎを1〜2回で打つのが能率的である。**図5.27**に示すような束線を仕上げるには、48本くらいのくぎ打ちが考えられ、**図**で示した●位置に打つのがよい。

(ii) 線引き作業

回路図を見ながら、**図5.27**のくぎの個所に、各色ごとの線材を**図5.28**のような水夫（かこ）結びから始め、線引き例に示すように引回して、結び終わる。回路図に従いビニル電線を束線釘に縛り、また引っ掛けて線引き作業を行う。

[線引きの例]

線材（白）
T1-1次100[V] → XF1 → SW1 → T1-1次100[V] →
T1-2次8[V]→TB1-2 → TB1-1 → T1-2次0[V]

線材（赤）
TB3-5 → TB2-5

線材（黒）
TB1-3 → ラグ端子
TB3-6 → TB2-6 → TB2-8 → LED1 → LED2 → TB2-10 → TB212 → LED3

【第5章】機器組立て法

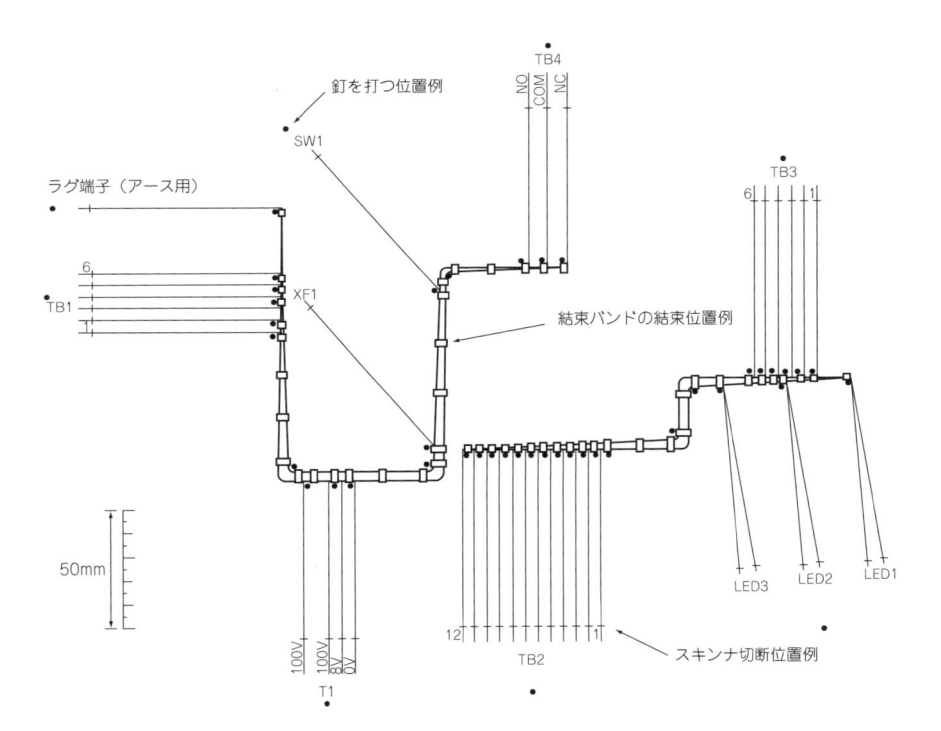

3 配線と端末処理

図5.27　くぎ打ち作業の例

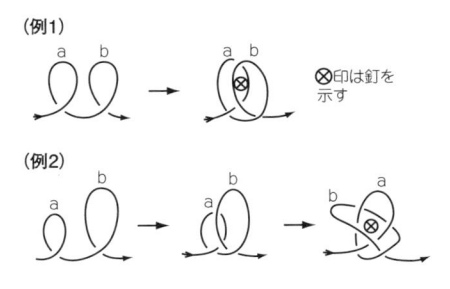

（例1）

⊗印は釘を示す

（例2）

図5.28　水夫（カコ）結び

線材(黄)
TB1-4 → TB4-NO → TB4-COM → TB1-5 → TB1-6 → TB-4-NC
TB3-4 → TB2-4 → TB2-3 → TB3-3 → TB3-2 → TB2-2 → TB2-1 → TB3-1

注意)電子機器組立1級では試験当日の指定作業により線引き経路が異なる。

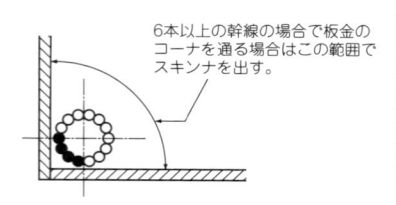

図5.29 スキンナを出す範囲

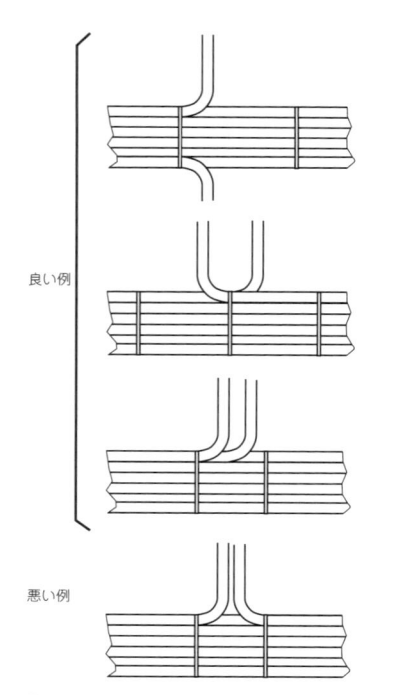

図5.30 スキンナの数

(iii) 束線作業

技能検定で支給材料の束線バンドは60本で実質使用量は50～55本となるため修正等による数量不足に注意すること。

① 配線したビニル電線は、束線バンドを用いて結束し、束線バンドは根元で切断する。
② 束線バンドの間隔(束線のピッチ)は、30mm以下にすること。
③ 結ぶ力は、約1N(100gf)の力で動かしても、ずれないこと。ただしスキンナ1本を結束するときは、適用しない。
④ スキンナ(枝分かれ)の間隔および配線の長さは、使用する部品に適合させる。
⑤ スキンナを出す範囲は、**図5.29**に示すように、対応する部品の端子を基準とする。
⑥ スキンナの数は、結び目一区間において、1本とする。ただし、方向が異なる場合および配線色が異なる場合は、2本としてもよい。**図5.30**に参照例を示す。

(iv) ビニル配線

① 電線の色指定は、回路図に示す色とし、配線の余長(ゆとりの長さ)は10mm以上とする(配線に余長を持たせる目的の一つには、線材による引張り応力による部品端子の破損又は断線などの防止である)。

図 5.31
ヒューズホルダの配線

端子台名称（a）

挿入方法（b）

挿入方法　良い例（c）
真上から見て芯線が見えない

挿入方法　悪い例（d）
真上から見て芯線が見える

図 5.32

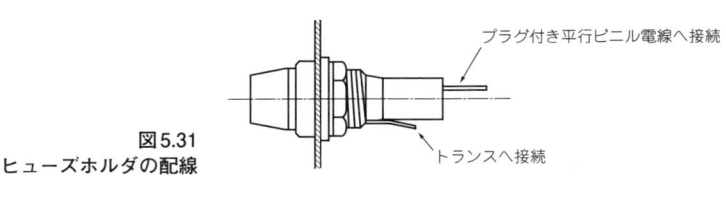

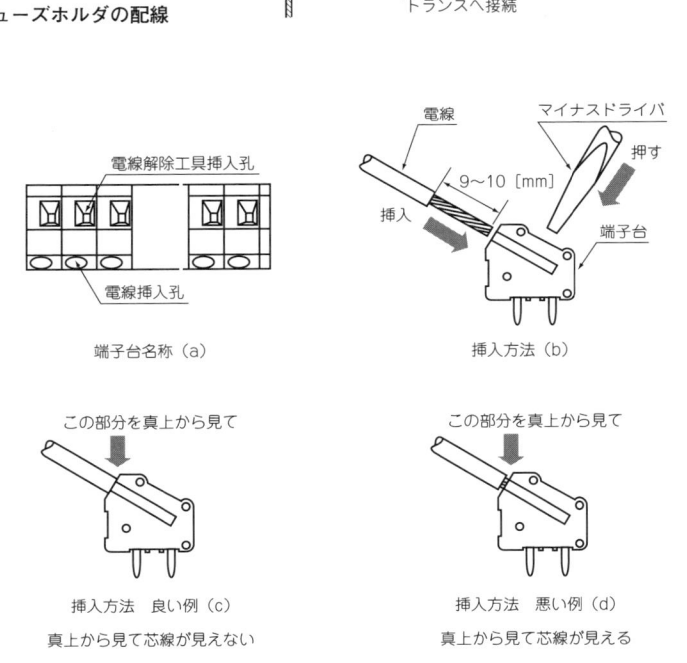

② ビニル電線と電源トランスとの間隔は1mm以上空けること。
③ ヒューズホルダの接続は、**図5.31**に示す通りとする。
④ 端子台への配線は電線を**図5.32(b)**に示す寸法とし、マイナスドライバ（先端が3mm程度）で電線解除工具挿入孔を押し、電線挿入孔に芯線を挿入すること（**図5.32(a)**参照）。

芯線はほつれないように撚り挿入すること。（予備はんだは禁止）

電線は芯線が真上から見て見えない位置まで、**図5.32(c)**のように挿入すること。

また、電線挿入孔よりほつれた芯線がはみ出さないようにすること。

(4) 束線図の作り方

　束線図の作製は、指定された回路図から束線する配線区間を選び出し、束線の形、スキンナ（枝分れ）の分岐点の位置を決めると同時に、その行先の端子指定、配線の色指定、配線の切断位置などを表すものといえる。

　簡単にいえば、シャーシに取付けられる部品端子の立体位置を平面に展開したものに、幹線の通り路、スキンナ分岐点の位置などを書き込む作業であり、回路図、部品の形と端子構造、シャーシがあれば、束線図は作成できる。

　電子機器組立1級では束線図を作成する。

(5) ストラップ配線

　端子や部品間を線材で1本ずつ配線することを**ストラップ配線**といい、プリント板のランド間を接続する場合は**ジャンパー線**という。家電製品、特にラジオのような回路主体をプリント化し、操作部分のみを電線で接続する小形機器によく使われている。この方法の利点は次の通りである。

① 色分けした線材を一定の長さに切断し、端末処理をした後、保存して使用するので、準備作業が簡単である。

② 配線を間違えたり、線材を損ねた場合、簡単に取換えることができる。

③ 束線配線の場合でも、回路によってストラップ配線と組合せると、配線が簡素化できる。線材の無駄がない。

なお、配線の両端が端子間で直接的になるので、ストレスがかからないように注意する必要がある。**表5.13**は、ストラップ用線材を調製するときの切断長さによる許容限界の一例を示したものである。

表5.13　線材の切断長さ

切断長さ (mm)	許容誤差 (mm)
100以下	＋2 / －0
200以下	＋5 / －0
300以下	＋10 / －0
301以上	＋15 / －0

(6) 軟銅線の配線（電子機器組立1級）

① 配線は軟銅線がプリント基板ランドから浮かないように直線的に行うこと。（図5.33）

② 配線の方向を変える場合は図5.34に示すようにランド上で行い、そのランドははんだ付けすること。

③ 2方向から直角に交わる軟銅線を配線するランドの軟銅線端末は図5.35の寸法により切断し、そのランドは、はんだ付けすること。

④ 配線の端末は、ランドの場合　図5.36(a)、(b)の寸法によること。また、はんだ面での軟銅線の配線は端末を穴に挿入しないこと。

⑤ 軟銅線は、図5.37に示すようにランドの中央寄りに接続し、ランド外周

図5.33　　　　　　　図5.34　　　　　　　図5.35

図5.36(a)　　　　　図5.36(b)　　　　　図5.37

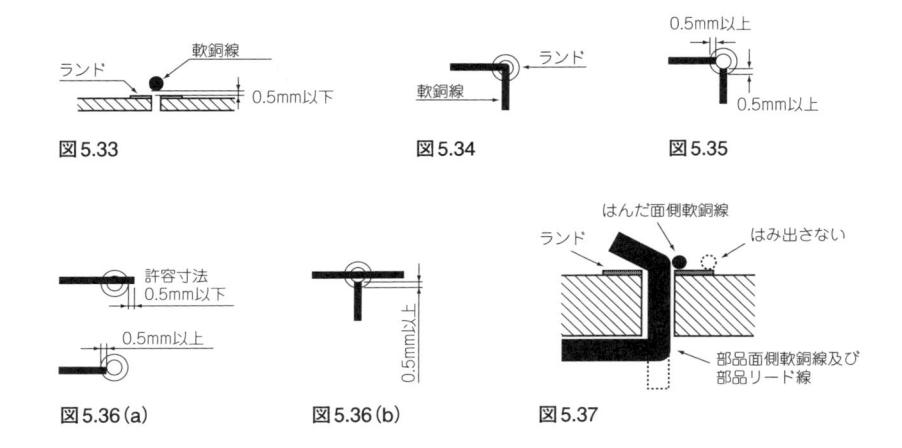

をはみ出さないこと。
⑥　はんだ面の絶縁距離は、0.5mm以上離すこと。
⑦　はんだ面の軟銅線の直線部分が30mmを超える場合は、軟銅線が浮かないように中間ではんだ付けによる固定をしても良い。ただし、両端をはんだ付けして中間をはんだ付けすると熱膨張で軟銅線が伸び変形するのではんだ付けは片側から行うこと。
⑧　軟銅線は無処理の状態で使用すると曲りがあり、直線的な配線が困難であるが、150mm程度に切断し、2本のラジオペンチを使用して両端を適度に引伸ばし、直線状にした後、予備はんだを施すことで、配線とはんだ付けが容易になる。

3.3 端末処理

(1) 端末処理とは

　図5.38に示すように被覆電線の端末をむいて接続作業に供したり、図5.39、図5.40のようにACコードの端末を整えたり、高周波コードの端末に接栓を取付けたりすることを**端末処理作業**と呼ぶ。
　端末処理の範囲は広く、時によっては図5.41に示すような、はんだ付端子のからげ作業までも含めていう場合もある。
　また、一般に線材の被覆をむいてはんだ付けし被覆をむいた導体部を**むきしろ**と呼ぶ。

① 線をむく
② 線を軽くよる
③ 被覆を抜きとる
④ 薄く予備はんだする

図5.38　電線の端末処理

図5.39　コードの処理

被覆をサーマルカッタまたは機械的にカットする
または、
心線をほぐす場合に便利（シールドを浮かす場合）
または、
編線を開いて心線を抜き出す
心線をほぐす
黒ビニル線
同軸処理金具
同軸処理金具を心線にはんだ付けする
キャップをかぶせる
穴あきキャップ
同方向形　　逆方向形

図5.40　同軸コードの端末処理

穴あき端子
穴なし端子
絶縁クリアランス 1.5mm以下
1mm以下
絶縁クリアランス 1.5mm以下
巻付け1回以上
1mm以下
1mm以下

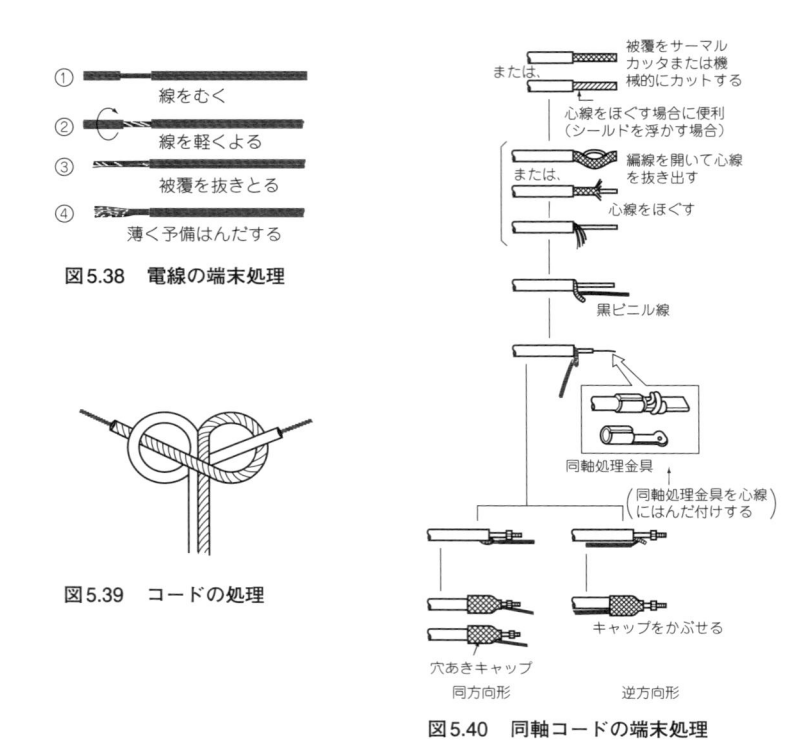

図5.41　端子のからげ

絶縁クリアランスの規格（JISC61191-4）

・最小クリアランス
　絶縁部は、はんだ接合部と接触してもよいが、はんだで覆われてはならない。
　線材の線すじ（筋）は、絶縁部の先端で目視できなければならない。
・最大クリアランス
　線材の絶縁部を含む直径の2倍又は1.5mmのいずれか大きい方を超えない範囲とするが、隣接する導体と短絡してはならない。

表5.14　切りきず又は損傷のあるより（撚り）線の限界値（JISC61191-1）

より線の数本	一般及び業務用電気製品 最大許容本数	高性能電気製品 最大許容本数
7未満	0	0
7～15	1	0
16～18	2	0
19～25	3	0
26～36	4	0
37～40	5	0
41以上	6	0

ストリッパやニッパー等の工具により作業中、より線を切断してしまうことがあるがJISにより、より線の損傷許容値が規定されている（**表5.14**）。

(2) 注意事項

端末処理作業の注意事項は次の通りである。

① 心線に目視できるようなきずを付けないこと。より線の素線は切断してはならないが、もし許容範囲内の本数を切断した場合は、ひげを出さないようによくひねり、予備はんだをすること。

② ワイヤストリッパやリード線の曲げ工具は定期的に点検し、欠点があったら直ちに修理するか交換すること。

③ ストリッパは、線径とサイズを正しく使用するように心がけること。

④ 絶縁体は焦がしたり、溶かしたり、傷付けたりしないこと。

⑤ 予備はんだは、被覆側を上にして行い、被覆さやの中にフラックスが入らないようにすること。また、はんだはより線の線筋が見えるくらい薄く、むきしろ全体にする方が接続成形しやすい。

⑥ 導体の途中接続はしてはならない。

以上の点が主要な注意事項である。端末処理をおろそかにすると作業に時間がかかり、機器のできあがりも悪く、信頼性に及ぼす影響も大きい。

4 接続法

電子機器産業は**アセンブル産業**とも呼ばれ、多くの能動、受動部品と材料を組合せて所要の機能をつくり出す産業である。

この回路構成の技術には、接続技能の占める割合が大きいので、その信頼性の追求と量産性の向上が絶えず検討されており、しかもその機器部分に適合した接続方法が設計時に選択される。部品とパターン、部品と電線、および部品間接続の種類を示すと、次のようになる。

① はんだ付け（Soldering）
② ワイヤラッピング（Wire Wrapping）
③ 圧　着（Crimping）
④ 溶　接（Welding）

なお、④溶接は、電子機器の分野では回路構成のための接続に用いられるというよりは、部品リード間の接続に点溶接機（Spot Welder）を用いて実施されている程度である。

JISにより電子機器類の用途により品質、信頼性水準が以下のように規定されているので要求仕様を考慮して作業することが必要になる（JIS C 61191-1）。

レベルA：一般電気製品（民生用）
　　　　消費者製品、ある種のコンピュータ及びコンピュータ周辺機器並びに完成組立品の機能を主に要求するハードウェア。
レベルB：業務用電気製品（産業用）
　　　　通信機器、高性能な業務用機器及び高性能かつ長寿命が必要で、必須ではないが中断のないサービスが望まれる機器。
　　　　一般的に、最終製品使用環境は障害をおこさないよう管理されている。
レベルC：高性能電気製品（特殊）
　　　　連続した処理能力又は要求時に即応した処理能力が必須であるすべての機器生命維持システム及び危機管理システムのように、機器の故障は許されず、使用環境は非常に過酷であり、機器は必要な時に必ず機能しなければならない。

4.1 はんだ付け

(1) はんだ付けの種類

はんだ付けは、現代のプリント基板（回路構成したものはプリント板あるいは

モジュールという）を多数使用する電子機器には欠かすことのできない接続法である。

プリント基板に部品を取付けてはんだ付けする方法には、下記に分類される。
- **直接はんだ付け**　　a. ディップフローはんだ付け
　　　　　　　　　　　b. はんだこてによるはんだ付け（手はんだ法）
- **非接触はんだ付け**　a. ハンダ＋リフロー
　　　　　　　　　　　b. ハンダ＋ハロゲン又はキセノンビーム及びレーザ

電子技術の発達に伴うプリント板の大型化、部品点数の増大化が進められている今日では、生産性のうえからも**自動はんだ付け装置**は不可欠なものとなっている。

しかし、手はんだ法は、プリント板以外の部品と電線を接続するのにも用いられている古くからの方法で、回路構成の基本技能として習得する必要がある。

(2) はんだ付けの材料
(i) はんだ

はんだ付けとは、はんだ付けされる部分の金属（母材）をはんだごてで加熱しはんだを溶かし、金属とはんだの拡散層（合金層）を作り金属同士をつなぎ合わせることである。

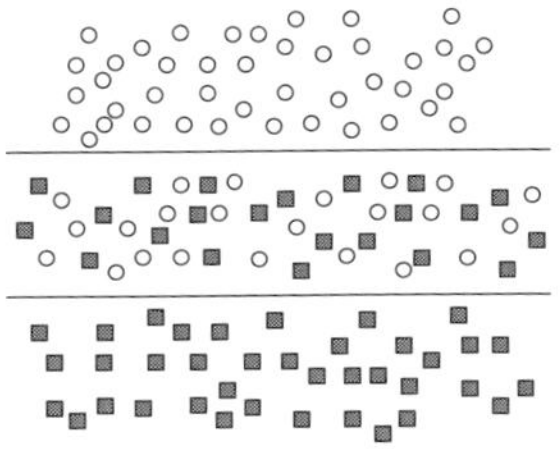

はんだとしては、鉛－すず（Pb－Sn）、カドミウム－亜鉛、すず－アンチモンなどの各種合金があるが、Pb－Sn系合金が最も多く用いられ、一般にこれを指して**共晶はんだ**と呼ぶ場合が多い。

図5.42

これらの組成や分類については、JIS Z 3282などに解説されている。共晶はんだは鉛を含み人体に有害で自然環境の悪影響から各国々で法令、指令が発動され使用が厳しく制限されている。したがって、現在は鉛－すず合金はんだ付けの材料は全てスズ・銀・銅やスズ・ビスマスの合金が中心の鉛フリーはんだに移行している。

図5.43は鉛－すず合金の状態図と溶融度曲線、**表5.15**は鉛－すずはんだの種類を示したものであるが、鉛フリーはんだについては合金の成分によって融点が異なるため融点や特徴を把握する必要がある。下記に成分による特徴を示す。

- **SnAgCu系**
　Sn（錫）、Ag（銀）、Cu（銅）を含み、対環境性に優れるが融点が220°C前後と高い。

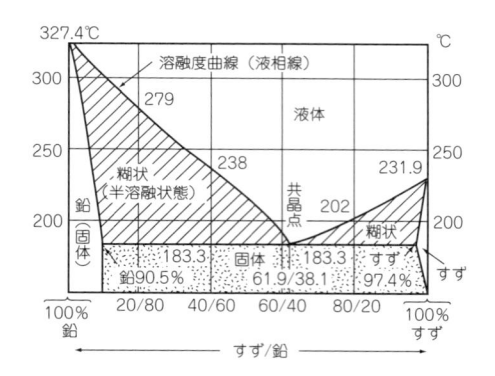

図5.43　鉛すず合金状態図

表5.15　Pb-Snはんだの種類

| はんだ成分 | | JIS記号 | | 融解温度℃ | | 備考 |
Sn	Pb	①はんだ（級）	②やに入り	固相（状）	液相（状）	
95	5	H95 (A, B)	—	約183.3	約224	①はんだ→JIS Z 3282. S級（Sb0.10%以下 Cu0.03%以下）。A級（Sb0.30以下、Cu0.05以下）。B級（Sb1.0以下、Cu0.08以下） ②やに入りはんだ→JIS Z 3283。塩素含有量（%）はAA級（0.1以下）。A級（0.1～0.5以下）。B級（0.5～1.0以下）。フラックス含有量は，各級とも1.0～3.0%。
65	35	H65 (S)	—	〃	約186	
63	37	H63 (S, A, B)	RH63	〃	約184	
60	40	H60 (S, A, B)	RH60	〃	約190	
55	45	H55 (S, A, B)	RH55	〃	約203	
50	50	H50 (S, A, B)	RH50	〃	約215	
45	55	H45 (S, A, B)	RH45	〃	約227	
40	60	H40 (S, A, B)	RH40	〃	約238	
38	62	H38 (A)	—	〃	約242	
35	65	H35 (A, B)	—	〃	約248	
30	70	H30 (A, B)	—	〃	約258	
20	80	H20 (A, B)	—	〃	約279	
10	90	H10 (A, B)	—	約268	約301	
5	95	H 5 (A, B)	—	約300	約314	
2	98	H 2 (A)	—	約316	約322	

・SnZnBi系

　Sn（錫）、Zn（亜鉛）、Bi（ビスマス）を含み、融点は共晶はんだと同等の183℃だが、SnAgCu系に比べて対環境性に劣る。

・SnCu系

　Sn（錫）、Cu（銅）を含み、材料コストは安いが、接合部の強度が低い。

・SnAgInBi系

　Sn（錫）、Ag（銀）、In（インジウム）、Bi（ビスマス）を含み融点を下げている。

はんだ付けは、溶融点より120℃～140℃くらいの温度で作業するのが良好であるが、対象部品の熱ストレスや加熱時間を考慮し慎重に温度を設定することが重要である。
　なお、よいはんだ付けとは、溶けたはんだがはんだ付けする金属どうしをよく濡らした状態である。すなわち、2つの金属の接合面に、はんだが薄く均等に流れ込み、はんだの終端がすそを引き、かつ表面に光沢のあるような状態である。
　濡れとは、金属面に接触した溶解はんだが流れながら広がっていく現象である。ぬれ性はこの広がりやすさを表し、「接触角」で判断する。フラックスを使用することでぬれ性が良くなる。図5.44は、ぬれと接触角を示したものでθ（接触角）が小さいほどぬれ性が良い。

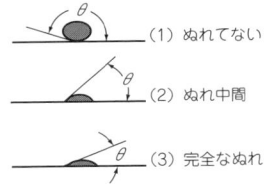

図5.44　ぬれと接触角

(ii) フラックス
　よいはんだ付けを行うには、フラックスの使用が不可欠である。成分は松ヤニなど植物性天然樹脂や合成樹脂に薬品を加えたもので、入り糸はんだ（はんだ中心に糸状に練り込まれている）や液状で直接塗りタイプがある。加熱時に活性化し液状物や気化ガスが飛散するので作業場の換気や保護めがねを着用する。
　次にあげるのは、フラックスの各作用である。
　① **清浄化作用**：金属表面の酸化物や水酸化物を還元、清掃する。
　② **表面張力を低下させる作用**：はんだの表面張力を低下させ、拡がり性を増加する。
　③ **酸化防止作用**：自らが清浄にした金属表面を速かに覆い、酸化を防止する。
　以上に述べたのは、はんだ付けに対するよい作用であるが、反面、はんだ付け後に金属を腐食させるという悪い作用もある。
　フラックスの種類は、ロジン（松やに）などの樹脂類を主体として、それに塩素（Cl）のような酸化物除去性の強いものを含有させたものがほとんどであるが、一般に塩素の量が多いことがフラックスの効果を上げるので、接合時の効果と、その後の機器維持上の問題が相反することになる。そこでJISでは塩素含有量を1.0%以下として仕様を定めている。
　フラックス除去で有機物洗浄をしたりすることがあるが、静電気によって部品をいためたり、材料を溶かしたり、絶縁を悪くしたりするといった二次弊害があるので、プリント板に合せた処理方法を選ばなければならない。また、通常は、フラックスをよく吟味して使用することが必要である。

（3） はんだ付け作業
(i) 前処理
・**金属の清浄化**

よいはんだ付けの第一歩は、はんだ付けする金属の表面を清潔にすることである。プリント基板パターン面には、酸化防止フラックスが塗布されているが指紋が出ていたり、保存期間が長かったり、塗布がまだらで変色している場合は、フラックスを塗り直して使用する必要がある。また、厚手の端子類も、有機溶剤（イソプロピルアルコールなど）で拭くと、はんだ付けしやすい。

・**予備はんだ**

予備はんだは、"呼びはんだ"、"迎えはんだ"とも呼ばれ、端子類、線むきした被覆線の先端には必ず行う必要がある。そして、できるだけ薄くし、接合実施前に行うのがよい。また、被覆線の場合は、フラックスが絶縁物のさやの中に入らないように、むいた線材（**線足**と呼ぶ）側を下にして行うこと。

なお、この作業には、①はんだごてを固定する、②はんだごてを動かして作業する、と2つの場合があるが、①の方法は線材類や小部品の付いた端子類の処理において、時間も早く、焼きずの心配もない。②の方法は、固定したプリント板の端子類などの場合に用いられるが、一般にははんだごてを固定して、予備はんだするものを動かして行う方法がよい。

したがって、はんだごて台は、こてを置く台と予備はんだ作業時にこてを固定する台の両者兼用できるように工夫するとよい（**写真11**）。

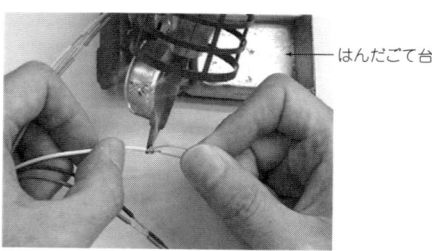

写真11　線材に対しての予備はんだ作業例

(ii) はんだ付けの要領
① こてを持つときは、ペンホルダ形、シェークハンド形（自然に握る）のどちらでもよいので、自分のやり易い形にすること（**写真12**）。

② やに入りはんだは接合する部分にも当てがい、こて先をそれに当てるようにする。フラックスが表面を清浄にし、はんだが広がって流れる。はんだの量及び拡散範囲は、技能検定で指定

写真12　はんだ及びこての持ち方例

している図5.45〜5.52およびNASA（米航空宇宙局）で用いられる図5.53を参照するとよい。作業後のはんだ量の修正ははんだ吸取り用具等で吸取った後、再はんだ付けで修正ができるが、一度流れた（拡散した）箇所は修正ができないので、注意深く作業をすること、マスキングテープなどを利用する方法があるが、はんだ量修正と同様にマスキングテープ貼付は作業時間が増えるので、これらの作業を行わなくとも良い技能が必要になる。

③ はんだ付け後は、接合部を動かさないこと。動かすと、はんだは光沢のないいも付けになり、機械的に弱いものになる。

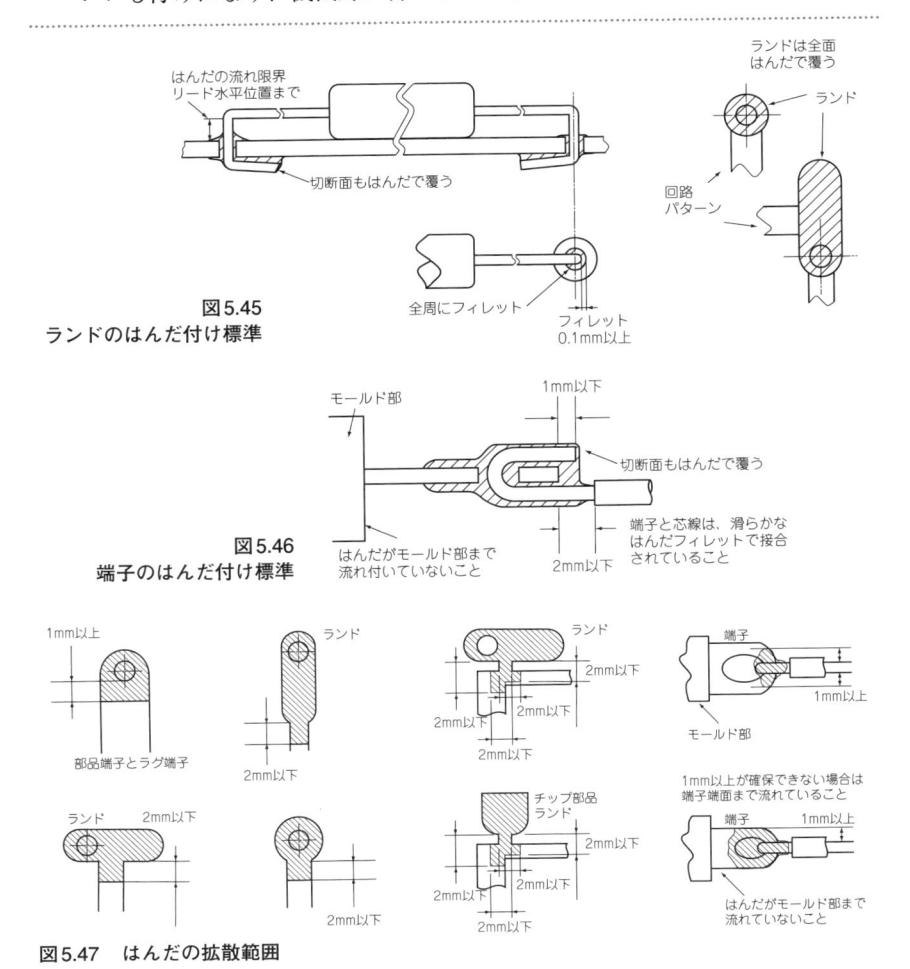

図5.45 ランドのはんだ付け標準

図5.46 端子のはんだ付け標準

図5.47 はんだの拡散範囲

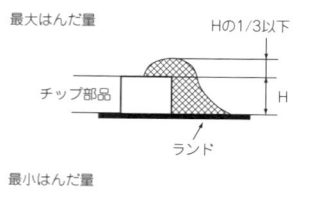

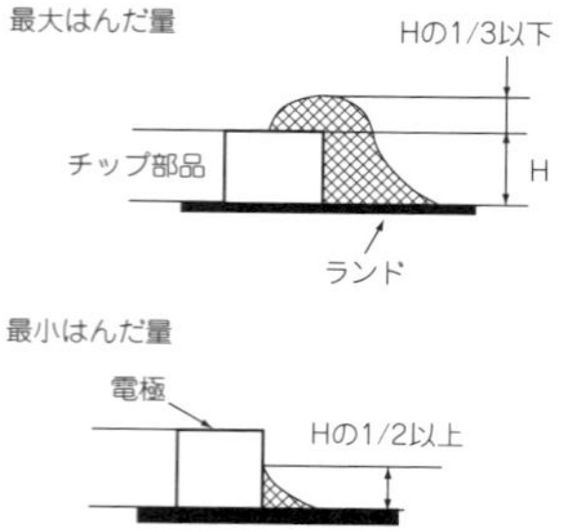

図5.49 チップ部品の許容されるはんだ量の基準

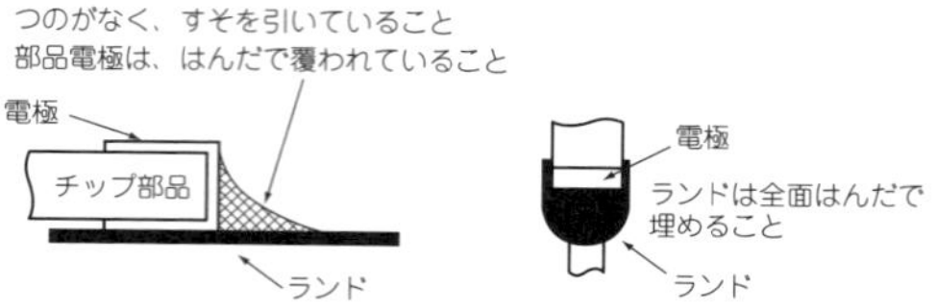

図5.48 チップ部品のはんだ付け標準（はんだのぬれ）

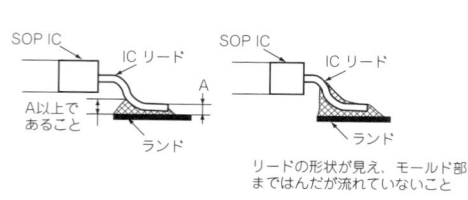

図5.50 SOP ICの許容されるはんだ量の標準

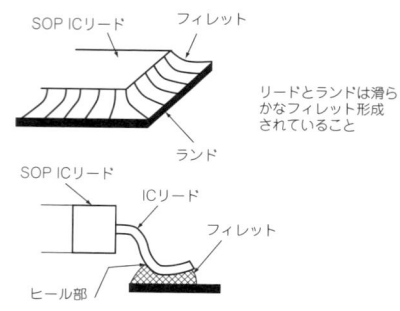

図5.52 SOP ICのはんだフィレット

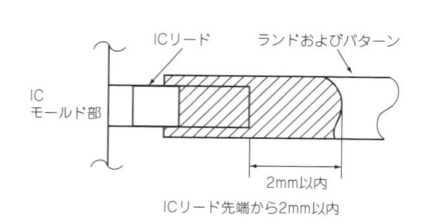

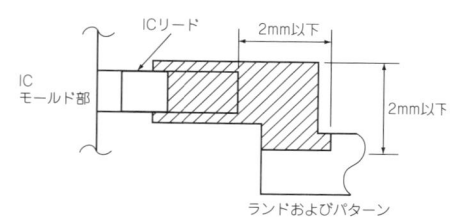

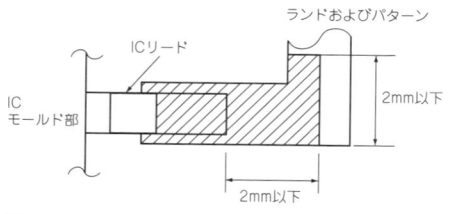

図5.51 SOP ICのリード部はんだ拡散範囲

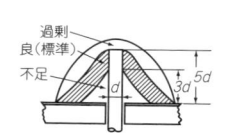

図5.53 NASA標準はんだ量

④ はんだごてを離す時期は、熟練を要するのでよく覚えること。はんだが適当に拡がった後、はねるようにこてを離すと、はんだが均一にのびてよい。こてを離す時期は遅過ぎても早過ぎても欠点を生じる。

● はんだ付け手順例
a）はんだ付け直前にこて先の酸化物等を洗浄用スポンジで取る（**写真13**）。
b）こて先を対象物にあてる。
c）はんだを供給する（微量）。
d）加熱を続ける。
e）再びはんだを供給しながらこて先を母材に沿って移動させる。
f）はんだが適量の広がりを確認したらはんだを離し、次に、こて先を離す。

はんだ付け時間はこて先をあててから離すまで、3秒程度。

こて先洗浄用スポンジ
こて先洗浄用スポンジは清潔にしておくこと、スポンジの水分は若干濡れている程度。

写真13

（4）自動はんだ付け

装置全体とはんだ、窒素濃度の管理、フラックスなどの温度管理、比重管理、純度管理、および製品の管理体制が整っていることが必要で、手はんだ付けの熟練第一とは異なる科学的管理が品質を大きく左右する。

また、基板の品質、形状、パターン、およびランドの形状にも、手はんだとは異なる設計上の配慮が要求され、ノウハウの多い分野である。

一例として温度プロファイル（プロセス）があり、予熱（プレヒート又はプリヒート）、加熱、冷却（除冷）、等それぞれに温度勾配（立上り、立下り時間）などの条件設定が必要となる。

予熱の主な目的はフラックスを乾燥させ、溶剤の蒸発潜熱（この場合は気化熱）による温度下降を防止し、フラックスの作用効果を高め、はんだ付けを容易にすることである。さらに、予熱、冷却（除冷）は熱衝撃を緩和する目的もある。窒素濃度は製品のはんだを含む表面酸化膜の形成に影響をおよぼす。

下記に代表的な自動はんだ付けを説明する。

(i) ディップフローはんだ付け

はんだを溶解した槽の中に機械的に、あるいは手動で浸し、引上げ後悪い接合点を手はんだ付けで手直しする。

リード部品が実装されたプリント板に主に使用され、表面実装部品においても部品を専用接着剤で仮固定した後、はんだ槽に浸しはんだ付けを行う。ディップ式の他に溶融はんだが槽内で噴流する噴流方式もある。

表5.16 悪いはんだ付けの例

	不良項目		欠点(参考) 重	欠点(参考) 軽	状　態
1	忘れ（未はんだ）		○		はんだ付けすべきところにはんだ付けがされていない。
2	外（ルーズ）		○		1. フラックスだけで、付いているもの。 2. 指やピンセットで軽く引張ると外れてしまう。
3	トンネル		○		1. 線のまわりにはんだはあるが、指やピンセットで軽く引張るととれてしまうもの。 2. 電気的接続があったりなかったり不安定なもの。
4	ショート		○		1. はんだ付けによって希望しない金属部分が接続されているもの。 2. 部品のガタツキがあり軽く動かしたとき、希望しない金属部分に接触するもの。
5	その他	イモヅケ		○	はんだののびが悪く、溶けたはんだがそのまま固まったもの。
		心線切れひげつの		○	1. はんだ付け後のリード線切断除去不完全および忘れたもの。 2. はんだが細くとがっているもの。
		ブリッジ		○	箔の間にはんだが付いているもの。
		不足過剰		○	はんだ付け後はんだ量が標準でないもの。
		くい込み		○	リード被覆まで、はんだがくい込んでいるもの。
		流れ		○	はんだ付け部分以外にまで流れ、はみ出しているもの。
		ヒビワレ		○	はんだ付け後動いて固まったもの、またははんだ付け後リード端末処理によってはんだき裂の入っているもの、またはんだ部分に小孔の入っているもの。
		ハンダクズ（飛びはんだ）		○	目的のはんだ付け個所以外のところにはんだが付いていて、治工具で外そうとしてもなかなか外れないもの。
		線焼け		○	1. はんだ付けの時の熱によって、周囲の被覆を焼いたもので、被覆外部だけ焼けたものを含む。 2. リードの被覆に金属部分がくい込んでいて、ショートの危険性のあるもの。
		基板焼け		○	はんだ付け時の熱によって基板が変色したり、ふくれたりしたもの。
		ハクウキ		○	はんだ付け時の熱によってハクと基板がはなれたもの。
		光沢		○	はんだ付け後のはんだ自体の色艶の悪いもの。
		汚れ		○	はんだ付け後、拭いてもとれない異色および残滓があるもの。指紋の付いているもの。

(ii) リフローはんだ付け

　プリント板にはんだペーストをはんだ印刷機で印刷（はんだ付け箇所のみ）し、その上に表面部品を実装した後、リフロー炉内に投入して最良の温度プロファイル条件を経て取り出だす方法、加熱方式は赤外線式、温風式がある。
　また、リードレスタイプICパッケージの一種であるBGA（Ball Grid Array）においてもこの方式でプリント基板へはんだ付けされている。

(5) 悪いはんだ付け

　はんだ付けは、目視あるいは指触で検査する。**表5.16**は、悪いはんだ付けの例を示したものである。JISによる電気・電子実装の不適合も参考として**表5.17**

【第5章】機器組立て法
4 接続法

表5.17 電気・電子実装の不適合（JISC61191-1 表2よる）

不適合No	不具合内容	容器事項の適用項
01	組立図の要求事項との違い	4.1.1
	a）未実装	
	b）部品相違	
	c）逆実装	
02	購入仕様書又は関連部門規格の許容範囲を超えた部品の損傷	JISC61191-2
	a）部品損傷（き裂）	JISC61191-3
	b）湿気割れ（ポップコーニングpop-corning）	JISC61191-4
03	組立品又はプリントバ板の損傷	10.2.1
	a）機能に影響するようなミーズリング（繊維剥離）又はクレイジング（網目上のクラック）	10.2.4.1
	b）スルーホールと導体間に渡るブリスタ（膨れ）・層間はく離	10.2.3
	c）極端な平たん度外れ	
04	挿入リードあり及びなしのめっきスルーホール接合	
	a）挿入孔又はリードの不ぬれ	10.2.4
	b）挿入孔へのはんだ不足	10.2.4.1
	c）いも付け	10.2.5
	d）コールドジョイント又は表面のざらつき（オーバヒート）	
05	最小電気的安全距離に対する違反	
	a）部品又は線材の動き・位置ずれ	
	b）ソルダーボール	9.5.1
	c）ソルダブリッジ	JISC61191-2
	d）つらら	JISC61191-2
	e）ソルダウェップ・ソルダスキン※1	JISC61191-2
06	不適切なはんだ接合（リード、電極又はランド）	10.2.4
	a）ディウエッティング（はんだはじき）・ノンウエッティング（はんだぬれ不良）	10.2.4.1
	b）はんだ食われ	
	c）不十分なはんだ	
	d）ウエッキング（はんだの吸い上がり）	
	e）不十分なリフロー	
	f）不完全な接合（オープン）	
	g）はんだ過多	
	h）ボイド	
	i）接着剤はみ出し	
	j）金ぜい化（金メッキ等の金成分がはんだに拡散するとはんだ強度が低下する現象）	
07	基板上の表示損傷	10.2.2
	a）改造された表示	
	b）消された表示	
08	洗浄条件又は清浄度試験の不適合	9.5、9.5.2.1
09	コンフォーマルコーティングの不適合 ※2	11.1.2.2

注 ※1 ソルダウェップとは、基板表面に付着した細い糸状のはんだの残渣（ざんさ）。
　　　　ソルダスキンとは、基板表面に付着した膜状のはんだの残渣（ざんさ）。
注 ※2 コンフォーマルコーティングとは（Conformal coating）とは、完成したプリント回路板の表面形状に沿って
　　　　付けた絶縁保護膜をいう。

に示す。鉛フリーはんだ付けについては適切にはんだ付けされていても共晶はんだに比べて表面の光沢がないので、はんだ不良との違いを見極める必要がある。

4.2 ワイヤラッピング

(1) ワイヤラッピングの原理

ワイヤラッピングは、一種の加圧接続であり、角の立った端子（**角**端子という）に被覆をむいた電線を、ワイヤラッパによって加圧しながら数回巻付ける方法で、端子と電線の接続法としては信頼性の高いものである。

この方法は米国のベル研究所で開発され、ウェスタン・エレクトリック社のクロスバー交換機に使用されたのが実用化の始まりである。かつては、カラーテレビ、ラジオのような家庭電器の配線から、計測器、放送設備のような大型産業機器の配線にまで使われていたが、回路の高密度化や高速化にともない市販機器配線での使用が減少し、開発機器試作レベルで若干利用されている程度である。

(2) 接続の特長

この方法は、はんだ接続や工具による圧着接続などとともに、接続個所によって選択される。ワイヤラッピングの長所、短所を列記すると次のようになる。

●長所
① 均一で信頼できる接続力が得られる。
② 熱を使用しないので、熱による電線の損傷がないし、フラックスなどの汚れがない。また、飛びはんだによる電気的障害も起きない。
③ ラッパの先端が細いため、狭い場所の端子接続がしやすい。
④ 単線使用なので、電線価格が安くなる。
⑤ はんだ付けより熟練を要せず、接続失敗修正や回路変更も簡単である。
⑥ 省力化、自動化がしやすい。
⑦ プリント基板で作るよりも低い製造コスト

●短所
① 電線サイズ、端子形状によって、ビット、スリーブの交換を要する。
② 取外し線の再使用ができないので、使用した部分を切取り、新しくリード線をむき直すことになる。
③ ラッパが高価であり、設備のイニシャルコストが高くなる。
④ はんだ接続より、空間を多くとる。

⑤　クロストークなどにより高速信号を伝達する能力が低い。
　以上、長所、短所をあげたが、端子接続法としてはメリットの方が大きい。

(3) 巻付け方の標準と不良

　リード線（被覆電線の皮むき部分で、口づけ部分ともいう）の巻付け回数は、電線のサイズによって異なるが、一般に有効巻数6～8回くらいを標準としており、最低でも電線の裸部分が6回くらい巻付けてあることが必要である。
　表5.18、5.19は、電線の口づけ作業の標準寸法と、電線サイズと巻付け回数を示したものである。巻付け方法は、標準巻きと被覆巻きの2つがあり、標準巻

表5.18　ラッピング用単線の口づけ作業の標準寸法

端子形状	有効巻付回数	むきしろ長さ〔mm〕
1mm角端子	6回以上	40±3
1.2mm角端子	〃	46±3
平形端子	〃	43±3
丸形つぶし端子	〃	40±3

表5.19　電線径と巻回数

心線径	⌀0.26	⌀0.32	⌀0.4	⌀0.5	⌀0.65
標準巻付け	6	6	6	5	5
被覆1回巻付け	8	8	8	6	6

注）上表の値は最低の巻数を示す。

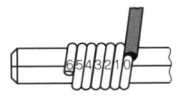

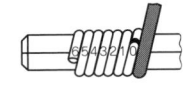

(a) 標準巻き　　(b) 被覆巻き

図5.54　巻付けの標準

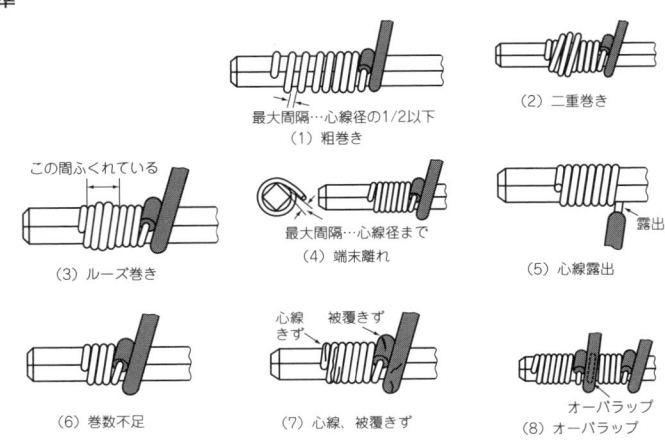

(1) 粗巻き　最大周隔…心線径の1/2以下
(2) 二重巻き
(3) ルーズ巻き　この間ふくれている
(4) 端末離れ　最大周隔…心線径まで
(5) 心線露出　露出
(6) 巻数不足
(7) 心線、被覆きず　心線きず　被覆きず
(8) オーバラップ　オーバラップ

図5.55　巻付けの不良例

きは口づけ部分だけを端子に巻付け、被覆巻きは口づけ部分に加えて被覆線を1回巻付けている。

図5.54は巻付けの標準と線の数え方、図5.55は巻付け方が悪かったり線にきずを付けたりした不良例を示したものである。

なお、巻付け不良を起したものは、アンラッパ（巻もどし工具）によって巻もどし、新しいリード線で再度巻付けることになる。

4.3 圧着接続法

（1） 圧着接続法とは

熱や薬品類を使用しないで、普通の状態で機械的な力を加えて導体間の電気的接続を行う方法であり、一般的な接続法として広く使用されている。

圧着接続法は、このように必ず機械的圧力を加えるため、接続部の導体部品として圧着端子が必要であり、端子の種類とサイズごとに専用の工具が必要である。

端子の種類としては、①ねじ止め用端子、②中継接続用端子、③コネクタ用端子などがあり、形状、大きさ（線の太さおよび締付ねじ太さによって決まる）によって使い分けられる。

圧着接続の長所を以下に示す。
① ばらつきのない均一な接続品質が得られる。
② 目視による点検が容易で、その疲労度も少ない。
③ 熟練を必要としないため、はんだ付けと異なり比較的容易にできる。

（2） 圧着作業

端子の形状、電線の種類、太さ、工具の種別によって作業方法も当然異なるが、作業の原則としては次のような点があげられる。
① 端子の形状に合った工具を選ぶこと。
② 心線の端子内における前後、位置をよく確かめ、最初はゆるく、順次強く圧着すること。

なお、心線の端子との圧着後の相互関係は図5.56に示すような寸法を標準とするのが一般的である。

また、圧着の度合いは、一般に圧着成形高さ（クリンプハイト）で規定され、圧着工具を用いてコネクタを圧着接続したときの端子の圧縮部の高さである。

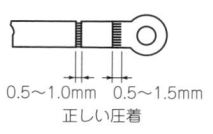

0.5～1.0mm　0.5～1.5mm
正しい圧着

図5.56　正しい標準寸法

電子機器測定法

5.1 テスタによる測定

(1) テスタの特長

テスタは、正しくは回路計または回路試験器と呼ばれ、小形、軽量で価格が低いことから、最も多く使用されている測定器でアナログ式及びディジタル式がある。主として直流電圧、交流電圧、抵抗、直流電流を測定する場合に使用する。なお、電子機器組立1、2級では実技課題の回路調整で高分解能の電圧（1.5V±0.05V等）を読取る必要があるためディジタルテスタを使用する（低分解能、低内部抵抗であるアナログテスタは使用不可）。

(2) テスタの取扱い

① メータを焼損させないために、アナログテスタの測定レンジは予想される値より大きいレンジで測定し、メータの振れを確認してから適当なレンジに切替えるが、ディジタルテスタではオートレンジモードにしておくと切替える必要がない。

　なお、電圧が印加された状態や電流の測定状態で、ダイヤル回転操作は絶対に行わないようにする（アナログ、ディジタル共通）。

② アナログテスタには内部抵抗（数十KΩ）があるため、電圧などの測定では測定箇所の回路にテスタの内部抵抗が接続されたことになるので、測定誤差を生じる。ディジタルテスタの内部抵抗は数MΩ～10MΩあり高インピーダンス回路を測定しても正確な値が得られる。

③ 直流電圧がかかっている点の交流電圧を測定する場合は、直流分をカットして測定しなければならないので、0.1〔μF〕程度のコンデンサを接続して測定する（図5.57）。

④ 大容量のコンデンサが接続されている回路の抵抗を測定する場合は、コンデンサに充電されている電荷を放電させてから行う。

⑤ テスタの交流レンジは、正弦波交流に対する指示値で目盛られているので、正弦波交流以外の波形をもつ電圧や電流を測定する場合、誤差が大きく正確な測定ができない。

(3) 半導体の良否判定
① ダイオードの良否

抵抗測定と同様にして測定するが、図5.58に示すように、テスト棒の（＋）側の方に電池の（－）、またテスト棒の（－）側の方には電池の（＋）が接続され

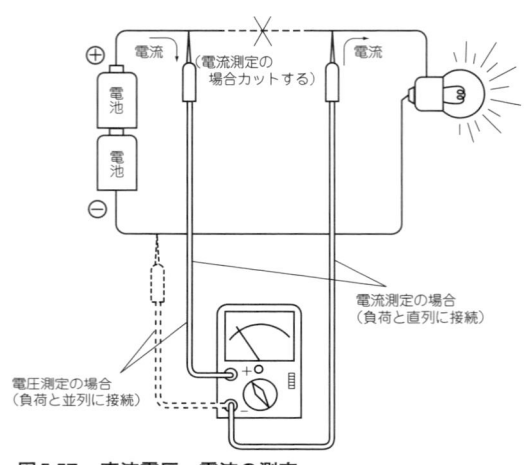

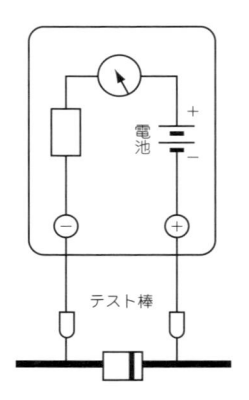

図5.57　直流電圧・電流の測定

図5.58　抵抗計の極性

るので、特に極性に注意すること（ディジタルテスタでは逆、赤＋、黒－）。

図5.58のように、部品にテスト棒を交互に当ててみて、両方の抵抗値の差の大きいものほど良品、両側とも抵抗値が小さいか大きいものは不良とみなす。

② トランジスタの良否

トランジスタの良否を判定する場合、トランジスタの構成は図5.59のように考えることができ

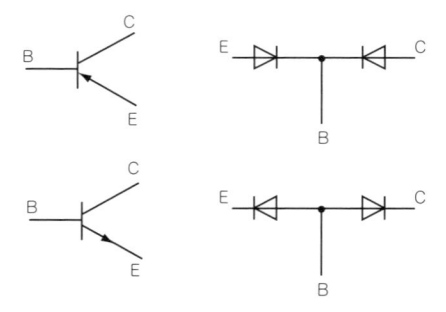

図5.59　トランジスタの構成

るので、トランジスタのベース・エミッタ間、ベース・コレクタ間それぞれを交互に測定し、抵抗値の差をみる（判定はダイオードの場合と同じ）。ただしベース・エミッタ間は、耐圧（$V_{BE_{max}}$）の低いものもあるので、あらかじめ規格表を調べてから測定を行うことが望ましい。

【第5章】機器組立て法

5.2 ディジタルマルチメータによる測定

(1) ディジタルマルチメータの特長

ディジタルマルチメータ（**写真14**）は、呼び方、機能、外観など、多少メーカによって異なるが、主な目的としては直流電圧、交流電圧、直流電流、交流電流、抵抗の測定用として用いられる。

測定値はすべてディジタルで表示され、アナログ式のメータに比べて見やすく、読み誤差の少ない点が大きな特長である。

簡単に取り扱えるものは測定モードの切換えのみで、測定レンジが自動的に切換えられるものもある。

最近では小型軽量化され、周波数や温度も測定できる多機能の種類がありテスタと同様に手軽に使用されている。

写真14 ディジタル・マルチメータ
61/2桁　34401A
（提供：アジレント・テクノロジー株式会社）

(2) 各部の名称と取扱い方法

(i) 各部の名称と働き

① 電源スイッチ：押込みでON、再度押込みでOFFとなる。
② 表示部：数字表示部は最大表示"1999"である。小数点はレンジによって自動的に設定・表示される。極性表示は、入力信号が"LO"端子を基準にして負の場合のみ"−"の表示をする（数字表示部の最大桁側に表示）。単位表示は測定モード、測定レンジ、入力信号により自動的に選択され、"$M\Omega$""$k\Omega$""Ω""V""mV""A""mA"の表示をする。
③ 測定モード切換ダイヤル：電圧、電流、抵抗の測定モードを選択するダイヤルである。ダイヤル部の記号と測定モードの関係は次の通り。
　　・直流電圧測定……DCV　　・交流電圧測定……ACV
　　・抵抗測定……OHM　　　　・直流電流測定……DCl
　　・交流電流測定……ACl
④ INPUT端子：付属の入力ケーブルの赤印側を"INPUT"端子の"HI"側に合せて接続する。

(ii) 測定範囲

この測定器による測定範囲は、次の通りである。
　　・DCV……$10\mu V \sim 199.9V$
　　・ACV……$100\mu V \sim 199.9V$（レンジ切換えにより1000Vまで可能）

- OHM……100mΩ～19.99MΩ
- DCl……10μA～1A
- ACI……100μA～1A

この範囲を超え、入力信号が測定器に印加された場合は、"OVER"の表示ランプが点灯する。

(iii) 取扱い上の注意点
① 抵抗測定において、被測定抵抗の両端に電圧がかかっている場合には正しい測定ができないので、無電圧状態にしてから測定しなければならない。
② 低抵抗レンジ（200Ω）での抵抗測定では、付属の入力ケーブルの抵抗分が影響するので、端子に直接被測定物を接続するが、または入力ケーブルの抵抗分を考慮して測定しなければならない。ただし、4W（4ワイヤ）方式が可能な機種は入力ケーブルの抵抗分を校正し、より正確な抵抗値を測定できる。
③ 極度の機械的ショックを与えないこと。
④ 200kΩレンジ以上の高抵抗測定においては、誘導に対する影響を考慮しなくてはならない。
⑤ 測定器は、6ヵ月ごとに定期検査を受け、校正および適当な処置を行い常に正確な測定ができるように維持管理をするのが望ましい。
⑥ 測定器をバッテリー電源で使用する場合は、バッテリー電圧を必ずチェックしてから行わないと正しい測定ができないので注意すること。

5.3 オシロスコープによる測定

オシロスコープといえば普通、ブラウン管オシロスコープをいい、特にパルス用同期形のものをシンクロスコープ、蓄積管を利用して波形を記憶させることができるものをメモリスコープと呼ぶ。近年は、表示画面はブラウン管から小型軽量な液晶画面のディジタルストレージオシロスコープが主流である（**写真15**）。

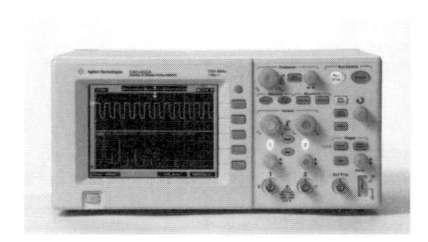

写真15　DSO3202A　オシロスコープ　200MHz
(提供：アジレント・テクノロジー株式会社)

波形データを内蔵プリンタで印字したり外部記憶機器（USBストレージ等）への保存ができる機種も多数存在する。アナログオシロスコープとディジタルオ

シロスコープの機能的な違いは、後者ではトリガ条件が発生する以前の状態を観察できるという点である。

（1）オシロスコープの取扱い方

オシロスコープは、複雑な機器、回路の調整や修理の際、その動作波形、パルスを液晶画面で目視できるので、欠かせない機器である。

図5.60は、パネル前面に設けられたつまみ類の一例を示している。

その配置外観はメーカにより多種多様であるが、操作方法は基本的には変わらない。

以下、各操作部の説明をする。

① SCALE ILLUM（目盛照明）：目盛板の照明を調整する（ブラウン管オシロスコープのみ）。

② INTENSITY（輝度調整）：ブラウン管の輝度（スポット）の明るさを調整するもので、つまみを右に回すにしたがって輝度が明るくなる（ブラウン管オシロスコープのみ）。

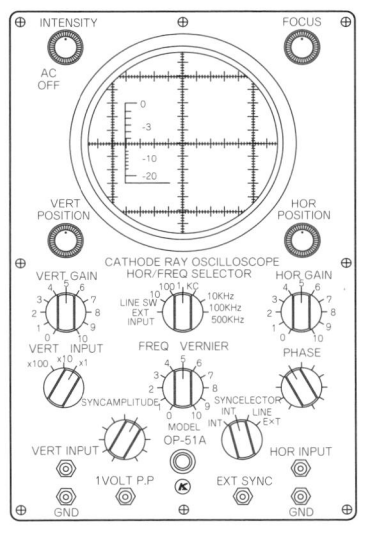

図5.60　パネル面の一例

③ VERTICAL POSITION（垂直位置調整）：スポットの垂直方向の位置を調整するものであり、つまみを右に回すとスポットは上方向にずれ、左に回せば下方向にずれる。

④ HORIZONTAL POSITION（水平位置調整）：スポットの水平方向の位置を調整するもので、つまみを右に回すとスポットは右方向へずれ、左に回せば左方向へずれる。

⑤ SENSITIVITY：VOLT/CM（感度）：観測電圧のレベルに合せて切換え、波形の大きさを適当にする。波形の1cmが何〔V〕に相当するかを表し、電圧の大きさを測定できる。

⑥ VARIABLE（微調整）：波形の振幅を連続的に可変できる。通常は時計方向最大の位置（CAL）にしておく。

⑦ AC-DC-GND（入力選択）：AC選択、DC選択、0校正のときに切換える。

⑧ VERT、INPUT、VERT、GAIN（垂直入力、利得）：被測定信号を加える調整つまみ。VERT、GAINは微調整、VERT、INPUTは粗調整で、とも

に右へ回すほど振幅が大きくなる。この調整は、内部の増幅器へ入る入力（input）電圧を減衰させ、VERT、GAINをなるべく右に回して、利得（gain）の高い位置で使用するのが望ましい。
⑨　GND（接地）：ground＝接地の略字で、アース端子のこと。
⑩　SLOPE（こう配）：（＋）にすると波形が正のこう配のとき掃引がはじまり、（－）にすると負のこう配のとき掃引がはじまる。
⑪　LEVEL AUTO（同期調整）：このつまみを調整し、掃引周波数と入力周波数を同期させ、波形を静止させる。信号がないときや、調整が悪いときは掃引は停止するが、AUTOにすれば、信号のない状態でも掃引する。
⑫　TRIGGER SELECT（トリガ選択）－：同期信号の切換スイッチでINT.（内部）＋、－とEXT.（外部）＋、－の切換えができる。
⑬　EXT. HORZ OR TRING. INPUT（外部掃引入力）：外部掃引信号、外部同期信号を加える場合に使用する。
⑭　SWEEP-TIME/CM（掃引時間切換え）：観測波形の周期に合せて切換え、最も見やすい波形にする。波形の1cmが何秒に相当するかを表わし、波形の周期を観測できる。
⑮　VARIABLE EXT. HORZ. ATTEN（掃引時間微調整）：掃引時間を連続的に可変できる。通常は時計方向最大（CAL）にしておく。
⑯　PULL MAG×5（5倍拡大）：観測波形を水平方向に拡大してみたいときに使用する。
⑰　FOCUS（焦点）：スポットの大きさを調整するつまみで、ほぼ中央付近で電子ビームがけい光面に焦点を結び、スポットの直径が最小になる（ブラウン管オシロスコープのみ）。
⑱　CAL OUT（校正用出力端子）：校正用の方形波の出力端子。
⑲　パイロットランプ：電源のON、OFF表示。

第5章●機器組立て法

実力診断テスト

解答と解説は次ページ

次の設問において、記述が正しければ○、記述が間違えていれば×を解答しなさい。

【1】図1に示す抵抗の抵抗値は、4.5〔kΩ〕±5%である。

図1　黄 紫 赤 金

【2】シールド線は、芯線に高周波を流すとき、外部に障害電波を発しないように、外部導体を接地しない。
【3】プリント配線板に部品を取り付ける際の格子間隔は、メートル系の場合、一般的に、1.25[mm]又は2.5[mm]で作られているので、この寸法をもとにして部品の成形スタイルを整えるとよい。
【4】スキンナに余長を持たせる目的の一つには、部品端子の破損又は断線などを防止することが挙げられる。
【5】フローはんだ付けにおいて、プレヒートの主な目的は、
・フラックスを乾燥させ、溶剤の蒸発潜熱による温度下降を防止すること。
・フラックスの作用効果を高め、はんだ付けを容易にし、更に熱衝撃を緩和することである。
【6】プリント配線板への電子部品装着機では、異形部品の実装を行うことができない。
【7】静電気防止のために人体をアースするときは、1[MΩ]の抵抗を通してアースラインに接続する。
【8】圧着工具による圧着接続作業の長所の1つに端子の種類とサイズごとに、専用の圧着工具を必要としないことである。

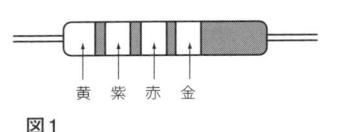

第5章●実力診断テスト　解答と解説

- 【1】× ☞ 正解は4.7〔kΩ〕± 5%である。
- 【2】× ☞ 3.1配線の基本 （3）及び（5）参照
- 【3】○ ☞ 2.5プリント基板の組立て （3）を参照
- 【4】○ ☞ 3.2配線方法の（3）束線の作り方（iv）ビニル配線を参照
- 【5】○ ☞ 4.1はんだ付け（4）自動はんだ付け参照
- 【6】× ☞ 2.5プリント基板の組立てを参照
- 【7】○ ☞ 2.3部品取付け前の注意（4）参照
- 【8】× ☞ 4.3圧着接続法（1）を参照

【第6章】
電子材料

　この章では、電子機器組立で必要な電気材料、金属材料、特に、電子回路部品や素子などの材料を中心に、特徴、用途などについて概略している。

磁性材料

1.1 磁性材料の性質

(1) 磁性体の種類とその性質

①強磁性体

たとえば磁石に近づけるなど、外部磁界の作用を受けると、強い磁性を示すような材料で、代表的なものに鉄、コバルト、ニッケルがある。外部の磁界の強さHによって生じる強磁性体の磁束密度Bの変化を示すグラフが**図6.1**の磁気ヒステリシス曲線（B-H曲線）である。これは、直流磁界の一周期を徐々に加えたときに描かれる曲線である。また、消磁状態0から始まる0 abを初磁化曲線、bcdefgの曲線を**ヒステリシス曲線**と呼んでいる。

b点は磁界強度が最大（H_m）になる点で、このときの磁束密度B_mを**最大磁束密度**と呼ぶ。

また、0 cの距離を残留磁気といってB_rで表し、0 dの距離を保持力または抗磁力といって、H_cで表す。

なお、透磁率μはBとHの比、すなわち$\mu = B/H$で表される。

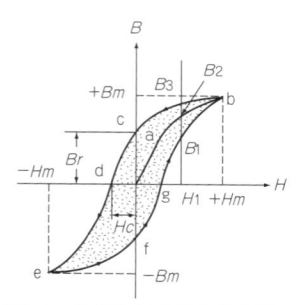

図6.1 磁気ヒステリシス曲線

◎**強磁性合金**：鉄、コバルト、ニッケル、マンガンなどの合金も、一般に強磁性体であるが、すべてが強磁性体とは限らない。たとえば、18-8ステンレス鋼（Cr 8％、Ni 8％）は常磁性体である。

◎**フェリー磁性体**：強磁性体と同様、外部磁性によって強い磁性を示すが、磁化のされ方が異なる。フェライトがこれに属する。

②常磁性体

外部磁界によって受ける磁化が非常に弱い材料。アルミニウム、クロム、マンガン、すず、白金などが代表的。空気も常磁性体である。

③反磁性体

外部磁界による磁化の方向が、強磁性体、常磁性体とは逆で、しかも磁化の程度は非常に弱い。したがって、この材料に磁石を近づけると反発する。

銅、亜鉛、鉛などが代表的なものであるが、水素も反磁性体である。

(2) 磁性材料に要求される性質

磁性材料は機能によって、磁心材料・磁石材料・特殊磁性材料に分類できるが、永久磁石材料を除いて、必要な性質は次にあげる通りである。

【第6章】電子材料

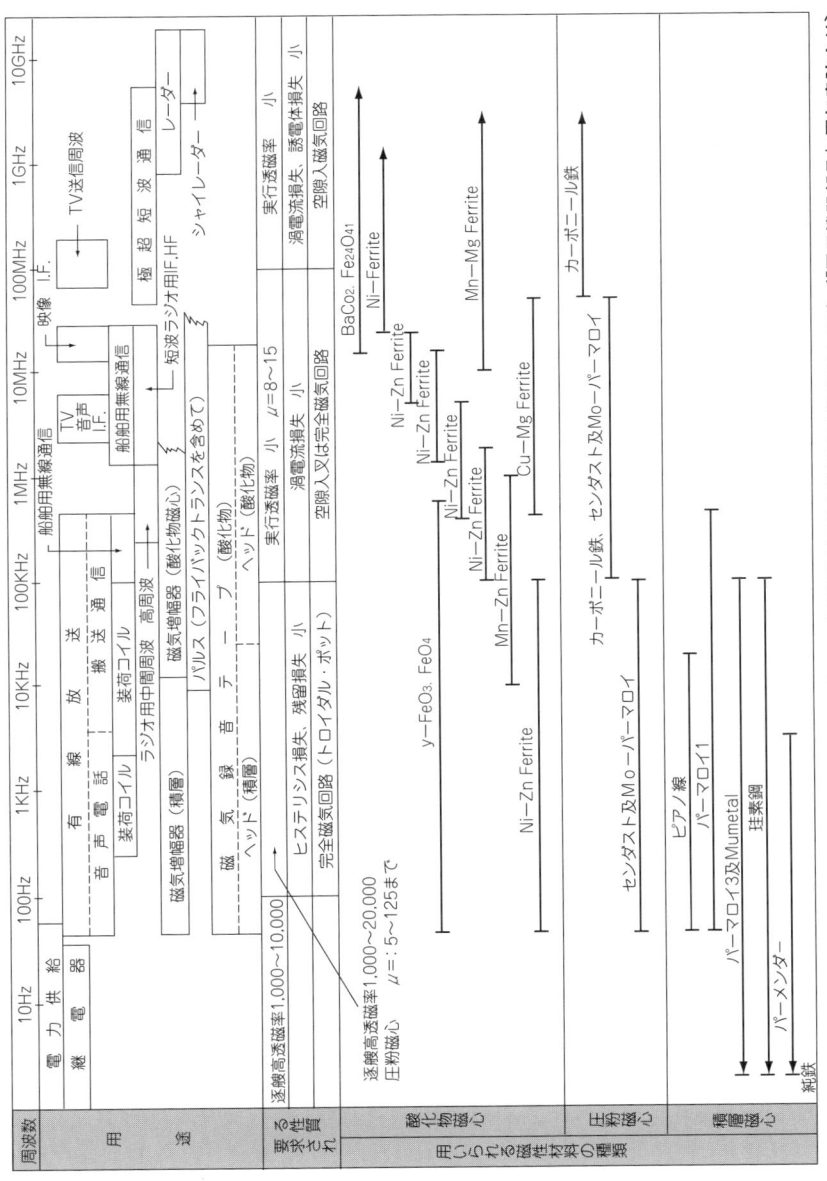

1 磁性材料

図6.2 各種磁性材料の使用周波数範囲と用途 [「電子機器部品」電気書院より]

① 透磁率 $\mu\,(=B/H)$ が高いこと。
② 渦電流損失、残留損失、ヒステリシス（履歴）損失、高周波損失などの損失が少ないこと。
③ 時間経過に対して安定であること。
④ 飽和磁気の値が大きく、抵抗率も大きいこと。

◎**鉄心の熱損失**：鉄心入りコイルに交流を通電すると、ヒステリシス曲線を一周するだけエネルギーが熱となって消費される。これを**ヒステリシス損**または**履歴損**と呼ぶ。また同時に交番磁束によって渦電流損があり、これも熱として消費される。

●**磁性材料に必要な周波数範囲**

磁石材料を除けば、電子機器に用いられる磁性材料には、あらゆる周波数範囲が要求される。

図6.2は、各材料ごとの周波数範囲を示したものである。

1.2 材料による分類

(1) 金属磁性材料

鉄・ニッケル・コバルトなどの強磁性体は、単体では欠点が多いので合金として使用される。

・**パーマロイ**：鉄・ニッケル合金の総称で、透磁率 μ が高くヒステリシス損も少ないので、通信機器用磁性材料として広く使われている（**表6.1**）。
・**けい素鋼板**：磁気的性質が優れ、抵抗率が高いので、交番磁界の作用する磁心材料として非常に適している。けい素（Si）の含有量が多いほど磁気的性質は良好であるが、けい素が5％以上になると機械的性質が低下して加工が困難になるため、けい素は5％以下にしてある（**表6.1**）。
  ① **方向性けい素鋼**：磁気的特性を向上させるために、けい素鋼を冷間圧延・焼もどしを適当に組合せて、結晶の磁化しやすい方向をけい素鋼板の圧延方向にそろえたもの。
  ② **無方向性けい素鋼**：熱間圧延、冷間圧延と熱処理によって、結晶の方向性を問題にならないほど小さくしたもので、冷間圧延のものは厚さの精度や平たん度に優れている。
・**コバルト鉄合金**：パーメンデとも呼ばれ、電話機のアーマチュア用。

(2) 圧粉磁性材料

金属磁性材料では、使用周波数が高くなるに従って渦電流損が増大する。これ

【第6章】電子材料
1 磁性材料

表6.1 金属磁性材料の特徴と用途

合金区分		特徴	主用途
鉄・ニッケル合金	70%〜80%ニッケル鉄合金（パーマロイC）	超高透磁率 高透磁率	広帯域変成器 通信用変成器
	50% ニッケル鉄合金	角形ヒステリシス材料	磁気増幅器 可飽和リアクトル
	45〜48% ニッケル鉄合金（パーマロイB）	透磁率大 磁気飽和大	通信用変声器、特に直流を重畳する変声器
	36% ニッケル鉄合金（パーマロイA）	固有抵抗大	パルストランス 高周波変成器
けい素鋼	方向性けい素鋼	圧延方向の鉄損が低く透磁率が高い	電源変圧器 電源チョークコイル
		高周波において圧延方向の鉄損が低く透磁率が高い	パルストランス 高周波電源変圧器
	無方向性けい素鋼	熱間圧延	変成器一般 電源変圧器 電源チョークコイル
		冷間圧延 加工性良好	

を防ぐために、適当な磁性材料（主としてパーマロイ）を微粉状にしてその表面を絶縁し、粘結剤を混ぜて加圧成形したものが圧粉材料である。これは磁心材料として使われ**圧粉心**という。カーボニル鉄、ダストコア、センダストコア、パーマロイ系ダストコアがある。

表6.2はその用途を示したものである。ただし、これらの圧粉材料はフェライトに代わられつつある。

表6.2 圧粉磁心材料およびフェライトの特徴と用途

区分	種類	特徴	主用途
圧粉磁心材料	カーボニル鉄ダストコア	高周波において磁心損失小 恒透磁率、成形加工容易	高周波各種コイル 中間周波変成器
	モリブデンパーマロイダストコア、センダストコア	磁心損失少ない 恒透磁率	磁気増幅器 可飽和リアクトル
フェライト	MnZnフェライト	低損失、磁心損失極めて小 高透磁率、周波数特性良好	搬送周波各種コイル 通信用変成器 フライバックトランス パルストランス 高周波電源変圧器
	NiZnフェライト	高周波において圧延方向の鉄損が低く透磁率が高い	高周波各種コイル パルストランス 高周波変成器

注）以上の他に、永久磁石用としてBaフェライト、Srフェライトがある。

（3） フェライト

化学式 $MO \cdot Fe_2O_3$ で表されるフェリ磁性体である。Mには Mn、Ni、Cu、Zn、Fe、Co など、2価の金属が用いられる。

●フェライトの特徴
① 強磁性体と同様、磁性が強い。
② 電気抵抗が大きい（$10 \sim 10^8 [\Omega m]$ で半導体と同程度）。
③ つくりやすい。

●種類
軟磁性材料（ソフトフェライト）は電子部品材用の主役で、バリウムフェライトなどハードフェライトは永久磁石用である。
なお、**表6.3**は磁性材料の使用例を示したものである。

表6.3 電子部品と磁性材料

電子部品 \ 材料	有線部品							スピーカ	マイクロホン	ピックアップ	ホノモータ	イヤホン	磁気テープ	電子管		集積回路		立体回路		
	高周波線輪および変成器（中間周波変成器を含む）	一般通信リレー	超小型リレー	ワイヤスプリングリレー	装荷線輪	送受信機	フィルタ							ブラウン管	マイクロ波管	薄膜集積回路	混成集積回路	導波管	整合回路	サーキュレータ
永久磁石材料								○	○	○	○	○		○						
高透磁率材料	◎	○	○	○	○	○	○						○			○				
フェライト	◎					○		○	○	○	○	○	○		○		○	○	○	○
けい素鉄材料	◎												○	○						

（4） 非晶質材料（アモルファス磁性材料）

非晶質材料は、その磁気的特性から磁性材料として主に用いられ、今後も従来の磁性材料の代替のみならず広範囲な用途が検討されている。

①製造方法

非晶質金属は、電解めっき、無電解めっき、低温真空蒸着などでも得られるが、生産性などから最も一般的に採用されているのが溶融状態の液体金属に対して $10^6 ℃/S$ 程度の急速冷却を行う方法である。

その代表的な方法としては、**図6.3(a)** 遠心法、**図6.3(b)** 片ロール法、**図6.3(c)** 双ロール法がある。

【第6章】電子材料
1 磁性材料

(a) 遠心法　　(b) 片ロール法　　(c) 双ロール法

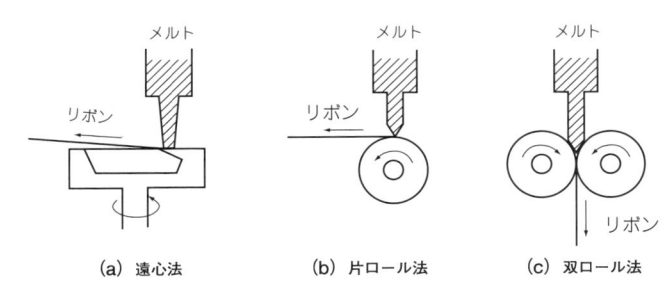

図6.3 非晶質金属の製造方法

②**磁気的特性**

非晶質の構造自体、現在まだ十分明確になっておらず、微結晶集合体モデル、DRP（Dense Random Packing）構造などの説がとられている。

しかし、軟磁性体としての非晶質体は、パーマロイをしのぐ特性を有している。

表6.4は、非晶質材料の代表的特性を示したものである。

●**特徴**
① 磁気特性が優れている。
② 機械的強度が大である。
③ 化学的に安定で耐食性に優れている。
④ 熱膨張係数が小さい。
⑤ 放射線損傷が小さい。

●**用途**

用途は単なる従来材の代替の他、磁気ヘッド、磁気シールド、継電器、印字装置など、広範囲なものが考えられる。特に、従来の金属フェライト相に比較してきわめて大きな磁気ひずみ定数、電気機械結合係数の大きな非晶質もあり、超音波発受素子、可変超音波遅延線への応用なども考えられている。

表6.4 非晶質金属の特性

材料	飽和磁束密度 B_s [T]	保磁力 HC [A/m]	最大比透磁率 μ_m (×10⁻³)	交流比透磁率 μ_{AC}	飽和磁気ひずみ λ_s (×10⁶)	抵抗率 ρ (Ω·m) (×10⁸)
$Fe_{80}P_{13}C_7$	1.4	6.4	130	(2MHz) 250	35	135
$Fe_{40}Ni_{40}P_{14}B_6$	0.83	0.8	410	—	11	130
$Fe_3Co_{72}B_{16}Al_3$	0.62	1.83	122	—	<1	—
$Fe_{4.7}Co_{70.3}Si_{15}B_{10}$	0.8	0.8	181	(0.1MHz) 8000	<0.2	134
$Fe_{7.8}Ni_{23.4}Co_{46.8}Si_8B_{14}$	0.6	0.64	400	—	<1	—

2 導電材料

2.1 導電材料の性質

(1) 導電材料の分類

導電材料は、その機能によって、電線材料（狭い意味の導電材料）、抵抗材料、特殊導電材料（接点材料、ろう付材料、ヒューズなど）に分類される。

また、材質によって金属材料と非金属材料に分けられるが、金属材料は金属単体で用いる場合と合金にして用いる場合とがある。

表6.5は、主な単体金属の性質を示したものである。

(2) 導電材料の性質

①抵抗率と導電率

導電率は抵抗率の逆数であるが、実用的には万国標準軟銅100としてこれに対する百分率で表すことになっている。

表6.5でわかるように、銀、銅、金、アルミニウムの順になっていて、産出量や価格の点から電線材料には、銅とアルミニウムが用いられている。

②金属の温度抵抗

一般に、金属の抵抗は温度が上昇すると増加するが、炭素や電解液などの非金属、半導体、絶縁物では逆に減少する。

表6.5 単体金属の性質

性質＼金属	体積抵抗率 [$\mu\Omega$cm] 20℃	導電率 [%] 20℃	抵抗の温度係数×10^{-3} [deg^{-1}] 20℃	比重 20℃	融点 [℃]
銀	1.59	108	4.1	10.49	960.8
銅	1.67	103	4.3	8.96	1083
(万国標準軟銅)	1.7241	100	—	—	—
金	2.35	73.4	4.0	19.3	1063.3
アルミニウム	2.655	64.9	4.2	2.69	660.1
亜鉛	5.9	29.2	4.2	7.14	419.5
タングステン	5.5	30.5	5.3	19.3	3410
ニッケル	6.84	25.2	6.7	8.9	1453
鉄	9.71	17.7	6.6	7.87	1536.5
すず	11.0	15.7	4.5	7.3	231.9
水銀	98.4	1.8	0.99	13.55	−38.36
鉛	20.65	8.3	4.2	11.36	327.4

2.2 電線

(1) 電線材料
①電線材料に必要な性質
① 導電率が大きいこと。
② 送電線などに用いる場合は引張り、曲げなどの機械的性質がよいこと。
③ 腐食しにくいこと。
④ 線や板などへの加工が容易であること。
⑤ 接続が容易に行えること。
⑥ 大量に用いるので安価であること。

以上、あげたような条件を満たす材料として、銅とその合金、アルミニウムとその合金が使われている。

②銅
　導電率は銀に次いで高く、産出量、価格の点からも電線材料として最も多く用いられている。

　粗銅を電気分解で精錬した電気銅（純度99.97～99.98％）を使う。銅線は引伸しの加工度によって、硬銅線や半硬銅線となり、送電線・架空トロリ線などに使われる。また、これらをさらに450～600℃で焼なますと抵抗率は低下（導電率が向上）し、これを**軟銅線**といって、普通の電線やコードに使われる。

◎**不純物の影響**：導電率を低下させるが、引張強さなど機械的性質はむしろよくなる。酸素が銅にわずかに含まれている場合は導電率を高める。

◎**銅合金**：機械的性質を高めるため、カドミウム、すず、ニッケル、銀、亜鉛などと合金をつくるが、導電率の低下は避けられない。

③アルミニウム
　導電率は金に次いで高く（銅の約64％）、比重が小さく（2.69で銅の1/3）、価格も安いので長距離の送配電線として使われる。その特徴は次の通りである。
① 銅に比べて引張強さが低いので、合金にしたり、他の金属線（銅線など）で補強して用いる。
② 表面が硬い酸化被膜で覆われるため、はんだ付けが困難になる。したがって、接続には特殊なはんだ（銀めっき、すずめっきなど）や特殊な溶接、コンパウンド法、機械的な締付け法で行われる。

◎**不純物の影響**：銅と同様、導電率は低下するが、引張強さは向上する。

◎**アルミニウム合金**：機械的性質を向上させるために、代表的なものにアルドライ（Fe0.8％、Mg0.4％、Si0.5～0.6％）がある。

(2) 電線の種類

電線で電流が流れる金属部分を**導体**というが、電線にはこの導体がむき出しのままの**裸電線**と、導体の上に絶縁物や保護被覆材料をかぶせた**被覆電線**（絶縁電線）がある。

①裸電線の太さの表し方

図6.4に示すように、1本線の導体である単線と細い素線を何本もより合せたより線があり、それぞれ太さの表し方が決まっている。

単線　　より線

図6.4　単線とより線

① **単線**：直径で表示する。最大直径を12mm、最小直径を0.1mmとして、この間を42段階に分け、それぞれの径に断面積・重量および軟銅線、硬銅線ごとの電気抵抗、導電率などが規格化されている（JIS C 3101～2）。

② **より線**：断面積またはより線を構成する素線の直径と本数で表示する。たとえば直径0.16mmの素線17本でつくったより線の表示は、0.34mm^2（断面積0.082×π×17）、または17/0.16（素線の本数/1本の素線の太さ）となる。なお、この表示は、表6.6に示したようなAWG線号表の番号で表すこともできる。すなわち、このより線はAWG22号の太さということができる。

また、1本の電線に、絶縁された導体が2本（以上）ある場合には、導体の本数と1本の導体の断面積とで、2×0.75mm^{2}というように表している。

②被覆電線

絶縁物としては、塩化ビニル、ポリエチレンなどの合成樹脂、クロロプレンなどの合成ゴムが多く使われている。

被覆電線の名称は、絶縁物の種類や用途によって、ビニル電線、通信用ビニル電線などと呼ばれる。

また、一般住宅の電灯用ビニル電線は、低圧（600V以下）配線用なので、**600Vビニル電線**とも呼ばれる。

(3) 機器内部配線用電線

配電盤、制御盤、信号機などの内部に配線される電線は、表6.7、表6.8に示すようなものが使われる。

なお、これらの電線には、次にあげるような条件が必要とされる。

① 耐熱温度が要求される高さにあり、難燃性か不燃性であること。
② 引張り、摩擦などの機械的力に対して丈夫であること。
③ 仕上りが細くでき、かつ経済的であること。
④ 配線に際して加工性がよいこと。
⑤ 回路用途上の電気特性を満足させること。

【第6章】電子材料
2 導電材料

表6.6　AWG線号表

ゲージ	直径		面積	
AWG (B&S)	[mil]	[mm]	CM $(2r)^2$	[mm²] $(\pi r)^2$
9	114.4	2.906	13.090	6.634
10	101.9	2.588	10.380	5.262
12	80.81	2.053	6.530	3.309
14	64.08	1.628	4.106	2.081
16	50.82	1.291	2.583	1.309
18	40.30	1.024	1.624	0.8231
20	31.96	0.812	1.021	0.5176
22	25.35	0.644	642.6	0.3255
24	20.10	0.511	404.0	0.2047
26	15.94	0.405	254.1	0.1287
28	12.64	0.321	159.8	0.08098
29	11.26	0.285	126.8	0.06422
30	10.03	0.255	100.6	0.05093
31	8.928	0.227	79.70	0.04039
32	7.950	0.202	63.20	0.03203
33	7.080	0.180	50.12	0.02540
34	6.305	0.160	39.75	0.02014
35	5.615	0.143	31.52	0.01597
36	5.000	0.127	25.00	0.01267

注）AWG：American Wire Gaugeの略称でBrown & Sharpe Wire Gaugeともいう。
　　CM：サーキュラーミルの略称でULに利用されている。

●参考●単位換算表

ミル	インチ	mm
1	0.001	0.0254
10	0.01	0.254
100	0.1	2.54
500	0.5	12.70
1000	1	25.4

表6.7　一般機内配線用電線

品種	略号	公称断面積
機器用ビニル電線	KIV	0.5～500mm²
器具用単心ビニルコード	VSF	0.5～2mm²
ビニルリボン電線	RIBBON	0.3～2mm²

表6.8　機器配線用ビニル電線

品種	定格温度	定格電圧	略号	公称断面積
機器配線用ビニル電線	80℃	300V	LW	0.05～0.5mm²
		1,000V	MW	0.2～3.5mm²
		2,500V	HW	0.3～14mm²
機器配線用耐熱ビニル電線	105℃	50V	WLH	0.08～2mm²
		660V	WL₂H	0.15～14mm²

①ビニル電線

電子機器の内部配線で最も多く使われている。絶縁物の厚さは使用電圧によって選択する。周囲温度は、耐熱用で105℃まで、一般用で60℃くらいまでである。

加速電子照射をした架橋ビニル線（電子ワイヤ）は、電気的諸特性を交えないまま、ビニルの弱点である耐熱性を向上させ、端末処理、はんだ付けがしやすいので、一般のビニル線と代わりつつある。

②架橋（加速電子照射）ポリエチレン電線〔PE電線〕

ポリエチレンは、電気絶縁と高周波特性が優れているので、絶縁材料として広く使われているが、欠点として機械的強度が弱く耐熱性が低い。そこで、加速電子照射を行って耐熱性を向上させ、ナイロンジャケット、ビニルシース、金属シースなどをかぶせて機械的強度を補強したものである。

③テフロン電線

テフロンとはふっ素樹脂のことであり、耐熱性、耐薬品性、電気絶縁性に優れ、高周波での誘電損失が小さい、吸湿性がない、たわみ性があるなど、有機絶縁材料の中では最も優れた材料である。

ただし、適当な溶剤に乏しいため、押出し成形が困難で、製品にするには特殊な方法が必要であり、価格も高い。

④高周波同軸コード

電子計算機・高周波機器の内部配線、アンテナ給電線などに広く使われている。

同軸コードとは、図6.5に示すように、導体が内部導体と外部導体に分かれているもので、内部導体には軟銅の単線やより線が使われ、外部導体は内部導体の上に絶縁物を介して同軸円筒形にかぶさっている。絶縁物にはポリエチレンが使われる。

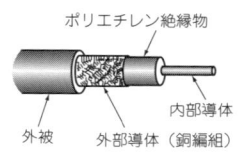

図6.5　同軸コード

この同軸コードは、外部雑音を受けにくく、特性も安定している。

◎**架橋**：ポリエチレンにγ線や電子線を照射すると、ポリエチレンは網状構造となり、耐熱性が向上する。このような構造になることを**架橋**、または**クロスリンキング**と呼び、γ線や電子線を**架橋材**と呼ぶ。ゴムの加硫も架橋する目的をもつ。

（4）電線の許容電流

電線は、通電するとジュール熱によって温度が上昇するが、過大な電流を流すと寿命を縮めたり、火災の危険にもつながる。そこで、電線にはある使用条件（電線の配列、条数、敷設方法、周囲温度など）によって、許容電流が決められている。

● 最高許容温度
　被覆電線の種類に応じて決められている。600Vビニル（ゴム）電線では60℃となっている。

2.3 特殊導電材料

（1）ろう付け材料
　電線その他の金属部分を互いに接着させるのに用いられる。
　電子回路の故障の多くは、この接着に原因があるといわれ、簡単な作業ではあるが、組立ての際にはこの作業を確実に行うことが非常に重要である。

①軟ろう（はんだ）
　すず（Sn）と鉛（Pb）の合金であり、両者の配合を変えて融点、硬さ、強さなどを調節する。
　すず40～60％で融点210～250℃のものが最も多い。
　なお、すず62％、鉛38％のはんだを**共晶**はんだと呼び、融点は183.3℃で最も低い。また、ろうを接着面上によくのばすには、すずを多くするかカドミウム（Cd）を添加する。
　近年、鉛フリーはんだの開発が進んでいる。スズ／ビスマス（Sn／Bi）系の鉛フリーはんだとスズ／銀／銅（Sn／Ag／Cu）系の鉛フリーはんだなど、いくつかの種類の鉛フリーはんだ合金に絞られつつある。これらの鉛フリーはんだは、静的な強度や繰り返し荷重に対する強度の面では従来の鉛入りはんだと同等以上の信頼性が確認されている。しかし一方では、鉛入りはんだに比べてぬれ性が劣る、電極界面の強度が低下する場合がある、はんだ接合部が持ち上がる（フィレットリフティング）場合があるなど、実用レベルで使いこなすには今後も新しい技術開発が必要である。
　特にSn-Ag系はんだは、従来の鉛入りはんだに比べてクリープひずみが生じにくいという特徴がある。このため、はんだによる応力緩和が十分に働かず、高密度タイプのFC（Flip Chip）やBGA（Ball Grid Array）において、基板や部品に従来よりも高い応力が残留して信頼性低下を招く可能性がある。また、鉛フリーはんだは、従来の鉛はんだと比べ融点が高く、変形しにくく堅い材料であるため、2層（両面板）以上の回路を有するプリント基板ではスルーホール部のランドが剥がれるという信頼性上の問題や、濡れ性が悪いためにはんだブリッジやはんだボールが多く発生するなどの生産上の問題がある。

②硬ろう
　銀ろう（銀と銅が主成分、融点は700℃）と黄銅ろう（銅と亜鉛が主成分、融

点は800～900℃）があり、はんだより作業は面倒であるが、強さと耐食性に優れている。

◎**こて先材料**：純銅の他、ニッケル銅合金、クロム鋼なども使われ、加工しやすい、熱伝導性がよい、はんだののりがよい、安価である、といった条件が必要である。

(2) 接点材料

接点とは、しゃ断器、継電器などのように、電気回路を開閉する機器の接触部分に使用されるものである。したがって、接点に使用される材料は、使用する電気回路の条件（電圧、電流、直・交流の別、アーク発生の有無）、使用頻度、使用環境によって異なる。

①接点材料の具備すべき条件

しゃ断器、継電器などの特性を長期間にわたって維持し、また経済的な側面も考えた共通条件として、次のような点があげられる。

① 接触抵抗が小さく、安定していること。
② 消耗が少ないこと。
③ 耐溶着性、耐粘着性が大であること。
④ 化学的に安定していること。
⑤ 加工性が大であること。
⑥ 安価であること。

②接点材料の種類・用途および特徴

●**重負荷用接点材料**

焼結法によって製造されるAg-W、Ag-WC、Ag-Mo、Cu-Wなどが主なものとしてある。

これらの接点の特徴は、重負荷回路を開閉するため、耐アーク性に優れ、溶融温度の高いW、WC、Moが用いられ、アーク発生時の接点消耗や大電流通電時の溶着を防いでいることである。Ag、Cuは導電材料として、接触抵抗の低下・安定のために用いられる。主な用途は、しゃ断器、電磁開閉器などである（Cu-Wは主にガスしゃ断器、油中しゃ断器用である）。

●**中負荷用接点材料**

内部酸化法や焼結法によって製造されるAg-CdO、Ag-（In-Sn）oxide、Ag-CuO、Ag-Niが主なものとしてある。

これらのうち、Ag-CdO系接点は、中負荷用接点として優れた接点であり、接触抵抗が小さく安定していて、耐消耗性、耐溶着性に優れている。

Ag-Ni系接点は、Ag-CdOと比べて通電容量の小さい（数十A以下）領域で主に用いられている。

主な用途として、継電器、制御器、電磁開閉器などがある。

●その他の接点材料
① **真空バルブ用接点材料**：最近、信頼性が高いメンテナンスフリーの開閉機器として、真空しゃ断器、真空スイッチなどが使用されているが、これらの接点材料では、銅合金系（Cu−Fe−Se、Cu−Be、Cu−WCなど）と銀合金系（Ag−WCなど）が主なものである。
② **リードスイッチ用接点材料**：リードスイッチは、小負荷用の機器と使用範囲は同様で、高信頼性、長寿命、メンテナンスフリーであることから多く使用されている。これらの接点材料は、主にリード片（磁性材料）にAu、Au−Ag合金、Rnなどの貴金属をめっきなどにより施した後に拡散処理などをしたものである。なお、接点層の厚さは$10\mu m$程度である。

3 半導体材料

3.1 半導体の特性と種類

(1) 半導体の性質

抵抗率が10^{-5}～10^{6}〔Ωm〕程度のものが半導体、10^{-8}以下が導体、10^{7}以上のものが絶縁体である。半導体は、低温では抵抗が高く、温度の上昇によって抵抗率が減少し（抵抗の温度係数は負）、少し導電性をもつようになる。

ここでは半導体のもつ主な性質や作用についてまとめておく。

●整流作用

PN接合によって、一方向のみに電流を流す。

●光電作用

光を電気に、電気を光に変える作用で、次のようなものがある。

① **光導電作用**：半導体に光を照射すると、キャリアの密度が増大して半導体の導電率が急増する現象であり、光導電セルに利用する。

② **光起電力**：PN接合に光を照射すると、P領域とN領域の間に起電力が発生する現象（P側が正、N側が負）。太陽電池に利用。

③ **電界発光**：電圧を加えると発光する作用で、ガリウムリン（GaP）などのキャリア注入形と、硫化亜鉛（ZnS）のような真性電界発光とがある。光の強さや色は、印加電圧の大きさや周波数、用いる材料などによって変化する。発光ダイオードに利用。

●熱電現象

次の2種類がある。

① **ゼーベック効果**：半導体と金属で閉回路をつくり、一方の接点を低温、他方の接点を高温にすると、回路に起電力が発生する現象。温度測定（熱電対）に利用する。

② **ペルチェ効果**：半導体と金属の2つの接続部を同温にし、外部電圧で電流を流すと一方の接続部で発熱、他方で吸熱現象が起る。電子冷凍に利用され、テルル化ビスマス（Bi_2Te_3）が有名。

●ホール効果

半導体のx方向に電流を流し、z方向に磁界を作用させると、y方向に起電力が発生する現象。半導体のキャリアが正孔か電子かを判定するのに利用する。インジウムアンチモン（InSb）が有名。

(2) 半導体の種類とその用途

半導体材料には、単体物質として使われるけい素（Si）、ゲルマニウム（Ge）、セレン（Se）の他に、異種金属が化合してできた金属間化合物（In、Sb、Ga、

Asなど）や、金属のハロゲン化物、酸化物、硫化物がある。**表6.9**は、主な半導体の種類とその用途を示したものである。

① サーミスタ

マンガン、コバルト、ニッケル、クロム、鉄などの酸化物を、いくつか混合焼結してつくられる半導体であり、温度による抵抗の変化が非常に大きいので、温度測定に利用されている。

また、大きさも直径0.5mm程度以下でも使えるので、特に狭い場所での温度測定、調整に有用である。

② バリスタ

カーボランダム（SiC）の微粒子に、少量の炭素粉、結合剤を混ぜて成形・焼成した半導体であり、電圧特性は非直線性で、継電器、避雷器、定電圧装置、制御回路などに利用される。

◎**ゲルマニウムの精製法**：化学的精錬では、99.9999％程度が限度なので、精錬した後、偏析作用を利用したゾーン精製という物理的方法によって、不純物を1億分の1ぐらいまで下げることができる。**図6.6**に示したように溶融部を右へ移動させていくと最後に不純物は右端に偏析する。

表6.9 半導体材料の種類と用途

半導体	融点 [℃]	禁制帯の幅 (eV) 0K	移動度 (m^2/VS) (300K) 電子	移動度 (m^2/VS) (300K) 正孔	用途
Si	1420	1.21	0.150	0.050	ダイオード・トランジスタ
Ge	940	0.785	0.360	0.180	〃
Se	220	1.65	–	0.00002	電力用ダイオード
Cu_2O	1230	2	–	0.005	
GaP	1350	2.4	–	0.0017	発光ダイオード
GaAs	1238	1.45	0.340	0.020	ダイオード・トランジスタ
GaSb	703	0.77	0.400	0.070	トランジスタ
InP	1070	0.25	0.340	0.005	〃
InAs	940	0.47	2.300	0.024	ホール発電機
InSb	525	0.23	6.500	0.100	〃
ZnS	1850	3.7	–	–	けい光材料・光導電材料
ZnSe	1000	2.6	0.010	–	光導電材料
CdS	1750	2.6	–	–	〃
CdSe	1350	1.8	–	–	〃
CdTe	1045	1.45	0.065	0.006	
PbTe	917	0.27	0.210	0.084	圧電材料
Sb_2S_3	546	1.7	–	0.0006~0.001	光導電材料・撮像管
Bi_2Te_3	585	0.15	0.080	0.040	電子冷凍材料

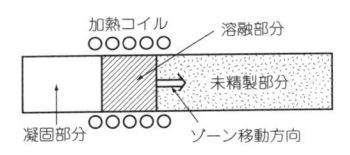

図6.6 ゾーン精製の原理

4 絶縁材料

4.1 絶縁材料の種類と用途

(1) 絶縁材料の耐熱区分

絶縁物は使用温度によって寿命が左右され、また電子機器の最高許容温度もそれに用いている絶縁物の耐熱性によって限定される。

そこで、JIS C 4003では、表6.10に示すように、絶縁材料の耐熱性による区分がなされている。

(2) 気体絶縁材料

●空気

最もありふれたもので、絶縁抵抗は非常に大きいが絶縁耐力が小さく、30〔kV/cm〕以上の電界で火花放電が生じる。また、比誘電率が小さく(約1)、誘電損はほとんど0である。

●窒素

不活性なので、変圧器のコンサベータの油の酸化防止用に使用する。

●水素

冷却効果がよく、大形タービンの冷却に使用する。

●アルゴン

不活性なので、電球や放電灯に封入する。

表6.10 絶縁材料の耐熱区分

耐熱クラス	許容最高温度〔℃〕	主な絶縁材料の例
Y	90	綿、絹、紙、などの天然動植物繊維で、ワニス含浸せず、または油中にも侵さないもの、その他アニリン樹脂、尿素樹脂。
A	105	上記天然繊維をワニス含浸または油中に浸したもの。エナメル線用ポリビニル・ホルマールおよびポリアミド樹脂。
E	120	エナメル線用ポリウレタンおよびエポキシ樹脂、メラミン樹脂、フェノール樹脂などを使用した綿、紙の積層品。
B	130	雲母、石綿、ガラス繊維などをB種接着剤(セラック、アスファルト、油変成合成樹脂、アルキッド樹脂)とともに用いたもの。
F	155	雲母、石綿、ガラス繊維などをF種接着剤(アルキッド樹脂、エポキシ樹脂、ポリウレタン樹脂)とともに用いたもの。
H	180	雲母、石綿、ガラス繊維などをH種接着剤(シリコーン樹脂または同等以上)とともに用いたもの。シリコーンゴム。
200	200〜	雲母、石綿、磁器、石英、ガラス等を単独に用いたもの。ポリ四ふっ化エチレン樹脂。

●フレオン
メタン（CH_4）の水素をFやClで置換えた化合物で、普通、フレオン－12と呼ばれるCF_2Cl_2が使われる。

絶縁耐力は空気の約2.5倍であり化学的に安定している。

高圧にして封入すると、高電圧の機器を小形化できるので、X線装置、静電圧発電機に使用する。

火花放電が起ると、分解して塩素やホスゲンなどの有毒腐食ガスを発生する。

●六ふっ化いおう（SF_6）
無色・無臭・不燃性で毒性がない。引火・爆発の危険がなく、化学的に安定していて、コロナ放電でも500℃くらいまでは分解せずフレオンよりも安定している。絶縁耐力も空気の2.8～3倍ある。ガス遮断器に封入される他、高電圧の大型変圧器に使用する。

(3) 液体絶縁材料

●植物性油
そのままの形で使われるより、絶縁ワニス（塗料）やコンパウンド（混和物）の原料として使うことが多い。

◎乾性油：薄膜にしておくと酸化して固まるもので、あまに油、きり油など。
　不乾性油：酸化しても固まらないもの。ひまし油など。
　半乾性油：乾性油と不乾性油の中間。大豆油など。

なお、動物性油は、絶縁材料としてはほとんど使われない。

●鉱物性油
原油を蒸留して重油を取出し、これをさらに分溜留・精製してつくる。不純物によって大きな影響を受け、特に水分と繊維質のちりが同時に含まれると絶縁耐力は著しく低下する。

JIS C 2320では1号から3号までの規格があるが、絶縁破壊電圧（2.5mm）はすべて30〔kV〕以上で、引火点は130℃以上である。

1号：油入コンデンサ用、油入ケーブル用。
2号：油入変圧器用、油入遮断器用。
3号：厳寒地以外の油入変圧器用、油入遮断器用。

●合成油
三塩化ベンゾールと五塩化ジフェニールの混合物は**アスカレル**と呼ばれ、変成器用、五塩化ジフェニール単体はコンデンサ用として使われる。なお、ポリ塩化ビフェニール（PCB）は使用が禁止されている。

●シリコンオイル
液状の有機けい素化合物で、耐熱性・耐寒性に優れ、化学的に非常に安定していて、電気的性質にも優れている。主に変圧器に使われるが、ケーブルの含浸、

表6.11 雲母の性質と用途

性質	白雲母	金雲母
比　　　重	2.7〜3.1	2.8〜3.0
たわみ性	あり	大きい
連続使用温度	550℃	800℃
化学的安定性	塩酸、硫酸に侵されない	塩酸、硫酸に侵される
絶縁耐力 [50Hz]	70〜220 [kV/mm]	50〜150 [kV/mm]
用　　　途	コンデンサ整流子片	炉や電球内部の支持絶縁物など、耐熱性を要する場所

真空ポンプ用油、潤滑油などにも使われる。ただし、価格が高いという難点がある。

(4) 固体(無機物)絶縁材料

●**雲母(マイカ)**

透明または半透明の結晶で、白雲母と金雲母があり、**表6.11**に示すような性質および用途がある。また、天然の雲母は小さいので、はり合せて使う場合が多く、これを**マイカナイト**と呼ぶ。

マイカ紙(雲母を紙にはったもの)やマイカ布(布にはったもの)はB種絶縁(**表6.11**参照)として、回転機のコイルやスロットの絶縁などに使われる。

●**石綿(アスベスト)**

火山岩からとれる繊維状の結晶である。クリソタイル(温石綿)とクロンドライト(青石綿)があり、前者は細くてしなやかで、融点は1200〜1600℃、後者は深い青味をおびていて少し硬く、融点は1200℃前後、一般に糸、紙、板、布、テープなどに加工して、耐熱材、電線被覆用として使う。

●**ガラス**

無水けい酸(SiO_2)を主成分とし、これにアルカリ金属・アルカリ土類の酸化物(Na_2O、K_2O、AlO_3、MgOなど)を混合、溶融して鋳造、加工したもの。窓・ビンなど、通常のガラスはNa_2Oを多く含むソーダ石灰ガラスが多いが、絶縁材料としてはアルカリ分を少なくし、PbOを混ぜたフリントガラス(鉛ガラス)が多く、コンデンサや高周波用碍子(がいし)に使われている。ソーダ分を含まない石英ガラスも特殊用途に使われる。

●**磁器**

古くからの絶縁物で、主成分によって長石磁器(SiO_2-AlO_3系)、マグネシア磁器(MgO系)、アルミナ磁器(Al_2O_3系)などに分かれ、一般に送配電用碍子、変圧器用ブッシングなどに使われている。

◎**ステアタイト(滑石磁器)**:マグネシア系の磁器で、白色、材質が硬く、焼

け縮みが少なく、仕上り寸法が正確。絶縁性もよく、特に誘電正接が小さいので高周波絶縁に適している。また、高温でも電気的特性に優れていて、真空管のソケット、高周波コイルのボビン、電極支持物などに広く使われている。

(5) 固体（有機物）絶縁材料
●絶縁紙
　① **クラフト紙**：原料はパルプで、絶縁ワニスを含浸して、ケーブル、コンデンサに利用する。
　② **パーチメント**：厚紙を硫酸やアルカリで処理。厚さ0.13〜0.25mm。機器のコイル絶縁に用いる。
　③ **プレスボード**：木綿、麻、パルプが原料。厚さ0.13〜3.2mm。変圧器、コイルの絶縁に用いる。
●繊維質材料
　① **糸**：電線の素線絶縁に用いる。
　② **布**：ワニスを含浸してワニスクロスとして使用。
　③ **木材**：さくら、かえで、かし、チークなどを油煮して、絶縁支持物、くさびに利用。
●天然樹脂
　① **ロジン**：まつやにのことであり、ワニスや含浸用コンパウンドの原料である。
　② **セラック**：セラック虫の分泌物から精製。天然産では唯一の熱硬化性樹脂である。マイカナイトをつくるのに使う絶縁ワニスの原料。
　③ **こはく**：植物樹脂が化石化したもの。もろいのであまり使わない。
●ゴム
　① **天然ゴム**：生ゴムに数パーセントのいおうを加えた加硫ゴムとして電線の被覆、絶縁テープ、型造絶縁物に利用。30〜70％のいおうを混ぜたものを**エボナイト**と呼び、じょうぶだが耐熱性に劣るためあまり使われない。
　② **合成ゴム**：クロロプレンゴム、ブタジエンゴム、シリコンゴムなどがあり、電線被覆用、耐油ケーブル、パッキングなどに使われる。
●合成樹脂
・熱可塑性樹脂
　加熱すると軟化し、自由に形を変えることができ、冷却すると、そのまま固まる。このような操作を何度も繰返せるものをいう。
　代表的なものとしては、次にあげるようなものがある。
　① **ポリ塩化ビニル**：塩化ビニルを単量体として重合させたもので、白色粉末である。耐酸性、耐アルカリ性に優れ、耐油性、難燃性をもち機械的強度も

大きいので、電線の被覆材に適し、従来のゴムに代って用いられている。これを用いた電線をPVC電線という。

② **ポリビニルホルマール**：ポリビニルアルコールとホルムアルデヒドの縮重合体で、耐摩耗性、耐油性に優れ、銅線に塗って焼付け、従来のエナメル線の代替物として利用されている。保護被覆なしでそのまま小形電気機器のコイルに用いられている。

③ **ポリエチレン**：エチレンの重合物。耐酸性、耐アルカリ性に優れ、吸湿がなく、低温でもたわみ性を失わない。高周波絶縁物として通信機器やケーブルなどに利用され、特にテレビジョン用給電線に適している。

・**熱硬化性樹脂**

加熱すると、はじめは塑性があって、形を変えることができるが、いったん固まったものは再加熱しても塑性を示さなくなるものをいう。代表的なものを次にあげておく。

① **フェノール樹脂**：通称ベークライトと呼ばれる。フェノール類とアルデヒド類との縮重合反応で、反応に酸性触媒を用いたものは塗装、接着、エナメル線に用い、アルカリ触媒を用いたものは造型用、積層用として用いる。

② **尿素樹脂**：ユリア樹脂とも呼ばれ、尿素とホルマリンとの縮合反応による。吸湿性があり、絶縁材料にはあまり適さないが、耐弧材料、消弧材料として遮断器の消弧室などに使われる。

③ **シリコン樹脂（けい素樹脂）**：耐熱性、耐湿性に富み、絶縁性もよい。有機けい素化合物の一種で、樹脂状、油状、ゴム状のものがあり、それぞれ絶縁ワニス、絶縁・真空ポンプ、真空用グリース、減摩剤として使う。

④ **エポキシ樹脂**：ビスフェノールとエピクロロヒドリンとの縮重合体。硬化剤を加えたものは機械的強さ、耐薬品性に優れ、接着剤、塗料に使う。

⑤ **ポリエステル樹脂**：不飽和多塩基性酸と多価アルコールからなる。回路素子をまとめて型造したり、コイルの含浸、塗装などに使う。また、これを積層したものが強化プラスチック（FRP）である。

●**ワニス**

天然樹脂、合成樹脂、セルロース誘導体、アスファルト、顔料などを主成分に、乾性油や溶剤を加えてつくる。使用方法により、自然乾燥ワニスと加熱乾燥ワニスに分けられる。前者の方が簡単で便利であるが、特性は後者（油性系とフェノールアルキド系がある）が優る。

●**コンパウンド**

各種の絶縁物を混和したもので、溶剤を使わずに加熱して溶かしたものである。充てん用と含浸用とがある。

(6) 絶縁耐力と絶縁抵抗との関係

絶縁耐力、絶縁抵抗とも、外的条件を除けば、吸湿の程度、不純物の有無、温度変化などによって変化するが、両者の関連性には次の2通りがある。

① **明らかに関連性がある場合**：繊維質の絶縁材料。湿気の影響を受けやすく、絶縁耐力・抵抗ともに減少するので、絶縁抵抗を測定することによって絶縁耐力の低下の程度が確定できる。

② **関連性がない場合**：絶縁油の場合。絶縁破壊の強さと絶縁抵抗は、温度上昇につれて両者とも同一の特性を示すとは限らない。

4.2 誘電体材料

(1) 誘電体材料の性質

① 誘電体と絶縁体

誘電体とは、その材料自身は電流を通さないが、電界中に置くと電気分極を起す物質のことをいい、すべての絶縁体は誘電体といえる。しかし、絶縁体は交流電圧に対して損失が少ない方が好ましいので、誘電正接、比誘電率がともに小さいことが必要であるが、誘電体としてコンデンサに用いる場合には、容量の点からは比誘電率が大きい方が望ましい。また、誘電損失が小さいこと、絶縁耐力の大きいことが必要である。

② 絶縁体の特性と周波数範囲

コンデンサの特性は静電容量、耐電圧（定格使用電圧）、絶縁抵抗、誘電正接（$\tan\delta$）、および適用周波数範囲で表され、それぞれの条件に適した誘電体材料

表6.12 各種誘電体コンデンサの適用周波数範囲

種類		kHz: 1　10　100 / MHz: 1　10　100
紙コンデンサ		
プラスチックフィルムコンデンサ	ポリスチレン	
	ポリエチレンテレフタレート	
	ポリカーボネート	
	ポリエチレン	
マイカコンデンサ		
アルミニウム電解コンデンサ		
タンタル湿式電解コンデンサ		
磁器コンデンサ	高誘電率	

表6.13 各種誘電体コンデンサの特性

コンデンサの材質	静電容量 範囲(μF)	許容差(%)	定格電圧 [V/dc]	絶縁抵抗 [MΩ] (20℃)	誘電率	温度範囲 [℃]
紙	0.001~200	±1~±20	50~20000	3000~20000		-50~+125
ポリスチレン	10pF~1	±0.2~±2	35~500	>100000	2.4	-55~+75
ポリエチレンテレフタレート	0.001~10	±1~±10	35~1000	50000	3.2	-55~+155
マイカ	10pF~0.01	±1~±10	200~1000	20000~50000	5~9	-55~+100
磁器	10pF~0.02	±20~±50	250~1000	1000	1000~5000	-50~+85
Al電解	0.5~2000	-10~$^{+150}_{+50}$	3~450	10~25	10~15	-40~+85
Ta電解	0.2~1250	±15~$^{+75}_{-10}$	3~150	25~27	25~27	-50~+125

を選ぶ必要がある。これら、各種誘電体の通用周波数範囲と特性を表したのが**表6.12**および**表6.13**である。

③ 誘電損と誘電正接

コンデンサに交流電圧を加えると、コンデンサ中の絶縁物には**誘電損**という電力消費現象が生じる。**図6.7(a)**に示すように、容量Cのコンデンサに交流電圧Eを加えた場合、理想的なコンデンサであれば電圧Eとコンデンサに流れるI_0との位相差は$90°$になるはずである。しかし実際のコンデンサでは漏れ電流と吸収電流の和、つまり電圧Eと同位相の電流I_rが流れ、電力が消費される。すなわちコンデンサを流れる電流と電圧の位相差θは、**図(b)**のように$90°$よりδ(デルタ)だけ小さくなる。

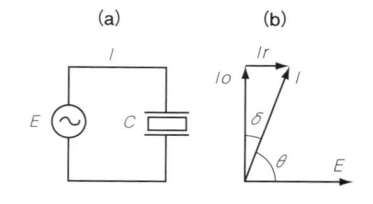

図6.7 誘電損の機構

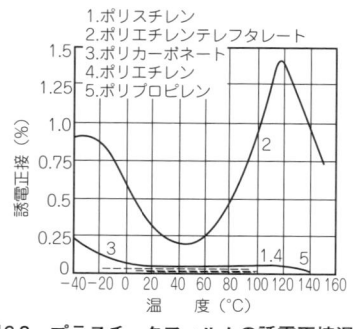

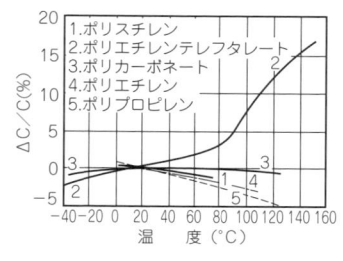

図6.8 プラスチックフィルムの誘電正接温度特性

図6.9 プラスチックフィルムの静電容量温度特性

そこでこの誘電損を tan δ で表し、これを**誘電正接**と呼んでいる。**図6.8**は各種プラスチックフィルムの誘電正接の温度特性、**図6.9**は静電容量の温度特性をそれぞれ示している。

(2) 主な誘電体材料

● 紙

　主に高圧用、電力用として使われ、含浸剤にはワックス、鉱物油が用いられるがPCBを含むものは使用できなくなった。紙自体に薄い金属を被覆した金属化紙（メタライズド・ペーパ）はコンデンサの容積を小型化できるので一時普及したが、プラスチックフィルムに代替されている。

● マイカ

　耐熱、耐湿性に優れ、性能も安定しているが、材料の加工、生産数量が少ないので合成マイカの開発が急がれている。

● ポリスチレン

　ポリスチレンと電極箔を重ね合せ110℃前後に加熱すると、電極箔もフィルムも融着して自己封止形となる。小形で量産性があり、絶縁抵抗も高く、誘電体損失が少ない。

● ポリエチレン・テレフタレート（商品名マイラ）

　機械的強度が大きく、薄くでき、温度特性も実用的にはよい（$-60 \sim 130$℃の範囲）ので、コンデンサの小型化が可能。静電容量範囲もフィルムコンデンサ中量も高く、厚さも 4μ 程度の薄さまでできる。

● ポリカーボネート

　誘電特性はマイラより優れ、コンデンサとして使用したとき140℃まで正の温度係数を示す。ポリスチレンと同じく170℃くらいの加熱によって自己封止形となる。ただし、厚さは 20μ 程度までであり、マイラほど普及はしていない。

● ポリプロピレン

　厚さが 10μ 程度のものまでできていて、誘電特性、耐熱性に優れ、普及が著しい。

● 酸化物被膜誘電体

　小型大容量の電解コンデンサとして使われ、アルミニウム、タンタル、チタンなどがあり、静電容量の大きいコンデンサとして需要は多い。

① **アルミニウム**：純度99.99％以上のアルミニウム箔の表面に実効面積拡大のため凹凸を付け、酸化アルミニウムの薄膜を生成させる。

② **タンタル**：純度99.99％以上の粉末を添加物とともに混合焼成すると添加物は飛散して、ちょうど食パンのような空洞のある箔ができる。これをアルミニウムと同様、化成して表面に酸化被膜をつくる。

●セラミック

　主成分の酸化チタン（TiO_2）に、副原料のSiO_2、MgO、CaO、BaOなどを調合して焼成する。配合を変えることによって種々の誘電体ができる。温度によって誘電率が変化するものは、コイルインダクタンスの温度変化を補償し、周波数を安定させるために使用される。

●チタン酸バリウム：酸化チタンと炭酸バリウムを主成分とし、誘電率が10^3〜10^4ときわめて高く、酸化チタンの100倍以上である。

●その他

　厚膜IC用材料としてのセラミック、薄膜IC用材料としての金属酸化物、ふっ化物、その他有機膜などの材料も用途が広い。

5 特殊材料

5.1 液晶

　液晶は、見かけ上は液体であるが、光学的には結晶のような異方性を示す特異状態にある。表示用材料として注目されているものは、ある温度範囲で液晶となるサーモトロピック液晶と呼ばれる有機化合物である。液晶分子は細長い棒状のものが多く、その配列状態により図6.10に示すような3相に大別される。

① **ネマチック相**：分子相互の位置はランダムであるが方向はそろった状態にある。

② **スメクチック相**：ネマチック相より秩序性が高く配列方向の層状構造が存在する。

③ **コレステリック相**：1分子相ではネマチック相と同様であるが、各相の分子の配列方向が左回りか右回りのら旋状になっている。

　なお液晶層には、同一材料でも温度上昇や電界、磁界の存在で液晶相互間で転移を示すものがある。

　液晶は、誘電率、導電率、磁化率、粘性係数などに異方性が存在するため、電界、磁界その他の外力によって配列の方向が容易に制御される性質があり、この性質を用いて表示が行われる。

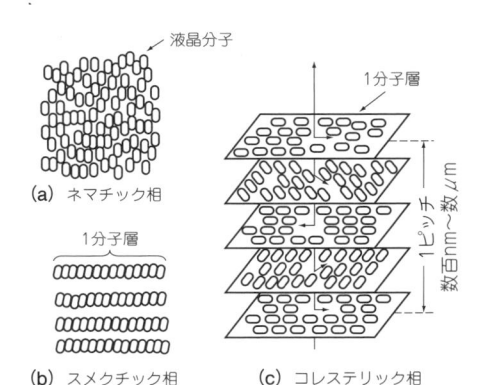

図6.10　液晶の相

(1) 材　料

　ネマチック材料には、ベンジリデンアミン系化合物が多く用いられるが、耐候性の強いアゾキシベンゼン化合物やシアノビフェニル化合物なども用いられる。また、コレステリック材料は、コレステリン誘導体が主力であるが、カイラルネマチック系材料も用いられる。

(2) 動作モードと応用例

　表6.14は、代表的動作モードを示したものであるが、主として実用されているのは、ネマチック相の電界による分子の回転と散乱である。

表6.14　動作モード

		動作モード	動作の概要	特徴と欠点	応用例
ネマチック相	誘電効果	フレードリックスおよびDAP効果	1～15Vの外部電圧による分子の回転を利用	分子回転角の制御のセルの製作困難、視野30～40°	なし
		TN効果	偏向板と組み合わせて透過光量または反射光量を制御	分子回転角の制御容易、消費電力数$\mu W/cm^2$以下、視野40～90°HAN効果はカラー表示	腕時計、電子式卓上計算機
		HAN効果			
		動散乱効果（DSM）	15～25Vの電圧で電気流体力学的不安定により散乱	消費電力比較的大（数+$\mu W/cm^2$以上）視野広い（160°）	
		ゲストホスト効果	液晶分子の回転に伴う多色性染料の回転効果	カラー表示可能、立下り100ms、染料の寿命問題	なし
コレステリック相	誘電効果	ら旋ピッチ変化	可視光における選択散乱波長の変化	多色カラー表示可能、制御電圧大、立下り100ms	なし
		分子軸回転効果	プレーナ構造⇄ホーカルコニック構造による透過率変化	分子軸の回転と相転移の併用でマトリクス表示のクロストークの除去と蓄積表示の可能性あり	文字表示の可能性
		相転移効果	コレステリック相⇄ネマチック相による偏光		
	熱効果	ら旋ピッチ変化	可視光における選択散乱波長の変化	温度変化に敏感、視角による波長変化大	サーモグラフ
		分子軸回転効果	加熱冷却による透過率の変化、交流電界による消去	セル構成簡単、書き込み消去容易	ライトペンの可能性

5.2 光ファイバ

光ファイバは、光による通信（光通信）の光伝送路として用いられる。

将来の産業用通信を始めとし、医療用や教育用のテレビジョン、あるいは手紙や新聞などのファクシミリ伝送やテレビ電話など家庭を結ぶ通信が一般化すると、現在と比較して非常に多い通信容量が必要になる。

このような大容量の情報を伝送するためには、広い帯域のとれる、より高い周波数の電磁波が必要であり、この条件を満足するものとして"光"が登場したわけである。そして、この光通信は、損失の少ない光ファイバの開発によって実用化が促進された。

(1) 光ファイバケーブルの構造

光ファイバケーブルは、図6.11に示すように、**コア**と呼ばれる部分（屈折率n_1、直径数μmから数十μm）をクラッド（直径100～200μm）と呼ばれるコアより小さい屈折率n_2をもつ層で包み、クラッドとの境界面で光を全反射させてコア部に閉じ込め伝送するガラスファイバ部分と、ガラスファイバは力学的に弱く、また水が付着すると化学的に弱くなるのでその上にプラスチックのプライマリコートやナイロンコートを施し、さらにナイロンなどによって被覆された部分とから構成されている。

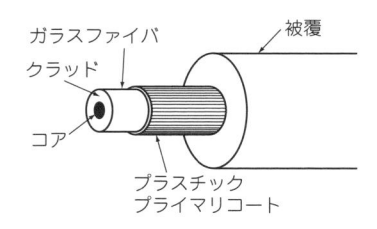

図6.11 光ファイバケーブルの構造

コアの材料には、損失値の低い石英系ガラス（主成分SiO_2、屈折率の調整にB_2O_3、P_2O_5が添加される）、また多成分ガラス（ソーダ石灰ガラス、ほうけい酸ガラス）が用いられる。

光ファイバは、コアの屈折率分布の形状から、**ステップ（形）ファイバ**と**グレーデッド（集束形）ファイバ**に分類される。

表6.15は、各種光ファイバケーブルの種類を示したものである。

(2) 光ファイバケーブルの接続方法

伝送中の光の損失を最少限に抑えることは非常に重要なことであるが、主な損失は接続部分において発生する。

接続方法には、永久接続法と脱着可能なプラグ接続とがあり、用途に応じて使い分けられている。

表6.15 光ファイバケーブルの種類

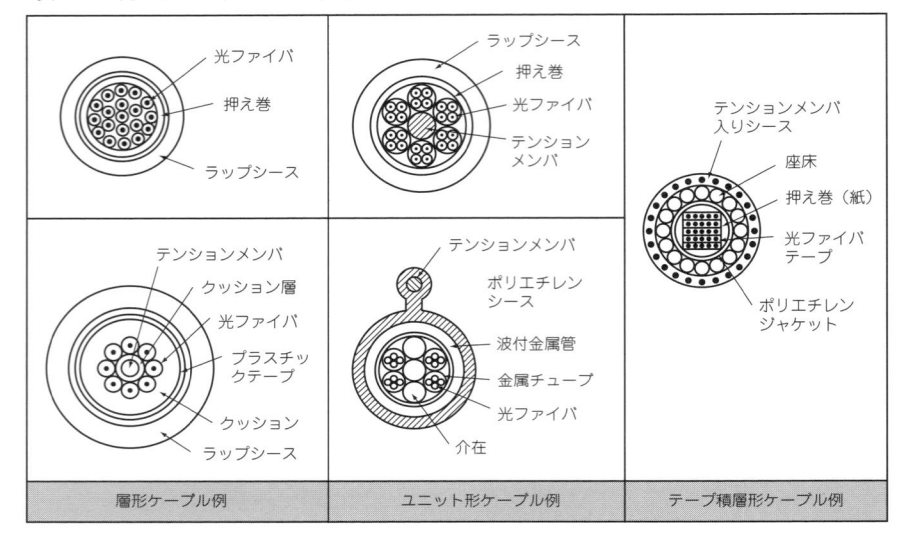

層形ケーブル例	ユニット形ケーブル例	テープ積層形ケーブル例
光ファイバ／押え巻／ラップシース	ラップシース／押え巻／光ファイバ／テンションメンバ	テンションメンバ入りシース／座床／押え巻（紙）／光ファイバテープ／ポリエチレンジャケット
テンションメンバ／クッション層／光ファイバ／プラスチックテープ／クッション／ラップシース	テンションメンバ／ポリエチレンシース／波付金属管／金属チューブ／光ファイバ／介在	

①**永久接続法**
●**軸合せによる方法**
　① Ｖみぞなどの案内みぞにファイバをつき合せる案内みぞ方式
　② スリーブにファイバを入れて固定するスリーブ方式
　③ 3本のロッドを添えて軸合せをする3ロッド方式
●**接着による方法**
　① 樹脂などの接着剤で固定する方法
　② 放電、レーザなどによる融着
　③ Ｖみぞなどの上から押えて固定する圧力固定法
②**コネクタ接続法**
　① 調心形（2重偏心コネクタ、C形コネクタ）
　② 無調心形（スリーブ方式）

（3）光ファイバの特長と用途

　光ファイバの特長としては、①広帯域、②低損失、③細径、④軽量、⑤無誘導性、といった点があげられ、あらゆる領域の伝送媒体に置換る可能性を有している。これらの特長のうち、低損失という特性を活かして、局間中継、近距離および長距離通信用ケーブル、海底ケーブルなど従来の同軸ケーブルに替わって国内の基幹通信網の主要な伝送媒体となっている。さらに、FTTH（Fiber To The

Home）やFTTB（Fiber To The Building）など、家庭や企業にブロードバンドサービスを提供する主要な通信ケーブルとして普及が進んでいる。

また、細径かつ軽量であることから、ケーブルの多心化および長尺化が可能である。

さらに、無誘導性という特長を活かした局内系への適用など、多方面への利用が考えられる。

5.3 エンジニアリング・プラスチック

エンジニアリング・プラスチック（エンプラともいう）とは自動車などの機械や電子機器の部品に用いられる工業用プラスチックのことで、耐熱性、高強度、軽量、電気絶縁性、寸法安定性などが要求され、用途に応じて各種のプラスチックが用いられている。ナイロン、ポリカーボネート、ポリアセタール、ポリブチレンテレフタレートおよび変性ポリフェニレンオキサイド（PPO、PPE）が5大エンプラといわれている。連続使用可能温度が約150度までのものを**汎用エンプラ**といい、さらに耐熱性に優れた次世代エンプラ（特殊エンプラ）が続々と登場している。ポリエーテルスルホン（PES）ハードウェア180〜200度の熱、150〜160度の熱水、スチームに耐える。常用温度が200度を超えるものは**スーパーエンプラ**と呼ばれている。

5.4 コンポジット材料

複数の異種材料を組み合わせて一体化し、それぞれの材料がもつ特徴を最大限に活かすようにした複合材料のことを**コンポジット材料**（Composite Material）という。プラスチックの中にガラス繊維を混ぜ込んだ**FRP**（Fiber Reinforced Plastics：ガラス繊維強化プラスチック）、ガラス繊維の代わりに炭素繊維を混ぜ込んだCFRP（炭素繊維強化プラスチック）、セメントに耐アルカリ性のガラス繊維を入れたり、アルミなどの金属に炭素繊維や炭化ケイ素繊維、ホウ素繊維などを混ぜ込んだ新機能の材料もある。

第6章 ● 電子材料

実力診断テスト

解答と解説は次ページ

次の設問において、記述が正しければ○、記述が間違えていれば×を解答しなさい。

【1】 導電材料として用いられる銅は、電気分解で精錬した電気銅を使用するが、96.5％前後の高純度で不純物は少ない。

【2】 電子機器に使用される絶縁材料の耐熱性の最高許容温度は、次の通り。
Y種：80℃　　A種：110℃　　E種：125℃

【3】 接点材料によくタングステン合金が使われるが、これは接触抵抗が比較的高いにもかかわらず、放電による消耗が少ないためである。

【4】 シリコン樹脂は、エポキシ樹脂系に比較して耐熱性が低い。

【5】 磁器、ガラス、雲母、亜酸化銅、シリコン、テフロンなどは、すべて絶縁体である。

【6】 ベークライト板は、フェノール樹脂に木粉や布などを混ぜて成形したものであり、プリント基板としてよく用いられる。

【7】 はんだの共晶点の温度は183.3℃である。

【8】 絶縁物の破壊現象は、印加される電圧の高低によって定まっている。

【9】 シリコンダイオードとゲルマニウムダイオードは、半導体の材料が違うだけで、特性はまったく同じである。

【10】 電線に電流が流れると発熱するが、安全のため、電線と長さによって許容電流が定められている。

【11】 導電材料で抵抗の小さいものから並べると、銀、アルミニウム、銅、金の順になる。

【12】 高周波用の磁心材料には、うず電流損を防ぐため、電気抵抗の大きいフェライトなどを使用する。

【13】 電線の被覆や絶縁体などに使われるポリエチレンは、高周波特性の優れた合成樹脂である。

第6章●実力診断テスト　解答と解説

- 【1】× ☞ 粗銅を電気分解で精錬した電気銅は、99.97〜99.98％の高純度であり96.5％前後の純度ではない。なお、硬度は引伸しの加工度によって決定される。
- 【2】× ☞ 絶縁材料の耐熱区分（**表6.10**）は、必ずその種別と最高許容温度を覚えておくこと。特に最も使われるY種（90℃）、A種（105℃）、E種（120℃）の3種については確実に覚えること。
- 【3】○
- 【4】×
- 【5】× ☞ 亜酸化銅は半導体であり、セレンとともに古くから整流器として使用されてきた。シリコンも半導体である。
- 【6】○
- 【7】○ ☞ 共晶点での鉛とすずの割合は、Pb38.1％、Sn61.9％である。なお、共晶とは液体から直ちに固体になる点をいう。
- 【8】× ☞ 絶縁物の破壊現象は、電圧のみでなく気圧および湿度などによって大きく異なることを忘れてはならない。
- 【9】× ☞ シリコンダイオードは、熱に強く、逆方向電圧（逆耐電圧）が高いので、大電圧・大電流の回路（電源回路など）に適し、ゲルマニウムダイオードは、シリコンダイオードに比べて熱に弱いけれども小さな順方向電圧で動作するため微小電圧を取扱う回路（復調回路やAGC回路）に適している。
- 【10】× ☞ 電線は通電すると、ジュール熱により温度上昇する。裸線の許容電流は連続使用条件で温度上昇によって表面酸化を起すとか、焼なまして引張強さが低下する最高許容温度を定め、そのときの電流値を許容電流と定義している。被覆線の場合は、絶縁物の耐熱性と、使用する周囲温度および条件によって許容電流が異なる。すなわち、太さと長さでなく、実際の使用条件を考えて決められている。
- 【11】×
- 【12】○ ☞ 高周波磁心材料で起る損失は、磁気履歴によるエネルギー損失よりもうず電流損によるものが大部分となるため、電気抵抗の大きいことが必要になる。フェライトの抵抗率は$10 \sim 10^8 [\Omega m]$で、半導体や絶縁物と同じ程度であるから、高周波でもうず電流が少なく、最も多く用いられている。
- 【13】○

【第7章】
電子機器

　本章では、電子機器組み立ての職種に関わる上級技能者が、通常有すべき電子機器の知識を述べている。特に電子機器の中で、ここでは通信機器、電波応用機器、電子計測器、コンピュータに関わる機能や用途、またその基本的構造について概略している。

1 通信機器

1.1 通信の基礎

(1) 通信システム

　従来の電気通信システムは電話・文字（電信）を中心に伝達手段として電気を利用していたものであった。電気通信の需要が高まるにつれて、コンピュータを中心にした情報処理技術と融合したマルチメディア対応の情報通信ネットワークへと発展していく。このように現在のネットワークは、技術の進化、市場からの要求により、電話網、ISDN網、データ交換網、専用網、インターネット、さらには急速に普及が進んできた移動体通信などさまざまな形態で融合しながら存在している。そしてネットワークの役割は、単なるトラヒック伝送や通信制御だけではなく、コンテンツ・アプリケーションを流通し、我々の豊かなライフスタイルやビジネスモデルを実現している。

(2) デジタル化のしくみ（標本化、量子化、符号化、情報圧縮）
① 音声のデジタル化

　通信システムで取り扱う情報の信号は、音声のように連続的に変化するアナログ信号とコンピュータのデータのように1、0の離散的な状態をとるデジタル信号がある。デジタル信号は時間的に飛び飛びの数値として情報を表すため、数値と数値の隙間があり、アナログの連続的という表現に対して離散的と呼ばれている。デジタル信号は、コンピュータとの相性がよいこと、伝送するときにノイズに強いこと、デジタル表現により音声や画像、データや動画像など様々な情報を

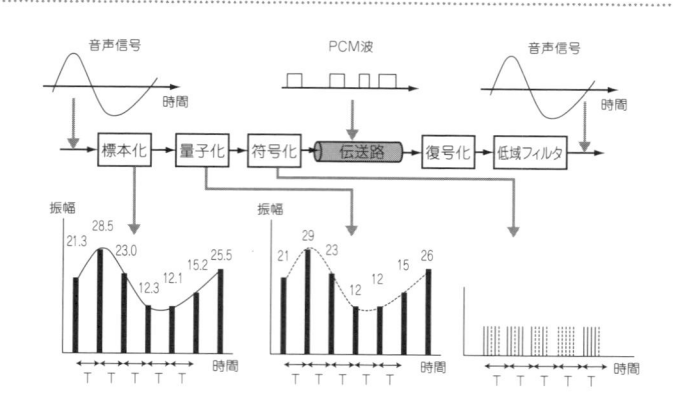

図7.1
PCM通信方式

統一的に扱えることから、近年のネットワークのデジタル化、IP（インターネットプロトコル）化の流れの中で主流になっている。

音声や音楽などのアナログ信号は、**バイナリデータ**（二進化されたデータ）にしてデジタル信号に変換するため、**PCM**（Pulse Code Modulation）**方式**を行う。PCM通信方式は、図7.1に示すように、送信側で音声信号などのアナログ信号を、標本化、量子化、符号化の過程を経てPCM信号に変換し、この信号を伝送した後、受信側において復号化し、もとのアナログ信号に戻す。

アナログ信号の電圧値を、一定の時間間隔Tに区切ることを**標本化**（サンプリング）という。一定間隔で抜き出す繰り返し周波数を**標本化周波数**またはサンプリング周波数という。通常、アナログ信号すなわち元信号に含まれる最高周波数がf_0である時、標本化周波数が$2f_0$以上であれば、標本化されたパルス波から元のアナログ信号を再現できる。これを標本化定理という。したがって元信号の約2倍の周波数$2f_0$、つまり時間間隔$T=1/2f_0$で標本化を行い、その1つに対する電圧の瞬間値を取り出す。逆に、サンプリング周波数の1/2の帯域幅の外側の周波数成分は、復元時に折り返し雑音となるため、標本化の前に帯域制限フィルタにより遮断しておかなければならない。たとえば電話の場合、音声信号は0.3kHz～3.4kHzとなっており、これを4kHz帯として扱い、サンプリング周波数は8kHz、つまり$125\mu sec$の時間間隔でサンプリングすることになっている。また音楽CDで使用されるサンプリング周波数は44.1kHzであるため、直流から22.05kHzまでの音声波形を損なわずに標本化できる。取り出した値を**標本値**という。

得られた標本値は何段階の数値で表現するかを決めて整数で表す。これを**量子化**といい、この整数値を**量子値**という。たとえば符号化ビット数が8ビットの場合は、得られた信号を0～255の256段階の量子値で表現する。これが16ビットになると0～65535の65536段階で表現できる。電話の場合は8ビットで符号化するので量子値を256段階（2の8乗）に分割して、音楽CDでは、16ビット符号化されている（2の16乗＝65,536段階）。量子化された信号を、2進符号の形に変換する操作を**符号化**という。

② 情報圧縮

近年のマルチメディア化において、特に映像情報は情報量が多く、デジタル化した動画像はデータ量が膨大になり、伝送、蓄積、演算処理に対する負荷が大きくなっている。その結果、コスト高と処理時間がかかり、実時間に近い処理が必要なアプリケーションには単純にデジタル化された画像信号では役に立たない。これらの問題を解決するために、あるデータをそのデータの実質的な性質を保ったまま、データ量を減らした別のデータに変換する媒体により各種情報圧縮の技術が開発されている。

(例)情報圧縮はなぜ必要か?
・伝送の非効率
 デジタルテレビ映像信号(720×480画素、1画素当たり16ビットで量子化、30フレーム／秒)1秒間の伝送に必要なデータ量:
   16(bits)×720(pel)×480(lines)×30(frame/s) = 160(Mbits/sec)
   → 非圧縮のままでは160 Mb/sの伝送路が必要となり非効率
・情報蓄積の非効率
 DVD1枚分の記録容量:片面 4.7(GB)
 デジタルテレビ映像信号のDVD1枚に蓄積可能な時間:
   4700×8/160 = 約4分
   → 非効率で実用にならない

　典型的な圧縮方法によって各データがどれくらい圧縮しているかを**表7.1**に示す。もとの情報の大きさに対して、圧縮後の情報がどれくらいの大きさになっているかを圧縮率で示している。圧縮率は、zipのように約1/2程度で悪く、これに対してH.264/AVCを使ったハイビジョンの圧縮率は約1/100となっている。テキスト情報の圧縮に適用されるzipは、元の情報と圧縮後元に戻されるときに全く同じ必要があるために圧縮率が低い。このような方式を**可逆圧縮方式**と呼んでいる。音声や画像などに適用されるJPEG、CELP、MP3、MPEG-2、H264/

表7.1　情報圧縮

元信号			符号化		
種類		情報量（参考値）	圧縮符号方式	符号化ビットレート（参考値）	圧縮率（参考値）
動画像	HDTV（ハイビジョン）	750Mbps	MPEG－2	20-80Mbps	1／100～1／10
			MPEG－4（H.264／AVC）	38.4Mbps	1／20
	SDTV（通常テレビ）	120Mbps	MPEG－2	4-15Mbps	3／100～1／10
			MPEG－4（H.264／AVC）	15Mbps	1／10
音声	CD品質	1.5Mbps	MP3	128kbps	1／10
	電話	64kbps	ADPCM	32kbps	1／2
			CS-ACELP	8kbps	1／8
静止画像	写真（200×150ピクセル、1677色）	720kbits（BMP相当）	JPEG	60～200kbits	1／10～1／3
	電子メール	16kbits（1000文字）	ZiP	8kbits	1／2

AVCは、元のデータと圧縮後元に戻された情報に対して、人間の視聴覚特性を利用して、何らかの巧妙な方法により必ずしも完全に元通りになる必要がないために圧縮率が比較的高い。このような方式を**非可逆圧縮方式**と呼ぶ。

情報圧縮は、あるデータをそのデータの実質的な性質を保ったまま、データ量を減らした別のデータに変換することから、**高効率符号化**ともいい、情報理論においては**情報源符号化**と呼ばれていて、符号化技術の中に位置づけられる。一般に情報は、元のままの状態で圧縮されることは少なく、何らかの変換を施して元の情報を異なった情報表現に変換し、その後ハフマン符号などを割り当てて変換されたものを圧縮する。

③ アナログ伝送とデジタル伝送

アナログ信号とデジタル信号の伝送は、アナログ伝送とデジタル伝送に分けられる（図7.2）。アナログ信号が必ずしもアナログ伝送で伝送されるとは限らない。アナログ信号をデジタル信号に変換（符号化）してデジタル伝送路に送ったりすることがある。送信側では、信号がそれぞれ変調、符号化されたあと周波数分割多重、時分割多重し、復調、復号化により、元の信号に変換される。さらにデジタル信号は、伝送路で伝送するときに、複数の情報を束にする多重化技術、伝送路特性に合わせて周波数を変えられる変調技術を活用することから、近年の光通信や移動体通信網、インターネット、さらにはデジタル放送まで、デジタル伝送技術を中心としたさまざまな伝送方式が利用されている。

アナログ伝送は、信号の波形をそのまま送信するため、信号は減衰したり波形が乱れたりして、元通りに再現することが難しいという欠点がある。これに対してデジタル信号は、一定の電圧を閾値にして、それを超える値を1、それ以下を

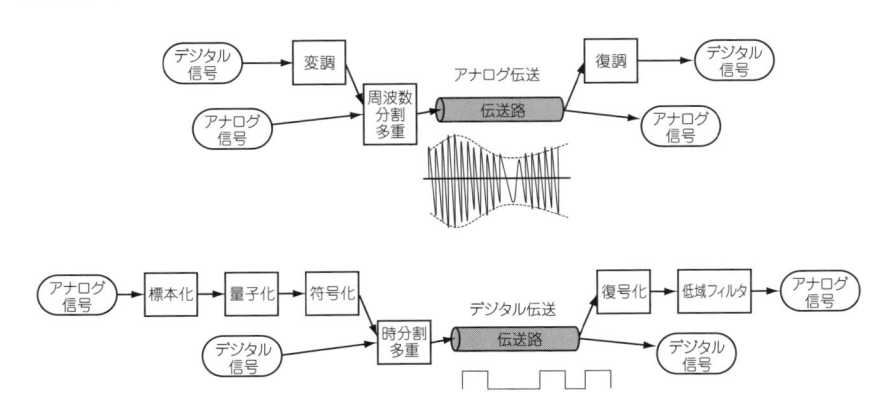

図7.2　アナログ伝送とデジタル伝送のしくみ

0のどちらかに決められた値で表す。多量の情報を短時間に送信する必要のある高速・大容量通信でメリットがある。また、障害物などによって減衰して波形が乱れても、「0」か「1」のどちらかで表現するだけなので、再現が簡単でノイズに強くもとのアナログ信号に再現しやすい。

(3) 周波数を変えるしくみ（変調）

通信システムは、音声、データ、画像などの情報信号をある地点から離れた地点まで、伝送路を通して正確に、有効に送ることが必要である。そのために情報は、伝送路の特性と整合した形の信号に変換される。たとえば音声は信号をそのまま送ると、周波数が低すぎて遠くに飛ばないし、また2人以上で同時に音声を出すと混信してしまうので、雑音やひずみの影響を受けない形に変えることにより伝送する。高い周波数である電波が距離に逆比例して音声よりも長距離まで伝搬する性質を利用し、音声や情報のエネルギーの大部分を正弦波の高い周波数付近に移すことで、電波として飛びやすくする方法が変調である。

変調方式は、情報を伝送するにあたり、情報および伝送媒体の性質に応じて最適な電気信号に変換する操作の方式である。無線通信では、図7.3に示すようにある情報を含む信号（ベースバンド信号）の変化に従って、もう1つ別の信号（キャリア、搬送波）に変化を与え、ベースバンド信号の情報をその信号に乗せる方式で変調が行われる。情報信号が、アナログ情報信号かデジタル情報信号か

変調と周波数帯域幅

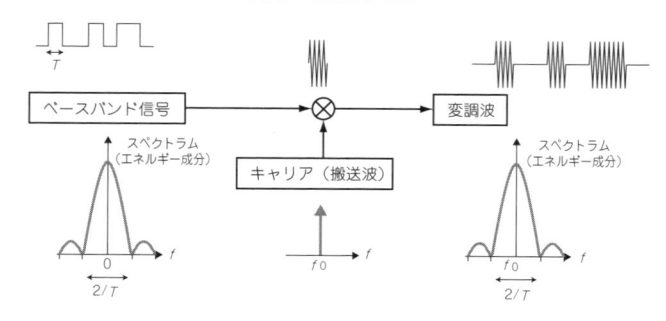

$$y(t) = a(t) \cdot \cos(\omega t + \theta)$$

	振幅	周波数	位相
アナログ	AM	FM	PM
デジタル	ASK	FSK	PSK

図7.3　変調のしくみ

【第7章】電子機器

1 通信機器

により、アナログ変調とデジタル変調とに分かれる。どのような変化を用いて情報を送るかにより、振幅変調、周波数変調、位相変調に分類される。

変調すると、電波はベースバンド特有の周波数帯域幅をもつ。たとえば、音声信号はデジタル信号では$125\,\mu s$/bitで、周波数帯域幅は$16\,\mathrm{kHz}$になる。画像信号をデジタル信号では$50\,\mu s$/bitで、周波数帯域幅は$40\,\mathrm{kHz}$となり、広帯域のベースバンド信号には、電波の周波数帯域幅も広帯域が必要になる。有限の周波数を有効活用するために、ベースバンドの周波数成分や伝送路の周波数特性に適合した最適な変調方式が用いられている。

① **アナログ変調**

アナログ変調は、**図7.4**に示すようにアナログ情報信号に対応して連続的に適用される。

- **振幅変調**(AM:Amplitude Modulation):搬送波の振幅を、信号波の変化に応じて変化させる。雑音の影響を受けやすい。AMラジオ放送、TV映像のアナログ放送などで使用されてきた。
- **周波数変調**(FM:Frequency Modulation):搬送波の周波数を、基準の周波数を中心として信号波の変化に応じて変化させる。振幅の影響を受けず雑音に強いので、FMラジオ放送(次章)、TV放送の音声、データ通信モデムで使用。
- **位相変調**(PM:Phase Modulation):搬送波の位相を、信号波の変化に応じて変化させる。

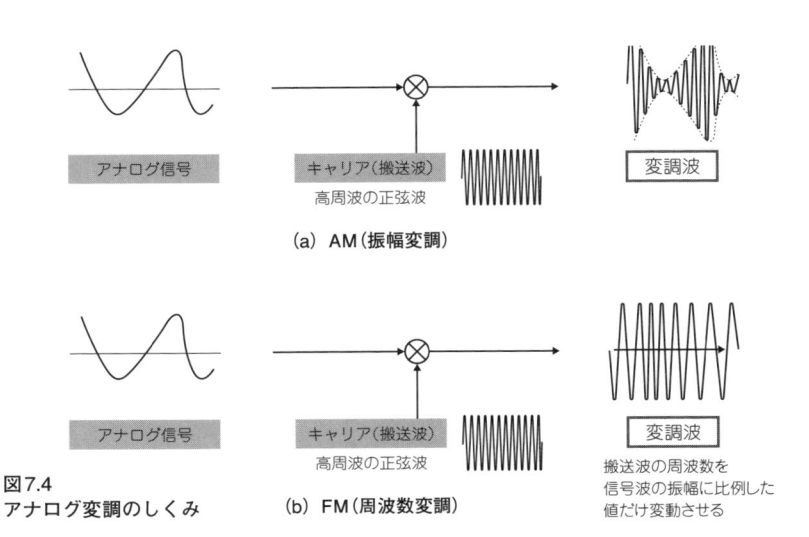

図7.4 アナログ変調のしくみ
(a) AM(振幅変調)
(b) FM(周波数変調)

搬送波の周波数を信号波の振幅に比例した値だけ変動させる

② **デジタル変調**

デジタル変調は、図7.5に示すようにデジタル情報信号で搬送波を変調するものである。

- **振幅変調**：振幅変調は、信号波がデジタル信号の場合、**振幅偏移変調**（ASK：Amplitude Shift Keying）ともいい、一定振幅の搬送波をON、OFFすることによって、アナログ信号とするもので、入力信号が1のとき出力され、0の時は出力されない。
- **周波数変調**：周波数変調は、信号波がデジタル信号の場合、**周波数偏移変調**（FSK：Frequency Shift Keying）ともいい、搬送波の振幅を一定にして、低い方と高い方の二つの周波数を用いて、デジタル信号の1か0に対応させて伝送する。
- **位相変調**：位相変調は、信号波がデジタル信号の場合、**位相偏移変調**（PSK：Phase Shift Keying）ともいい、搬送波の周波数を一定にして、入力信号の変化に応じて搬送波の位相を変化させ、デジタル信号の0、1を対応させて伝送する。デジタル信号0には0度（同相）、1には180度（逆相）の二通りの位相に対応させた方式は、**2相PSK**（略してBPSK）と呼ばれる。

(a) ASK（振幅偏移変調）

(b) FSK（周波数偏移変調）

$\cos(\omega + \omega_a)t$

$\cos(\omega - \omega_a)t$

(c) PSK（位相偏移変調）

1の時 $\theta = 0°$　0の時 $\theta = 180°$

$y(t) = \cos(\omega t + \theta)t$

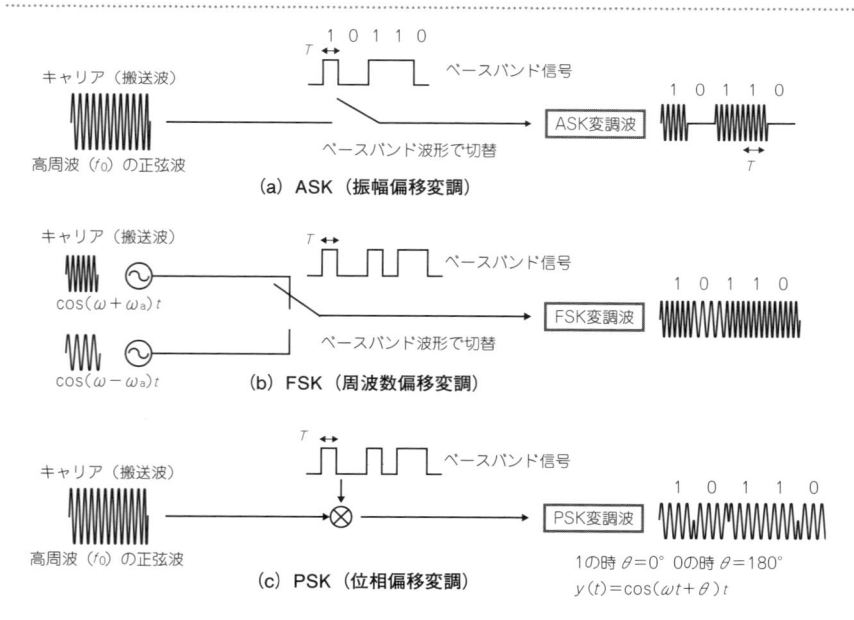

図7.5　デジタル変調のしくみ

【第7章】電子機器

また、高速度の伝送を行う場合には、4相PSK（略してQPSK）や8相PSK（8PSK）が用いられ、デジタル信号に対応させる位相の数を4つないし8つの位相にすれば、一回の変調で、4相PSKで2ビット、8相PSKで3ビットのデジタル信号を伝送できる。

(4) インターネットのしくみ

　世界のコンピュータネットワークを接続した大きなネットワークを**インターネット**と呼ぶ。各ネットワークは、ネットワーク毎に独自の基準、AS（自律システム）で管理されており、全体を管理するようなものは存在しない。インターネットは、an internet（小文字のアイ）と the Internet（大文字のアイ）の2表記があり、前者を広義のインターネット、後者を狭義のインターネットという。狭義のインターネットは、いわゆるIP接続されているネットワークのことである。広義のインターネットは、必ずしもIP接続しているとは限らず、いくつものネットワークを相互接続したネットワークシステムであり、狭義のインターネットはこの1つである。またコンピュータネットワークは、その規模によってLAN（Local Area Network）、MAN（Metropolitan Area Network）、WAN（Wide Area Network）などに分類される。

　インターネットは、世界中のプロバイダや大学・企業・団体などにより管理されている。インターネットへのIPパケットレベルでの接続性を提供するプロバイダを**インターネットサービスプロバイダ**（ISP）と呼ぶ。ISPは、Tier1、Tier2、Tier3に分かれて、階層化構造（Tier構造）になっている（**図7.6**）。最

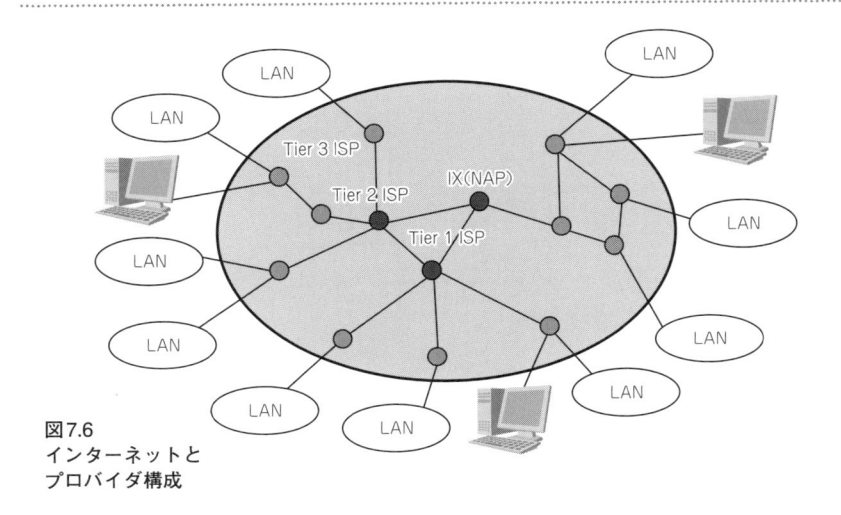

図7.6
インターネットと
プロバイダ構成

上流のプロバイダを **Tier1プロバイダ**という。Tier1プロバイダは、世界中のルートをもっている最上位のプロバイダをいう。Tier1からトランジットを受けているプロバイダを **Tier2**、Tier2の次のレベルを **Tier3** という。Tier2に位置する国内のISPを、一般に国内1次ISPといっている。1次ISPの下位に接続するふつうのISPのことを、さらに国内2次ISPと呼ぶことがある。またこれらのプロバイダを相互接続することは、たくさんの回線が必要になるため、IX（Internet Exchange）がある。商用のIXサービスとしてJPIX、JPNAP、MEXなどがある。

異なるベンダーの異なるOSを搭載したさまざまな種類のコンピュータや通信機器同士で通信を行うために、その手順として「**プロトコル**」を決めている。プロトコルは、コンピュータの持つべき通信機能を階層構造に分割したモデルとしてOSI基本参照モデルで表現される。特にインターネットにおいて情報の伝達を行うプロトコルは **Internet Protocol**（IP）といい、インターネットの基礎部分となる重要な役割を持ち、OSI基本参照モデルのネットワーク層にほぼ対応する機能を持つ。上位のプロトコルであるTCPやUDPなどとあわせて、TCP/IPとしてまとめて利用されることが多い。OSI基本参照モデルとインターネットプロトコル群の関係を**表7.2**に示す。

OSI基本参照モデルに従ってデータを送る場合、表7.2に示すように上の層から順番にデータにヘッダデータがつけられ、物理層につくと電気信号化され相手に送られる。受信側は逆に下の層から電気信号を受けて順番に上の層にいくと、

表7.2　OSI基本参照モデルとインターネットプロトコル群

OSI基本参照モデル			インターネットプロトコル
（第7層）アプリケーション層		ネットワークアプリケーションのうちユーザが直接接する部分。ネットワーク経由での送受信を行うプログラムとユーザとの入出力を行うプログラムの間の通信にあたる。	DNS、TELNET、FTP、HTTP、SMTP、POP3、SNMP、SNMP、BOOTP、DHCP、MIME
（第6層）プレゼンテーション層		第5層から受け取ったデータをユーザが分かりやすい形式（アプリケーションソフトなど）に変換し、逆に第7層から送られてくるデータを通信に適した形式に変換する。	
（第5層）セッション層		通信の開始時や終了時などに送受信するデータの形式などを規定したもの。この層で論理的な通信路が確立される。仮想的な経路（コネクション）の確立や解放を行う。セッション層からアプリケーション層までの通信方式は単一のプロトコル（例えばHTTP）で定められていることが多い。	NetBIOS、Socket、RPC
（第4層）トランスポート層		データ転送の信頼性を確保するための方式を定めたもの。相手まで確実に効率よくデータを届けるためのデータ圧縮や誤り訂正、再送制御などを行う。	TCP、UDP
（第3層）ネットワーク層		ネットワーク上の全コンピュータに一意なアドレスを割り当て、相手までデータを届けるための通信経路の選択や、データサイズの変換を行う。	IP、ARP、RARP、ICMP、RIP、OSPF
（第2層）データリンク層	LLC	直結されている機器同士での通信方式を定めたもの。通信相手との物理的な通信路を確保し、通信路を流れるデータのエラー検出などを行う。	SLIP、PPP
	MAC		Ethernet、FDDI、V.35、ISDN、Frame Relay、ATM、IEEE 802.11
（第1層）物理層		データを通信回線に送出するための電気的な変換や機械的な作業を受け持つ。ピンの形状やケーブルの特性なども第1層で定められる。	

制御データは宛先確認やエラー制御などに利用した後は捨てられ、最後に元データを受け取る。インターネットでは、データの正確さと信頼性を保つため、大きなデータを送受信する際に、トランスポート層（TCP）で少量のデータに分割し、分割されたデータとデータの種類・伝送順序など制御情報を付加する。これを**セグメント**という。さらにそのセグメントが下のネットワーク層（IP）に伝送されるとき、セグメントに、ヘッダ（目的地）、制御データを付加したものをパケット（またはIPデータグラム）という。受信側では、IPヘッダをみて、データにエラーがあるかどうか、自分宛かどうかなどを確認して、上位のトランスポート層に渡す。送信元でデータをパケットに分割し、着信元でパケットからデータを再構成する通信方式を**パケット通信**と呼ぶ。インターネットの中でも特にこ

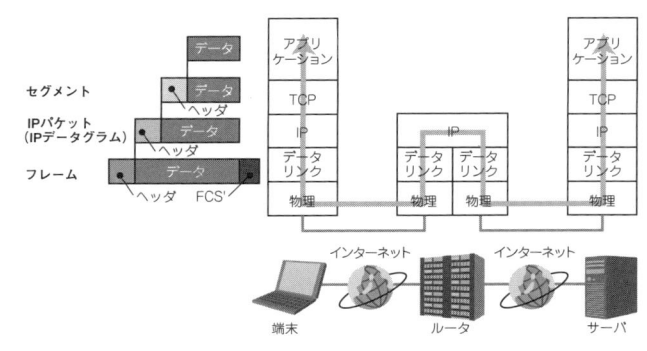

図7.7　パケット通信のしくみ（1）　パケットから見た処理の流れ

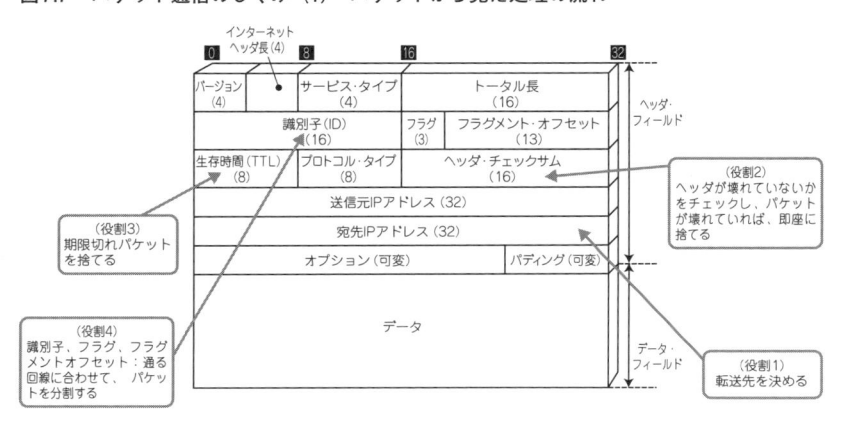

図7.8　パケット通信のしくみ（2）　IPヘッダの役割

のIPは中心となるプロトコルである。

　IPの役割は、**図7.8**に示すようにどれもIPヘッダの中にある。IPの最大の役割は、**図7.7**のように相手にパケットを届けることである。送信元の端末は、宛先に応じて宛先IPアドレス（32ビット）が書かれ、ルーターは転送先を決める。役割の2番目は、パケットを送っている途中で雑音などが混入し、届いたIPパケットの中身が壊れていないかをチェックすることである。パケットのチェックはヘッダ部分だけでデータ部分はチェックしない。送信側のIPは、IPヘッダ中に**チェックサム**という誤り検出情報（16ビット）を書き込む。受信側は、受け取ったヘッダ全体から同じように計算する。3番目の役割は、経由できるルーター数をあらかじめ送信元が決めておき、期限切れのパケットを捨てることである。ヘッダ中の生存時間（TTL：8ビット）を取り出し、1を引く、その結果0なら廃棄、そうでなければ転送する。TTLフィールドは8ビットなので、255台より先のルーターにはいかない。4番目の役割は、大きなデータを送るときデータを複数に分割して、これから送ろうとする回線に合わせて大きさを調節することである。最終的に届いた宛先でもう一度合体できるように、元のパケットが何だったのか（識別子）、分割した場所は元のパケットのどの位置なのか（フラグ、オフセット）をヘッダに書き込んでおく。

1.2 無線通信機器

（1）無線の伝送方式

　無線通信は、ケーブルを使わないでアンテナから電磁波を飛ばして離れたところと通信を行う。真空中を伝播する電磁波の速度は一定とされ、光の速度（約3×10^8m/sec）である。電磁波は波長によって**表7.3**に示すように分類がされており、波長の長い方から**電波・光・X線・ガンマ線**などと呼ばれる。無線通信に使われるのは、同表の電波の周波数帯である。電波は周波数が30Hzから3THzの電磁波を指し、さらに波長域によって低周波・超長波・長波・中波・短波・超短波・マイクロ波と細分化される。光の周波数は、3THzから30,000THzの電磁波の一種で、波長域によって赤外線（ではおよそ$0.7\mu m \sim 1$mm）・可視光線（短波長側が360nm〜400nm、長波長側が760nm〜830nm）・紫外線（10〜400nm）に分けられている。

　表7.3に示すように、電波の性質が周波数によって違うために無線通信では周波数に適した通信方式とその通信機器が使われている。波長に比べて物体の大きさが非常に大きい場合には、反射や屈折が起こる。たとえば、雨の日には光やミリ波の波長が、雨粒に比べて小さいために、無線通信における電波伝搬に悪影響

【第7章】電子機器

1 通信機器

表7.3 周波数、波長による電磁波の分類

名称		周波数範囲	波長	特徴	主な用途（国内）
電波	ELF	3Hz-30Hz			家庭用電化製品
	SLF	30Hz-300Hz	10-100Mm		
	ULF	300Hz-3kHz	1-10Mm		
	VLF	3kHz-30kHz	0.1-1Mm		長距離通信
	LF：長波	30kHz-0.3MHz	10-100km		海上無線、IHクッキングヒータ加熱部、RFID、電波時計
	MF：中波	0.3MHz-3MHz	1-10km	電離層で反射、長距離伝搬可能	AM放送
	HF：短波	3MHz-30MHz	0.1-1km	電離層で反射、長距離伝搬可能	短波放送、アマチュア無線、アマチュア無線、RFID
	VHF：超短波	30MHz-0.3GHz	10-100m	中距離、長距離	FM放送
	マイクロ波 UHF：極超短波	0.3GHz-3GHz	1-10m	中距離、長距離	TV放送（地上波デジタル）、携帯電話、GPS、無線LAN、デジタルコードレス電話、警察・消防通信、PHS
	マイクロ波 SHF：センチメートル波	3GHz-30GHz	0.1-1m		衛星TV放送（BS・CS）、無線LAN、無線アクセス、ETC
	マイクロ波 EHF：ミリ波	30GHz-0.3THz	1-10cm	光の性質に近づく	レーダー、静止衛星通信
	マイクロ波 サブミリ波	0.3THz-3THz	1-10mm		電波天文（宇宙電波の受信）、非破壊検査
赤外線	遠赤外線	0.3THz-75THz	0.1-1mm	熱線としての性質を持ち、高い温度の物体ほど赤外線を強く放射	調理や暖房などの加熱機器
		75THz-120THz	4μm～1mm		
	近赤外線	120THz-430THz	2.5~4μm 700nm~2.5μm	見えないが、可視光線に似た性質の光	・光通信（1.3nm帯、1.5nm帯） ・セキュリティ用CCDカメラの夜間光源 ・IrDA赤外線通信、リモコン
可視光線		360THz-830THz	360~830 nm	分子結合を分離	工学機器
紫外線		750THz-30PHz	10-400 nm	身体の肉は透過しやすく、骨は透過しにくい	殺菌灯
X線		30PHz-3000OPHz	1pm～10nm		X線写真・CT、非破壊検査、結晶構造解析（X線回折）
ガンマ線		3000PHz以上	10pmより短い		医療

261

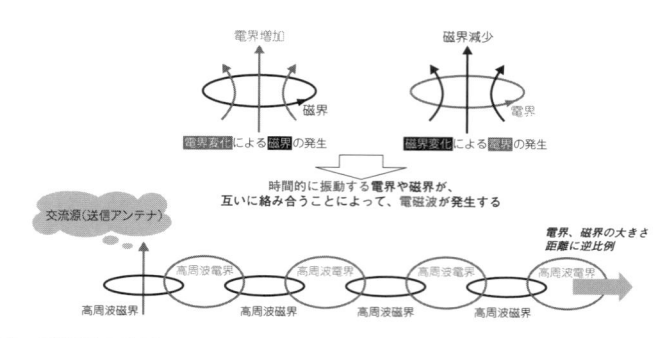

図7.9　電磁波の放射

を与える。また中波・短波のように周波数が低いと山陰への回折があり、山陰にある家でも放送を受信できる。それに対してマイクロ波のように周波数が高くなると光のように直進性が強くなり、山陰では放送波が届かなくなる。

電波を発生させるためには交流電流を使う。図7.9のように電極間に電流を流すと電界とその向きとは直角方向に磁界が発生する。このとき電極の電流を逆方向になると、はじめにできた古い電界と磁界を押し出すようにして新しい電界と磁界が生まれ、最初に発生した電界と磁界は空中に放出される。このようにして、時間的に振動する電界や磁界が、互いに絡み合うことによって、電磁波（電波）が発生する。電磁波の電界と磁界は空間的に同時に存在し、電磁波が伝搬する進行方向に対して互いに直角な方向をもち、供給した高周波電流と同じ周波数で変化する。

伝搬した電磁波は減衰して弱くなっていくが、電磁波が金属に届くと金属に電流が発生する。この電流を拾って、電流を増幅する装置を通すと、もとの電波波形に戻ることができる。受信アンテナは、使われる金属に電気が流れやすい物質を使えば、電波をとらえる精度を上げることができる。アンテナには八木・宇田アンテナ、携帯電話で使われるロッドアンテナ、RFIDに使われるループアンテナ、GPSに使われる平面アンテナ、BS・CSテレビ放送に使われるパラボラアンテナ、移動体通信で使われるアダプティブアレイアンテナなどがある。このように発生する電波は、次のような性質を持つ。

・真空中では光の速度
・同一の形状を繰り返す空間的な波（1秒間にf回、波長λ）
・電界と磁界の同じ周波数で変化
　$\lambda[m] \times f[Hz] = v[m/秒]$
　速度vは、電磁波の場合光速cとなり、真空中では
　　$v = c = 2.99792458 \times 10^8 [m/秒] ≒ 3 \times 10^8 [m/秒]$

【第7章】電子機器

1 通信機器

- 電界と磁界の大きさは、距離に逆比例
  （例）10倍の距離における電界、磁界の大きさ
  静電界、静磁界、定常磁界：1/1000に減少
  電磁波（電波）：1/10に減少
  （理想空間では、電波の強さ（電力）は距離の2乗に逆比例。移動体通信などの利用環境変化の激しい状況では距離の3乗〜4乗に逆比例して減衰すると言われる。）
- 電界と磁界は、進行方向に直角（横波）で、かつ両者は互いに直交

(2) AMラジオとFMラジオ

① AMラジオ

ラジオは、531kHz〜1602kHzの周波数帯域で、音楽などの音声信号を不特定多数に放送するしくみである。いくつかの方式があり、「AM放送」「AMラジオ」は最も歴史が長く、振幅変調による中波放送で、現在でもラジオ放送として

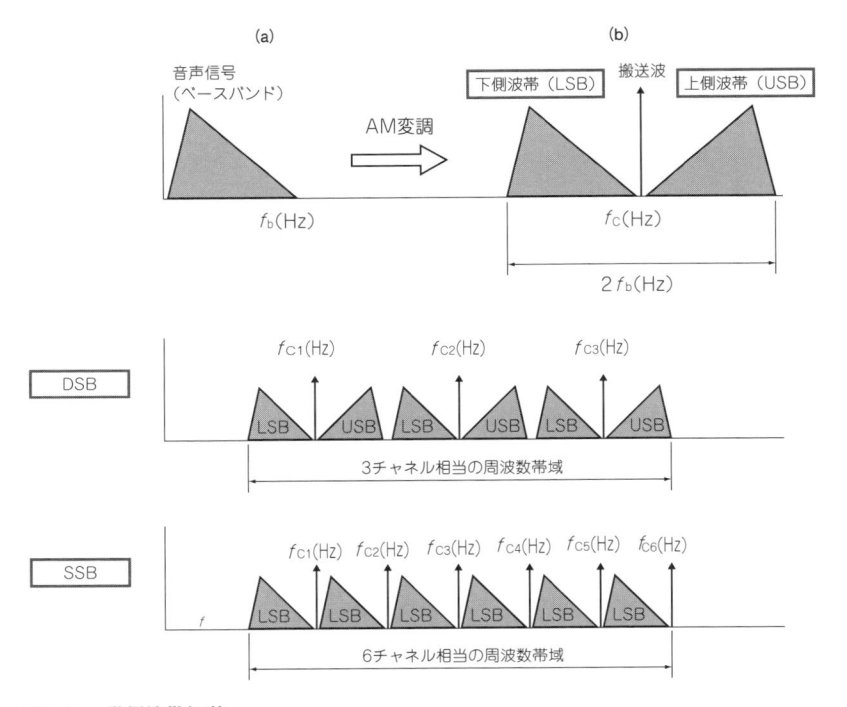

図7.10　単側波帯伝送

利用されている（米国をはじめとする一部の国や地域では、すでにサービスが終了している）。また周波数変調による超短波ラジオ放送も広く聴取され、「FM放送」「FMラジオ」と呼ばれる。

AMラジオ放送は、放送局（送信所）から到達する距離が長い。1つの都道府県内で放送を行う県域放送と、複数の都道府県にまたがって放送される広域放送がある。本来「放送」ではない特別業務の局として、高速道路等で路側のワイヤーからAM電波を漏洩させて付近の道路状況等を案内するハイウェイラジオ・路側放送などのサービスにも使われている。その多くは1620kHzを使用する。

搬送波の振幅を、f_1(0.3kHz)〜f_2(3.4kHz)の周波数帯をもつ音声信号で変調した場合、変調された変調波の周波数スペクトルは、図7.10のように搬送波を中心として上下に側波帯ができる。この側波帯は、それぞれ音声信号と同じ帯域幅を持っているので、AM波の持つ帯域幅は、音声信号の最高周波数の2倍（3.8kHz）ということになる。実際には、531kHz〜1602kHzにおいて、9kHz間隔に9の倍数で周波数が割り当てられている。たとえば、1134kHz（文化放送）→1143kHz（KBS京都）というように9kHz空いている。振幅変調ではこのような対照的に含まれる信号波成分を有効に使うために、図7.10(b)のような帯域フィルタ（BFP）を通して、どちらか一方の側波帯を取り出せば信号の伝送が可能になる。このように上側波帯（USB）、下側波帯（LSB）のうちどちらか一方の側波帯を使って信号を伝送することを**単側波帯伝送**（SSB）という。これに対して、上下両側波帯を伝送することを**両側波帯伝送**（DSB）という。AMラジオはDSBが用いられる。

② **FMラジオ**

FMラジオ放送は、周波数に超短波（日本では76-90MHz）を使い、周波数変調（FM）を用いて放送されている。1チャンネルの搬送波周波数間隔が100kHzあり、伝送できる周波数帯域が広く、SN比（S/N）が高く雑音に強いことやAM放送に比べて高音質であることから、主に音楽番組等が放送されている。

多重技術を利用して、音声多重放送（ステレオ放送）、文字多重放送（愛称・見えるラジオなど）が行われている。文字多重放送は、カーナビに渋滞情報などを提供する手段の1つ（VICS）としても利用が図られている。使用周波数の特性上、放送局（送信所）から到達する距離が短いため、1つの都道府県内（県域放送）、あるいはさらに細かな中継所単位で放送（**コミュニティFM局**と呼ばれる1つの市町村・特別区・政令指定都市の区を放送対象地域とする）では空中線電力（出力）を20W以下で放送を行う形態もある。

(3) 移動体通信のしくみ

① **移動体通信のシステム構成**

携帯電話をはじめとする移動端末からの電波は最寄りの無線基地局に到達し、

【第7章】電子機器
1 通信機器

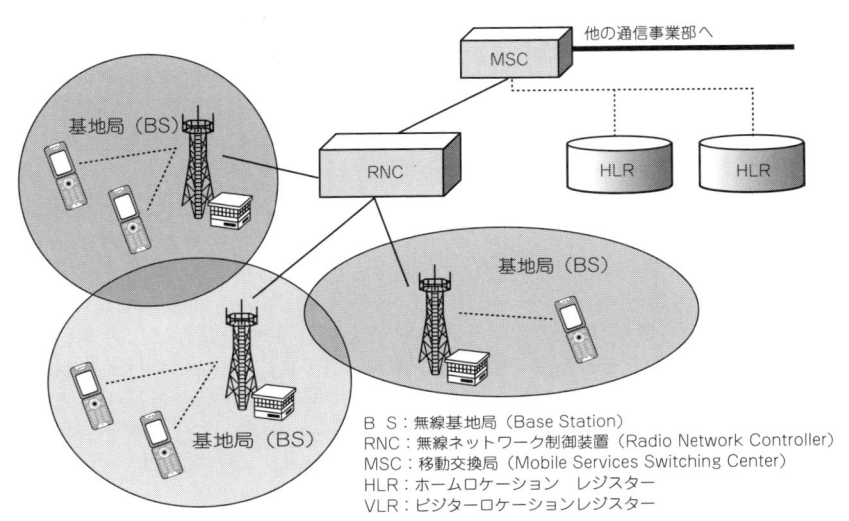

図7.11 移動体通信システムの構成

BS：無線基地局（Base Station）
RNC：無線ネットワーク制御装置（Radio Network Controller）
MSC：移動交換局（Mobile Services Switching Center）
HLR：ホームロケーション　レジスター
VLR：ビジターロケーションレジスター

基地局からケーブルを使って移動通信制御局に送信する（**図7.11**）。この移動通信制御局は、無線ネットワーク制御装置と加入者線交換機を持っていて、相手の領域内（セル）の基地局に送信する。相手が他の携帯電話会社や固定電話の場合には、移動通信制御局は信号をさらに移動関門交換局に送信して、外部の指定した移動通信制御局、無線基地局、携帯電話などの移動端末まで到達する。

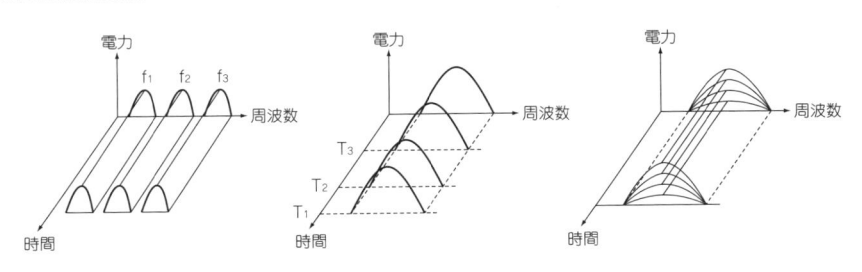

(a) FDMA方式
　　（初期のアナログ自動車電話）

(b) TDMA方式
　　（PDC：日本、GSM：欧州）

(c) CDMA方式
　　（cdmaOne、IMT-2000）

図7.12　携帯電話で使われる主な変調方式

無線基地局には、電波を送受信するアンテナと無線通信用の増幅装置、変換復調装置、音声処理装置、制御装置の他、バックアップ用のバッテリー装置が備えられている。移動通信制御局は固定電話の加入者線交換機に相当し、移動通信端末の位置登録、発着信、ハンドオーバ時等に無線回線制御、呼処理等を行う。

② **携帯電話で使われる変調方式**

　携帯電話では同一セル内で、限られた周波数帯域を有効に利用し、また同一周波数帯で複数の移動携帯端末が同時利用する多元接続での通信が行われている。多元接続を実現する方式として周波数分割多元接続（FDMA）、時分割多元接続（TDMA）や符号分割多元接続（CDMA）が用いられている（**図7.12**）。FDMA方式は、通話チャネルごとに異なる周波数帯を割り当てることにより通信を行う。TDMA方式は一定の範囲の周波数帯域を一定の時間間隔に分け、複数のタイムスロットに分割する。このタイムスロットの1つを、1つの通話チャネルとして使用する。CDMA方式は同じ周波数を使い、チャネルごとに異なる拡散符号を割り当てることにより多元接続を行う。CDMAは、多元接続を実現するための通信技術であり、これを2次変調などともいう。これに対して、この前段にデジタル変調を施すが、これを1次変調という。1次変調にはBPSK、QPSK、8PSK、さらには直交振幅変調であるQAM（16QAM、64QAMなど）などのデジタル変調が利用されている。

　我が国では、第2世代携帯電話（2Gシステム：TDMA方式のPDC方式）は2012年にサービス提供を終了しており、第3世代携帯電話（3Gシステム、W-CDMA方式、CDMA2000方式）以降のサービスとなっており、さらにデータ通信の高速化を実現する3.5世代サービスが普及している。これらは基本技術

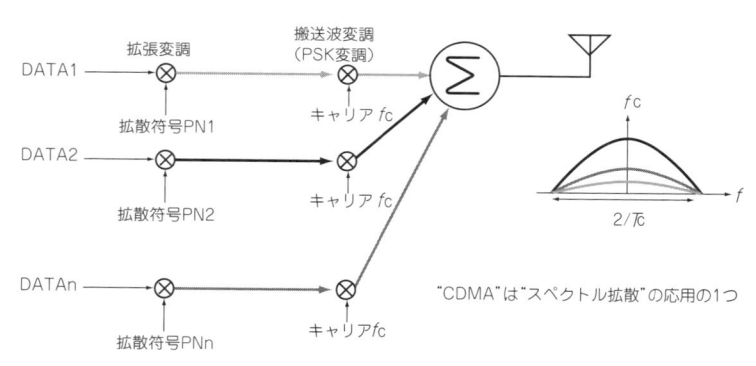

図7.13　CDMA方式のしくみ

【第7章】電子機器

1 通信機器

としてCDMA方式を利用している（※CDMA方式の詳細は次項を参照）。

さらに、「スマートフォン」の登場、急速な普及によって、従来の多機能携帯電話を「フィーチャーフォン」、通話機能に重点を置いた携帯電話を「ベーシックフォン」などと呼ぶようになった。データ通信速度の更なる高速化を目指して、3.9世代（LTE）サービスも始まり、第4世代（4G）移動体通信システムへと移行が進む中、多元接続方式としてはOFDMA（直交周波数分割多元接続）が採用されている。これは、地上デジタル放送が採用しているOFDM（直交周波数分割多重）方式を多元接続に利用した方式で、新しく登場してきた無線LAN（IEEE 802.11n）やモバイルWiMAなどとも共通する技術である（※OFDM方式の詳細は地上デジタルの項を参照）。

③ **CDMA方式とスペクトラム拡散方式**

CDMAは、**スペクトラム拡散方式**という変調方式により、広い帯域に広がる周波数スペクトラムの信号に変えて伝送している。スペクトラム拡散方式は、通話ごとに異なる拡散符号を割り当てるために、通信の秘匿性が高く、軍事目的に利用されていた。

図7.13に示すように、まず送信側で、入力信号（ベースバンド）は、拡散符号（疑似雑音系列）で拡散変調され、その拡散符号（乱数のような系列）は、＋1または－1のパルスが高速で切り替わったものであるため、変調された送信信号のスペクトラムは、強いサイドローブを持つ極めて広帯域な信号となって、送信アンテナに送り込まれる。受信アンテナに到着した信号は、送信側と全く同一の拡散符号を乗積する、**逆拡散**と呼ばれる処理を施される。このようにコンピュータなどから出力されるベースバンド信号を乗せたキャリア（搬送波）のスペクトラムの帯域幅を、もともともっている狭帯域な周波数帯域幅よりも、数倍から数十倍の大きな周波数帯域に広げ（拡散し）伝送する。一般的には最低限度必要な帯域は拡散率で100倍以上である。

(4) デジタル放送のしくみ

デジタル放送には、地上波デジタル放送、BSデジタル放送、CSデジタル放送がある。我が国においては、**図7.14(a)** に示すように1996年にCSデジタル放送が開始、2000年にはBSデジタル放送が開始し、2003年には地上波デジタル放送が開始された。2011年には地上放送とBS放送共に、アナログ放送から完全にデジタルへ移行した（地上デジタル放送は、東日本大震災の影響で一部地域で移行が遅れたものの、2012年3月で完了した）。地上波デジタル放送では、見通しのよい山頂や高い電波塔に設置された送信所からUHF帯の周波数を用いる。BSデジタル放送やCSデジタル放送では、赤道上空約3万6千キロにある静止衛星に中継機を置き、地球上から送信した電波（アップリンク）を受信した後、別の低い周波数に変換し、地球上に向けて再送信（ダウンリンク）する。

BSデジタル放送では、テレビ放送・ラジオ放送・データ放送の3つのサービスが行われている。テレビ放送ではデジタルの動画圧縮技術MPEG-2により、従来のアナログBSの1チャンネル分で、高精細なHDTV（デジタルハイビジョン）の2チャンネル分の映像を送れる。さらに、そのHDTVの1チャンネル分でSDTV（通常の画質）の映像が3チャンネル分送れる。衛星は東経110度に位置し、アップリンク周波数14GHz、ダウンリンク周波数12GHzである。映像符号方式としてMPEG-2 Video、および音声符号方式としてMPEG-2 Audio（AAC）を採用し、高い圧縮率と高品質な放送が可能である。

CSデジタル放送は、2002年春からBSと同じ軌道位置（東経110度）に打ち上げた衛星を使うことでアンテナとチューナーをBSと共用できる110度CSデジタル放送が始まった。プラットホーム事業者は、当初スカイパーフェクTV!2とプラット・ワンの2つが提供していたが、04年3月視聴者の選択が厳しくなる多チャンネル時代には、CSサービスを1つに絞らないと生き残れないためスカパー！（スカイパーフェクTV!）が150以上の番組を提供している。

地上デジタル放送は、アナログ放送からデジタル放送に移行することにより、現在使用されているテレビの周波数（チャンネル）を**図7.14**に示すように約2／3に整理することが可能であり、使わなくなった周波数を携帯電話などテレビ放

図7.14　デジタル放送

【第7章】電子機器

1 通信機器

送以外に利用できるようになる。

　映像信号と音声信号のデータの圧縮符号化や多重化には、国際標準規格であるMPEG-2が用いられる。MPEG-2は、映像信号を対象としたMPEG-2ビデオ、音声信号を対象としたMPEG-2オーディオ、これらの信号を多重化するMPEG-2システムから構成される。テレビジョン信号の符号化には、輝度信号と色差信号の分離されたコンポーネント信号をそれぞれ別々に符号化する分離符号化が用いられる。地上波デジタル放送は、ゴースト妨害に強い**OFDM**（直交周波数分割多重）が用いられる。OFDMは帯域幅5.6MHzに含まれるデータを単一の搬送波で伝送するのでなく、サブキャリアと呼ばれる多数の搬送波で直交振幅変調（QAM）し、信号を多重化して伝送する。変調する信号波の位相が隣り合う搬送波間で直交するようにし、搬送波の帯域を一部重ね合わせて周波数帯域を有効利用する（図7.15）。

　我が国の地上デジタル放送では1つの放送帯域を構成するOFDMのサブキャリアを13のセグメントに分割して扱うようになっている。この13セグメントの内、真ん中の1セグメントを利用して携帯電話などの移動端末向け放送が提供されており、これを「ワンセグ放送」という。残りの12セグメントを全て利用することでフルハイビジョンによる高精細画質の放送を提供できる。また、12セグメントを3分割することで、従来のアナログ放送並みの画質での放送を同時に3番組提供することもできるようになっている。

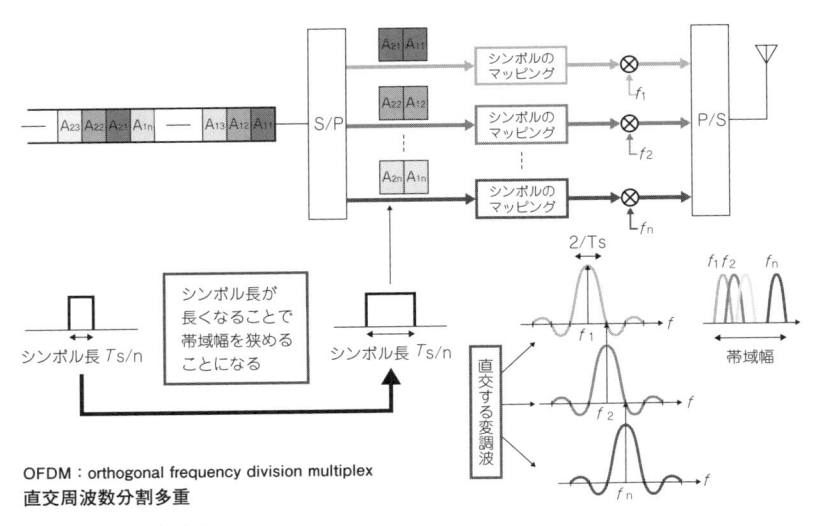

OFDM：orthogonal frequency division multiplex
直交周波数分割多重

図7.15　OFDMのしくみ

1.3 有線通信機器

(1) 有線の伝送方式
　有線通信用のケーブルは、銅線でできたメタルケーブルと、ガラスやプラスチックでできた光ファイバに大別できる。有線通信当初は、メタルケーブルを使ったアナログ伝送、デジタル伝送が主流であった。1970年代に入り、半導体レーザが発明され低損失な光ファイバが発明されると、伝送容量の大容量化、長距離伝送、低価格な光ファイバ技術をベースにして、光ファイバ伝送が主流となり、現在に至っている。

(2) 電話のしくみ（電話機と回線交換機）
　多数の電話機の間では、特定の相手を選択して接続する交換機が必要である。固定電話はそれぞれ加入者線で最寄りの電話局の交換機でつながっており、この交換機を**加入者線交換機**といっている。

① 回線交換機
　回線交換機はスイッチになっており、電話番号を識別し、相手が同じ加入者線交換機に接続されていれば、相手の加入者線のスイッチを閉じるだけで相手に回線をつなぐことができる。相手が他の電話局の加入者交換機につながっている場合は、交換機同士は中継交換機を経由して接続される。サービス当初のアナログ交換機は、加入者側から端局（加入者線の収容）―集中局（市ごとにまとめる）―中心局（各都道府県に1から数カ所）―総括局（最上位の全国8カ所）のように階層化されていた。現在はデジタル交換機になり**図7.16**のように加入者交換機―中継交換機の二階層である。

　県内において加入者は、群局（Group Unit Center：GC）にある加入者線交換機（Toll Switch：TS）に直接接続される。トラフィックの多い地域では、交換設備の利用回数や中継区間が長くなるために、単位局（Unit Center：UC）が設けられ、加入者階梯交換機（Local Switch：LS）が置かれて加入者回線を収容している。県内の中継には、中継階梯交換機（Toll Transit Switch：TTS）が、区域内中継局（Intrazone Tandem Center：IC、全国に54カ所）を通して接続されている。NTT東西は、このIC以下の交換業務を受け持っている。県間接続では、NTTコミュニケーションズが運営する特定中継局、関門階梯交換機が置かれている。

② 電話機
　電話機の通話路は、**図7.17**のように送話器と受信機の間の回路に直流電源により供給された通話回路により構成されている。誘導コイルの一次側を送信機と直列にして2線式にした通話路が用いられる。電源は回線交換機から供給され

【第7章】電子機器

1 通信機器

る。音声を送話器で電流に変え、その電流を受話器で音声にしている。

送話器に音波を加えると、振動板が振動し、炭素粒の電気抵抗が変わり、鉄心

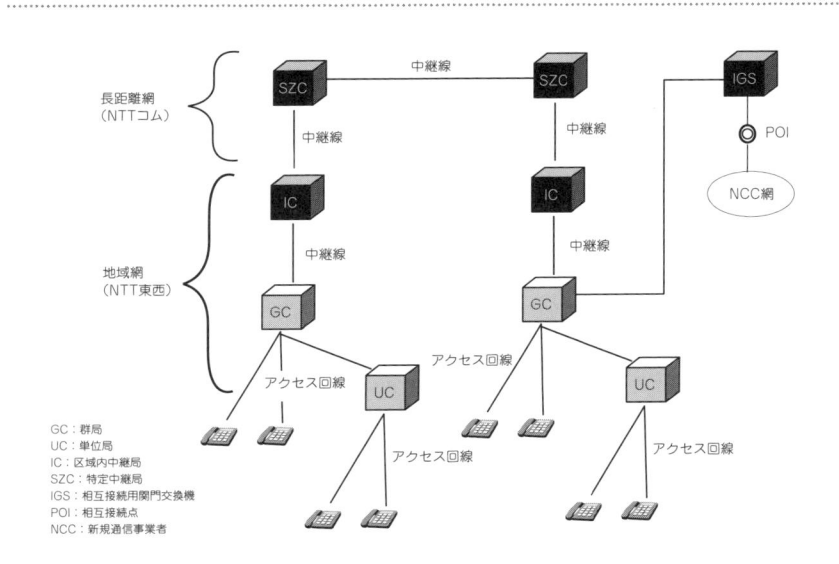

GC：群局
UC：単位局
IC：区域内中継局
SZC：特定中継局
IGS：相互接続用関門交換機
POI：相互接続点
NCC：新規通信事業者

図7.16　回線交換機のシステム構成

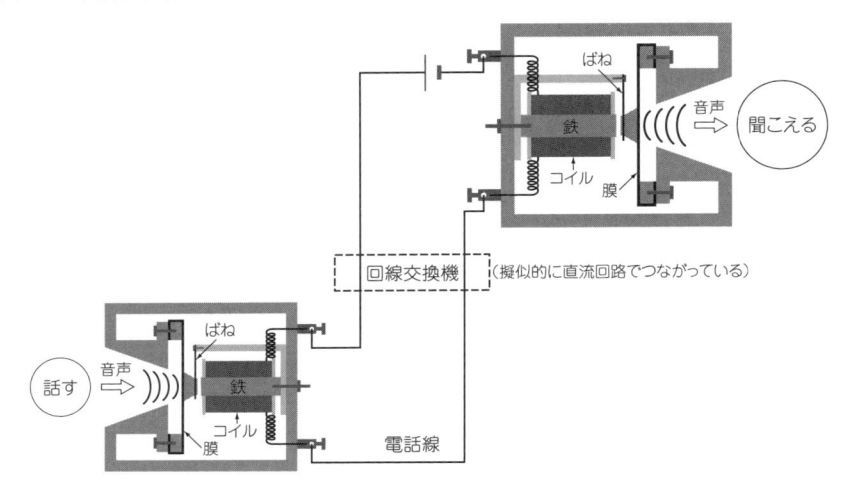

図7.17　電話機のしくみ

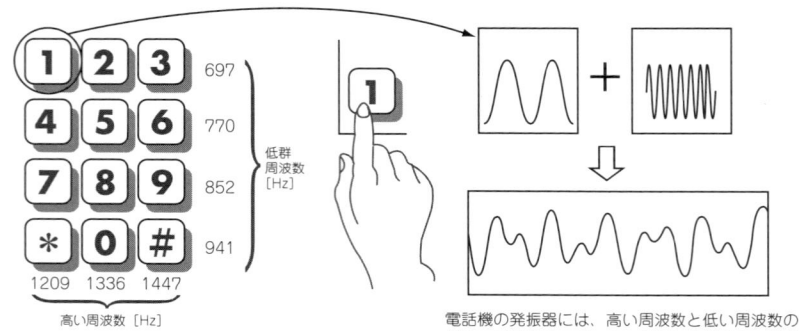

図7.18　プッシュ回線の周波数配置

電話機の発振器には、高い周波数と低い周波数のグループがある。プッシュボタンを押すと、高群と低群の中から対応する2つの発振器が同時に動作して混ぜ合わされた信号がつくられ、交換機に送られる

で発生した磁束の通り道の隙間を変化させることによって、電流が受話器のコイルに流れる。炭素粒には電流が流れるようになっており、触れ合う面が大きいと電流が通りやすく、小さいと通りにくくなる。このように振動板の震えが電流の大小に変わり、音声波形と同波形の電流が電気信号として電話線を伝わっていく。それを受話器に送って、コイルに流れる音声信号に従った磁力で、ばねの先にある鉄片を振動させ、その振動で膜を振動させて音を出す。

　プッシュ回線操作は、**図7.18**のように7つの周波数を2つ組み合わせてプッシュボタンの各数字に対応する音を作り、音で交換機に数字で伝える。プッシュボタンを押すことによって、高域、低域の可聴周波数群からそれぞれ1つずつ周波数を発信させ、それを組み合わせて局に送る。たとえば、1のボタンでは、その行および列に相当する接点を閉じて、697Hzと1209Hzの2つの周波数が組み合わされて交換局に送り出される。

（3）光通信システムのしくみ

　大量の情報を伝送するためには、より高い周波数の波（高周波）を用いる必要がある。また、より短い波長を使うことは回路を小型にできることから、無線通信よりも高周波な伝送方法が期待されていた。1960年代のレーザ発明、1970年代の光ファイバ発明により、無線通信の300MHzから一気に300THzの伝送領域へ技術ジャンプが起こり、光エレクトロニクス時代が到来した。光ファイバ通信の原理は、**図7.19**に示すようにデジタル信号（信号電流）の0/1により半導体レーザの強さを変化（オン・オフ）させて直接強度変調（IM）させ、フォトダイオードによりその信号を直接検波する方式をとっている。

　さらに、2000年を超えた頃から、従来の再生中継器（途中で電気信号に戻し、

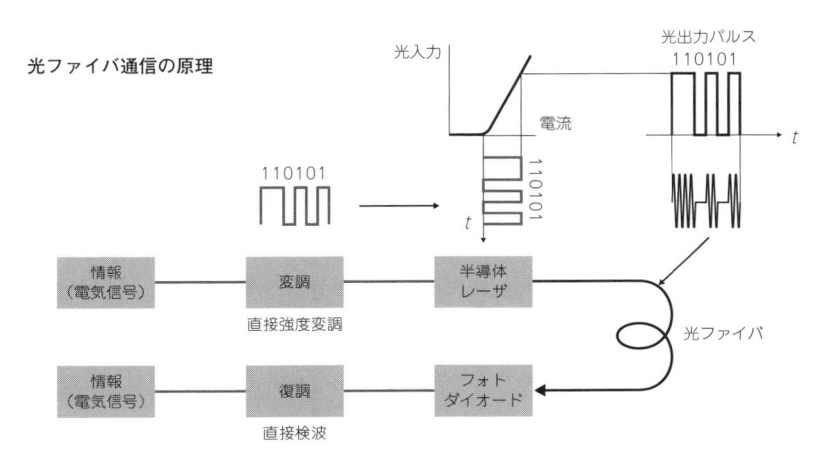

図7.19　光ファイバにおける直接強度変調（IM）

デジタル波形を再生してから再度光信号にして送信する中継器）に変わって光増幅中継器（インライン光アンプ）の実用化、波長の異なる数10波〜百数10波の光信号を1つの光ファイバケーブルで伝送する「高密度光波長多重（DWDM）」技術の登場などで光ファイバによる伝送容量は飛躍的に進化を続けている。さらに光ファイバケーブルそのものも従来のシングルコア（光信号の通り道が1つ）のファイバに加え、マルチコア（光信号の通り道が複数）のファイバケーブルも実用化の段階となっている。

　また、変調方式も従来の強度変調に加えて64QAMや256QAMなどの高度な多値デジタル変調の利用が進んでおり、基幹回線はもとより、FTTHやFTTBとして家庭やオフィスへのブロードバンド回線提供の主流となっている。

（4）多重化方式

　有線通信では、信号波をそのまま通信ケーブルに流して通信することができるが、1組の通信に1本の通信ケーブルを使用するのでは非効率的である。たとえば、ある区間で1万人が同時に通話する場合、一万本の通信ケーブルが必要になる。そこで通信ケーブルを有効に使用し、通信の効率性や経済性を考え、複数の信号を互いに干渉しないように多重化方式が用いられている。多重方式は多数の信号を、異なった時間位置に配列して、時間的に分けて伝送する方式を**時分割多重方式**（TDM）と、周波数の異なる搬送波をそれぞれ振幅変調し、周波数が重ならないように周波数軸に並べて伝送する**周波数分割多重方式**（FDM）とに分かれる。デジタル化が進められた結果、FDMは比較的古い技術となっており、

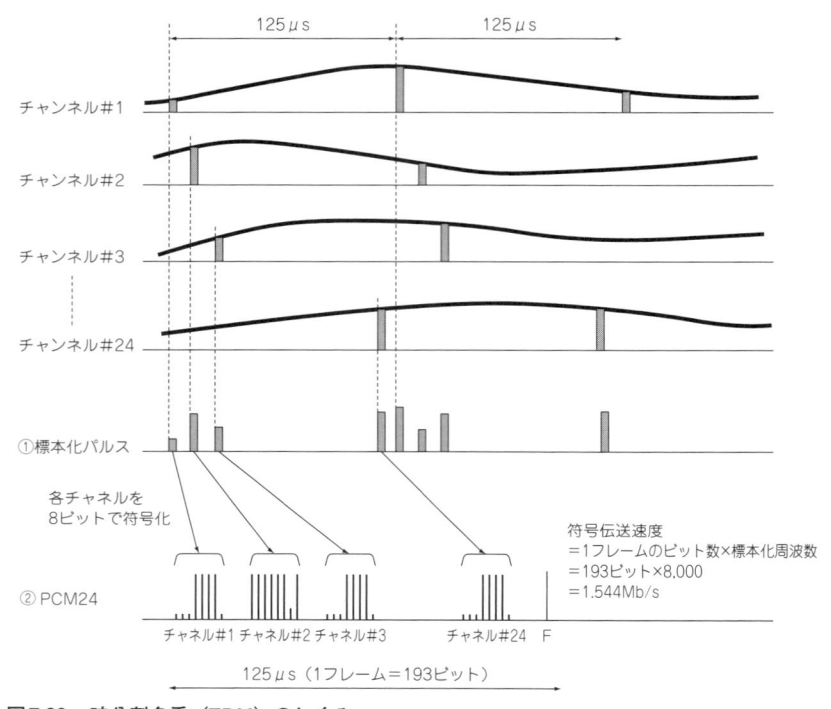

図7.20 時分割多重（TDM）のしくみ

有線方式とくに光通信では、TDMが主に用いられている。さらに光通信では、1本の光ファイバケーブルに複数の異なる波長の光信号を同時に乗せることによる、高速かつ大容量の情報通信を伝送する**波長分割多重通信**（WDM：Wavelength Division Multiplex）が用いられている。

① **時分割多重（TDM）**

時分割多重では複数チャネルのデジタル信号や符号化された音声信号などを、複数ビットずつ時間をずらして配置し、順番に並べていく。たとえば、**図7.20**はTDM24通話路の原理を示したものである。通話路チャネル1～チャネル24の信号は、それぞれ標本化され、PAM波として時間的に重ならないように、パルス群を単位として多重化される。また、PAM波の1つのパルスは8ビットで量子化される。②に示すように、24チャネルの信号を8bitずつ配置していくと、チャネル1の信号が8bit続いた後にチャネル2の信号が8bit、チャネル3の信号が8bit、最後にチャネル24の信号が8bit並んで、またチャネル1の信号から順に配置されていく。このように、各チャネルの信号が決められたビット数ごとに繰

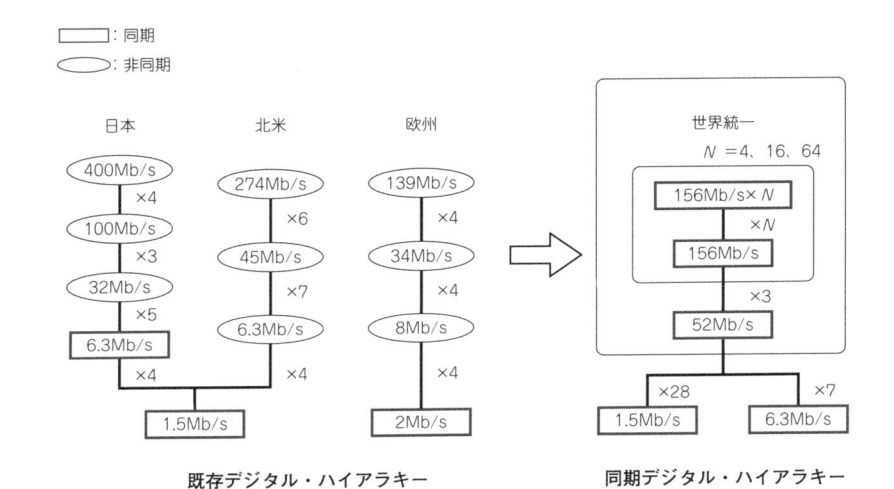

図7.21 デジタル・ハイアラキー

り返されることになる。各チャネルに割り当てられた時間位置を各チャネルの**タイムスロット**、この一定周期のパルス列を**フレーム**といい、繰り返しの周期を示すためにフレームの最初にはフレーム同期パルスが挿入される。このように1つのパルス群（チャネル1〜24）は8×24＝192ビットと、フレームを認識するための同期信号を1ビット挿入し、1フレームは193ビットで構成される。この時間長は125μsである。

さらに通信システムでは階層的に多重化を行う。64kb/sに符号化された音声信号を、1回の操作によって光ファイバでの伝送速度に多重化されるのではなく、一次群速度、二次群速度と呼ばれる速度系列に従って順次、積み上げられる。このことを**デジタル・ハイアラキー**と言う。世界の旧デジタル・ハイアラキーを図7.21に示す。世界的な通信ネットワークを考えると、デジタル・ハイアラキーは統一されていることが望ましかったが、1980年代までは図7.21の左側のように3種類存在した。しかしこの階層構造は、同図の右側のようにSDH（Synchronous Digital Hierarchy）としてITU-Tにより世界標準により統一されている（北米ではSONETと称している）。

② **波長分割多重（WDM）**

複数の波長を使用して光信号を送受信すれば、1信号を1光ファイバで送る場合と比べて実質上多くのファイバがあるように使用できる。WDMの場合、単一信号による通信と比較すると、使用する光の波長の数だけ、具体的には数倍〜数千倍といった情報量を同じケーブルで送信できるというメリットがある。現在実

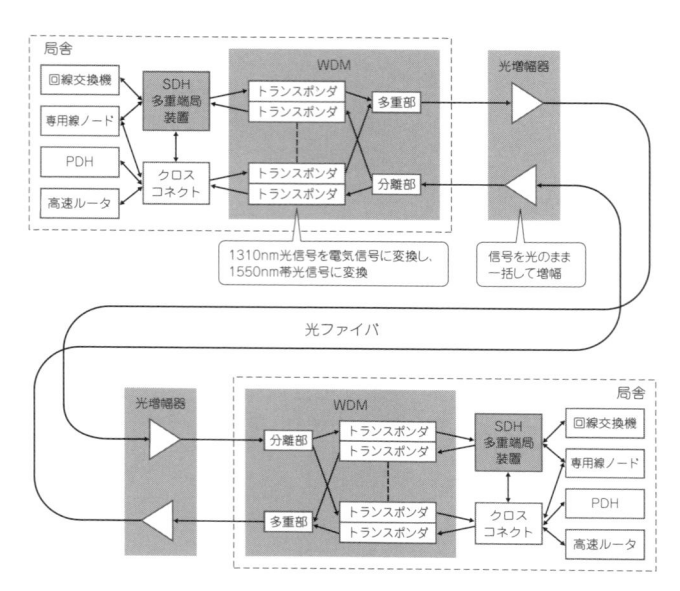

図7.22　SDHとWDMのシステム構成

用化されているものには、1本のファイバ当たりの総伝送容量が数Tbps（テラビット毎秒）といったものもあり、今後さらなる大容量化が見込める。使用する光ファイバの伝送特性により、信号の波長帯と多重度は決定される。使用する光の波長を増やせば増やすほど信号が密になり、これを **DWDM**（Dense WDM）という。DWDMは、0.1～0.4nm程度の高密度波長間隔で、光源が配置されている。波長安定化の要求条件を緩和するため、比較的広めの波長間隔20nmのWDMシステムも商用化されており、粗いという意味のCoarseを用いて **CWDM**（Coarse WDM）と呼ばれている。

通信ネットワークは、ユーザ宅の装置と通信事業者のキャリアビルを結ぶアクセスネットワーク、事業者のキャリアビル間を結ぶコアネットワークに大別できる。WDMは、コアネットワークにおいて、**図7.22**のようにSDHシステム、回線交換機、ルーターなどと相互接続することで構成され、光ファイバ当たりテラビット級の伝送システムが商用化している。

2 計測機器

2.1 オシロスコープ

オシロスコープとは、電気信号である物理現象を電圧または電流に変えて電気信号の時間的変化を波形として、ブラウン管上（画面）に描かせる波形測定器である。通常、画面表示の縦軸が電圧を表し、横軸が時間を表しており、波形の時間的変化を測定する。

オシロスコープは、各種産業分野で使用されている電子測定器の中で最も普及している測定器の1つであり、各種産業用電子機器の研究、開発、製造、保守から家庭用電子機器などの修理にも欠かせない測定器となっている。

(1) オシロスコープの基本原理

図7.23は、オシロスコープの原理図を示したものである。

垂直偏向板には、見たい波形の電気信号を電圧として加える。水平偏向板に、のこぎり波を加えると、電子のビームが左から右へ一定速度で描かれる。

したがって、ブラウン管の蛍光面にできる輝点（スポット）も左から右に振れ、波形を目視できる（輝点を一定速度で振らせることをスイープ－掃引－という）。

波形を静止した状態で見るためには、観測する信号の入力波形とのこぎり波の周波数を一定に保つことが必要である（のこぎり波発生回路の周波数を変えて入力波形を静止させて見ることを、**同期をとる**という）。

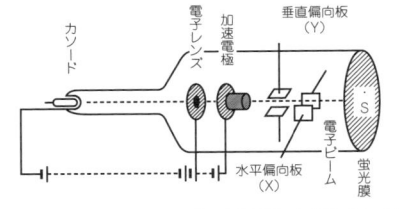

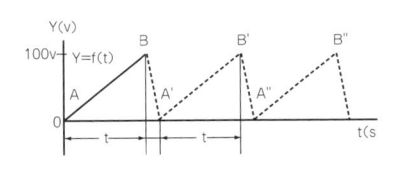

図7.23　オシロスコープの原理図（ブラウン管）のこぎり波　　　出典：岩崎計測株式会社

(2) オシロスコープの種類

① サンプリングオシロスコープ

高速の繰返し波形を一定の時間間隔をおいてサンプリングし、それをブラウン管上で1つの波形に合成して表示するタイプのオシロスコープである。特に高速

の（数十GHz）繰返し波形を観測するのに使われる。
② ストレージオシロスコープ
　ストレージ（蓄積）機能をもった特殊なブラウン管を使用したアナログのオシロスコープで、高速の単一現象や、非常にゆっくりした信号の把握や観察する場合に使われる。
③ ウェーブアナライザ
　入力波形をサンプリングし、これをA－D変換して記憶装置（メモリ）に順次記憶し、その内答を一定周期で読み出してD－A変換し、出力信号をオシロスコープに与えて静止波形が観測できるようにしたものである。すなわち、ストレージオシロスコープをデジタル的に実現したもので、**デジタルストレージオシロスコープ**ともいう。
　波形が鮮明で特殊なブラウン管を必要としない、メモリ容量を増せば長時間の現象も観察可能といった利点があり、近年は広く使用されている。使用されている。また、最近のオシロスコープは、表示部も従来からのブラウン管は使用されるケースも少なくなり、カラーの液晶画面のものが主流となっており、周波数や電圧値の自動測定・表示、複数のカーソルを使用して測定できるリードアウト機能、観測波形デジタル画像のUSBメモリなどへの記憶等々様々な機能が組み込まれ、一般にデジタルオシロなどと呼ばれている。
　また、デジタル信号を複数本同時に観測できるようにした装置もある。これは特に**ロジックアナライザ**と呼ばれ、デジタル機器の測定・保守に欠かせないものであったが、近年のシステムLSIやプロセッサの超高集積化やプリント基板そのものの小型化、高密度実装化により、プリント基板やLSIでの観測ポイントが減少しており、開発環境下でのシミュレーションツールにとってかわられてきており、利用される場面も減少している。

2.2 デジタル計測器

（1）デジタルマルチメータ

　デジタルマルチメータはアナログ－デジタル変換回路（A－D変換）を用いて測定値を数字で表示させる回路計で、1台で直流電圧測定、交流電圧測定、抵抗測定、電流測定などの多機能な測定ができる。デジタルマルチメータをDMMと略していう場合が多い。図7.24は、DMMの基本ブロックを示したものである。

（2）周波数カウンタ

　周波数カウンタとは、電気信号の周波数をデジタル表示により測定する測定器

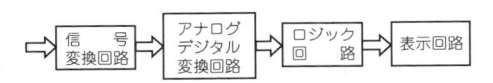

図7.24 デジタルマルチメータの基本ブロック

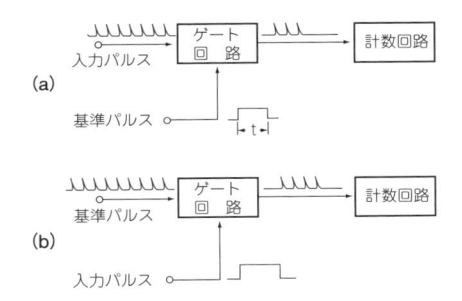

図7.25 周波数カウンタの原理

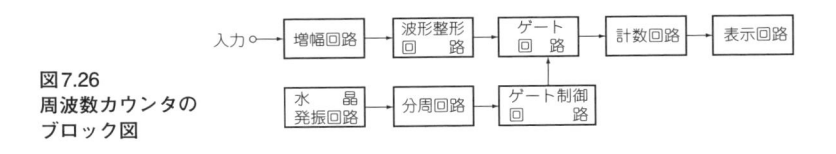

図7.26 周波数カウンタのブロック図

である。図7.25に示すように、周波数カウンタはその原理により2つの方式に分けられる。(a)は高い周波数に適用し、(b)は低い周波数に適用する。図7.26は基本的なブロックを示したものである。なお、周波数カウンタをさらに多機能化し、周波数の他、時間間隔、時間差、カウント測定など、時間に関する測定を1台で行えるようにしたものを**ユニバーサルカウンタ**と呼んでいる。

2.3 交流安定化電源

　一般の電源は商用交流100〔V〕と200〔V〕が使われているが、この電源には通常±10%の変動がある。この電源電圧変動は供給された時のみならず、負荷に流れる電流が非常に大きい場合などは負荷電圧の変動や周波数波形のひずみやノイズ混入をもたらす。

そこで、常に一定の電圧を得るために、交流の場合には交流安定化電源が必要で、サイリスタ類を除いた半導体装置の場合には直流安定化電源が必要となる。交流安定化電源の代表的なものには、次の2つがある。

- **オートスライダック型**：**スライダック**と呼ばれる電圧調整器を利用して自動的に電圧調整するもので、トランスの一種と考えられる。一次巻線に商用電源 AC100〔V〕または200〔V〕を接続して、スライダックで二次巻線の電圧を検出し、設定した電圧との差電圧が0Vになるように電動機でしゅう動子を動かし、自動的に二次巻線出力電圧を調整する。
- **鉄共振型**：機械的な可動部はもたず、コイルLとコンデンサCの並列によって構成され、出力側の電圧を一定にする。

2.4 直流安定化電源

多くの産業機器や民生機器に使われているトランジスタやIC等の電子回路は直流で動作するようになっている。そこで、交流を直流に直して電子回路に適した電圧と電流を供給する装置として直流安定化電源が多く使われる。

直流安定化電源は入力側電圧の変動および負荷変動に対して、出力の直流電圧または電流を、ある一定の範囲内に保つようにした電源装置をいう。なお、電圧を一定に保つものを定電圧源、電流を一定に保つものを定電流源と、区別して呼ぶこともある。また、直流入力形の定電圧源を **DC-DC コンバータ**と呼ぶ。

直流安定化電源には大別すると、**シリーズレギュレート方式**（直列制御）と**スイッチングレギュレート方式**があり、シリーズレギュレート方式の基本回路を**図7.27**およびスイッチングレギュレートの基本回路を**図7.28**に示す。

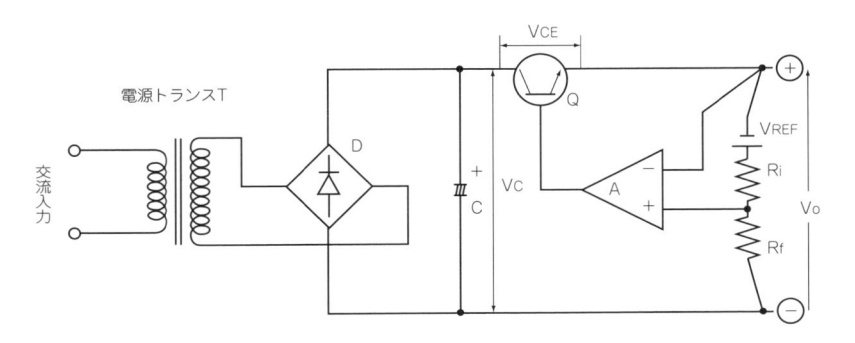

図7.27　シリーズレギュレートの基本回路　　　出典：菊水電子工業株式会社

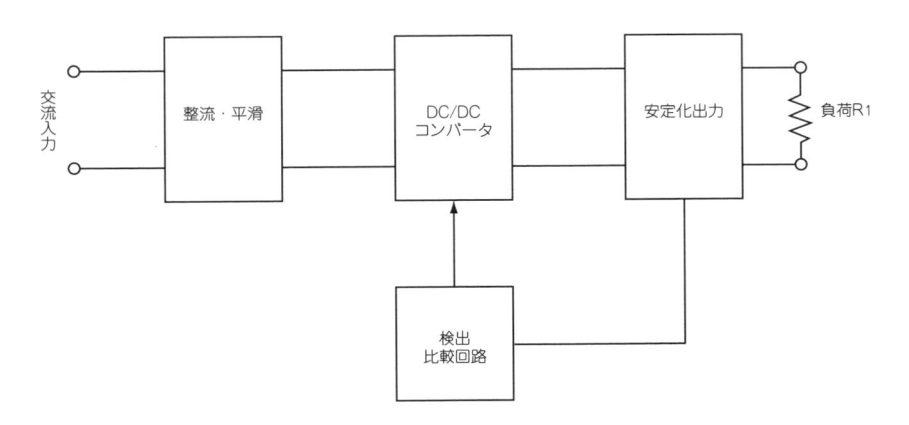

図7.28　スイッチングレギュレートの基本回路　　　出典：菊水電子工業株式会社

3 電波応用機器

3.1 ETC (Electronic Toll Collection System)

　我が国では2001年3月から、自動料金収受システム（ETC）のサービスが開始されている。図7.29に示すように料金にゲートを設置し、その上部に路側無線装置（ビーコン）を設置する。車両がビーコンの通信範囲内を通過する際に、車載端末と通信を行い、それによって料金収受を行う。

　ETCで用いられる通信は、ITS向けに標準化した**DSRC**（Dedicated Short Range Communication：専用狭域通信）である。日本ではETCを実用化するにあたり、車載器と路側機の間（狭い範囲）での双方向通信を目的として、世界に先駆け双方向通信の5.8GHz帯のDSRCアクティブ方式を採用した。この方式はトランシーバー方式とも呼ばれ、車載器にも発振器が内蔵され、車載器と路側機が対等に電波を発射し合うことができる。現在は電波が使われているが、さらに光を用いる方式も開発されており、これが実現すると、伝送容量は飛躍的に向上し、例えば車の中で見る動画データなども瞬時に送ることが可能となる。さらに将来、現在既に実用化されつつある、運行管理システムや料金決済システムなどとともに、多彩なサービスが始まり新たなマーケット（駐車場管理や交通情報提供，店舗情報提供、通学路などの道路の情報を伝える走行支援など）が形成されると期待を集めている。

　DSRCの通信方式は、ARIB（電波産業会）規定にそったもので、無線アクセス方式はTDMA-FDD、周波数5.8GHz帯（ISMバンド、上り5.815〜5.845GHz、

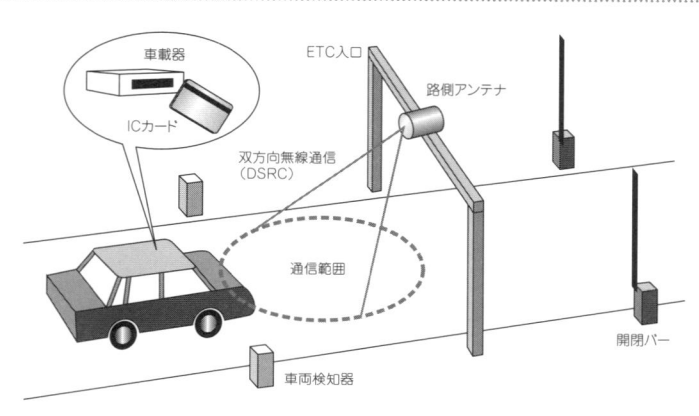

図7.29　ETCのシステム構成

下り5.775〜5.805GHz）の周波数帯で、通信速度1024kbps、変調方式はASK、路側機300mW以下、車載機10mW以下の電波を使いアクティブ方式で通信する。

3.2 全地球測位システム

　GPS（全地球測位システム、Global Position System）は衛星測位システムの一般名のように使われている。正確には米国国防総省が構築した衛星測位システムの固有名である。衛星測位システムの一般名としては、**GNSS**（Global Navigation Satellite Systems）である。一般的に衛星測位システムという場合、多くの人々はGPSを連想し、とくに区別する必要がない限り、GPSと表現する。人工衛星（GPS衛星、正確にはNABSTAR GPS衛星）は、約2万kmの高度を1周約12時間で動く。軌道上に打ち上げられた30個ほどの衛星コンステレーション（多数個の人工衛星を軌道に投入し協調した動作を行わせ目的をはたす方式）で地球上の全域をカバーできる。GPS衛星から発射される電波の到達時刻を測定して、現在の位置や高度を得る測位システムである。GPSは船舶や航空機、カーナビゲーションシステムとして広く普及している。

　GPSによる測位は、図7.30に示すようにGPS衛星から発射された電波が受信点に届くまでの時間を測定することによってGPS衛星からの距離をもとに受信点の位置を求める。GPS衛星からの信号には、衛星に搭載された精密な原子時計（誤差100万分の1秒）からの時刻のデータ、衛星の軌道が含まれる。GPS受信機にも正確な時刻を知ることができる時計が搭載されているならば、GPS衛星からの電波を受信し、発信－受信の時刻差に電波の伝搬速度を掛けることによって、その衛星からの距離がわかる。三次元空間の位置を表す座標（x, y, z）には変数が3個あるので、理論的には受信機と3つの衛星との距離を表す連立方程式を立てて、それを解けば受信機の位置が求まる。しかし実際のGPS受信機に搭載されている時計はクオーツなどを利用しているため、あまり正確ではない。時計の誤差がたとえ100万分の1秒であったとしても、距離の誤差は300mにも及んでしまう。そこで、この受信機の時計とGPSの正確な時間とのずれ量（td）も未知数として扱う。4つの解を求めるには4個以上のGPS衛星からの電波を観測し、4つ以上の方程式を作る必要がある。4個の衛星を観測した場合、4つの疑似距離$r_1 \sim r_4$を測定することで時計の誤差による距離$t_d \times c$を含んだ次の連立方程式ができる。

　民生用GPS受信機は当初航空機、船舶、測量機器、登山用に利用されてきたが、近年は自動車カーナビゲーションや携帯電話などにも搭載し利用されている。カーナビゲーションでは、GPSと自律航法（ジャイロスコープを使って、

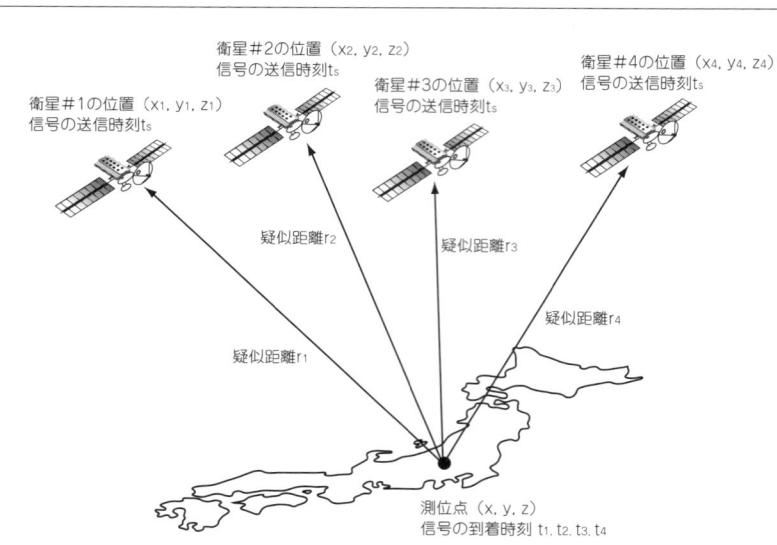

(a) GPS衛星と疑似距離

$$\sqrt{(x-x_1)^2+(y-y_1)^2+(z-z_1)^2}+t_d\times c=(t_1-t_s)\times c=r_1$$

$$\sqrt{(x-x_2)^2+(y-y_2)^2+(z-z_2)^2}+t_d\times c=(t_2-t_s)\times c=r_2$$

$$\sqrt{(x-x_3)^2+(y-y_3)^2+(z-z_3)^2}+t_d\times c=(t_3-t_s)\times c=r_3$$

$$\sqrt{(x-x_4)^2+(y-y_4)^2+(z-z_4)^2}+t_d\times c=(t_4-t_s)\times c=r_4$$

ここで、
- (x, y, z) ：測定点の位置座標
- (x_i, y_i, z_i)：i番目の衛星の位置座標
- t_i ：i番目の衛星の信号が受信機に到達した受信機時計の時刻
- t_s ：信号がGPS衛星を出発したときのGPS衛星時計の時刻。衛星時計は同期している。
- t_d ：衛星時計と受信機との時計のずれ
- c ：光速
- r_i ：i番目の衛星との疑似距離

(b) 測位点 (x, y, z) を求める方程式

図7.30　GPSのしくみ

【第7章】電子機器
3 電波応用機器

物体の角速度を検出する計測する航法）を組み合わせて使用して、双方の欠点を補う装置が多く、さらにCD-ROMディスク、DVD-ROMディスクに記録された道路地図情報を必要に応じて読み出し、自車走行経路の情報と照合する事で、正確に自車位置を特定する**マップマッチング**という方式も利用されている。また「ディファレンシャルGPS」や「高精度情報の開放」など、さらにGPS利用が高度化され、VICSによる交通情報（渋滞情報や規制情報）を考慮して、経路案内を行う製品も一般的になっている。近年では、DVDに代わりHDD（ハードディスクドライブ）やSSD（ソリッドステートドライブ）を搭載することにより動作の高速化・記憶容量の拡大が図られた製品や、通信機能（VICSの他、携帯電話・PHS等の回線で各社独自のサーバコンピュータに接続）により地図情報などを更新できる製品なども登場している。

　また、スマートフォンやフィーチャーフォン（従来の多機能携帯電話端末）などの移動端末にもGPS機能が搭載されている。これら移動端末ではGPSによる測位と合わせて、基地局情報や無線LANアクセスポイントの情報などを利用した測位サービスも行われている。

　なお、現在の我が国では、スマートフォンやフィーチャーフォン、PHSなどの移動端末から警察や消防などに緊急通報を行った際は、自動的に端末の位置情報が通知されることになっている。

第7章 電子機器

実力診断テスト

解答と解説は次ページ

次の設問において、記述が正しければ○、記述が間違えていれば×を解答しなさい。

【1】波長の長い電磁波ほど、多くの情報を変調波として運ぶことができる。
【2】周波数変調（FM）方式は、振幅変調（AM）方式に比べて雑音の影響が少ない。
【3】パルス符号変調（PCM）方式は、標本化、量子化、暗号化によりアナログ信号からデジタル信号に変換する方式の1つである。
【4】コンピュータ間通信で使用されるOSI参照モデルは、物理層、データリンク層、ネットワーク層、トランスポート層、セッション層、プレゼンテーション層、アプリケーション層の7つの層からなる。
【5】AM放送で使用される中波MFの周波数帯域は、300kHz〜3MHzである。
【6】電話回線は、アナログ信号をデジタル信号に変換され、デジタル伝送路により加入者間を通信する。
【7】オシロスコープの入力波形を静止させて見るには、観測する信号の入力波形とのこぎり波の周波数を一定に保つため、同期をとることが必要である。
【8】直流入力形の定電圧源をAC-DCコンバーターと呼ぶ。
【9】GPS（Global Positioning System）は、人工衛星から電波信号の強度差を利用して、地球上の位置を測定するシステムである。
【10】ETCは、車載器と路側機との間の片方向通信を使ったDSRC方式による、自動料金収受システムである。

第7章●実力診断テスト　解答と解説

【1】× ☞ 波長の長い電磁波とは、周波数の低いということで、多くの情報は運べない。具体的には、AMラジオの中波帯と衛星通信のマイクロ波帯を比較すると、マイクロ波帯の方が画像信号を含む情報を多く伝搬できる。信号波を搬送波に重畳させることを変調といい、その周波数が高いほど重畳できる情報量も大きくなる。

【2】○ ☞ 振幅変調波は、信号波形の振幅そのままの形をしている。もし、ノイズなどにより波形が乱れると、復元される信号もその形でノイズの影響を受けてしまう。一方、周波数変調波は、その振幅は一定で、代わりに信号の大きさを周波数の変化で表しているために、振幅は復元の対象にはならない。これにより、振幅的なノイズに対し、非常に強い特性を持っている。

【3】× ☞ 1.1（2）を参照。PCM方式は、音声などのアナログ信号をデジタルデータに変換する方式の1つ。信号を一定時間ごとに標本化（サンプリング）し、定められたビット数の整数値に量子化して記録する。記録されたデジタルデータの品質は、1秒間に何回数値化するか（サンプリング周波数）と、データを何ビットの数値で表現するか（量子化および符号化ビット数）で決まる。暗号化の規定は特になく、設問の「暗号化」は「符号化」の誤り。

【4】○ ☞ 表7.2参照。

【5】○ ☞ 表7.3参照。

【6】○ ☞ 電話回線は、音声信号をPCM符号化し、更にデジタルハイアラーキーに従ってTDM（時分割多重）され、さらに最近ではWDM（波長多重）するデジタル伝送システムにより、加入者間を通信している。

【7】○

【8】× ☞ 直流入力形の定電圧源をDC-DCコンバーターと呼ぶ。

【9】× ☞ 3.2参照。位置計測の原理は、衛星には正確な時計が搭載されていて、その時刻を電波信号として送信している。GPS受信機は、衛星から発信された時刻と受信機が受信した時刻との時間差を計測し、その時間差に伝播速度を掛けることで、衛星から受信機までの距離を算出している。

【10】× ☞ 3.1参照。自動料金収受システム（ETC）は、ゲートに設置した路側無線装置（ビーコン）と車載端末の間で、国際標準化されている通信方式DSRC（Dedicated Short Range Communication）により、通信している。これらは、5.8GHz帯を使った双方向通信として情報をやりとりしている。

【第8章】
機械工作法

　手仕上げの各種作業や工作測定に関しては、電子機器組立てで必要な範囲の知識を問われる。あまり専門的な問題は出ない。
　1・2級いずれも、仕上用工具や測定具、作業の基本や測定方法など基礎知識を整理しておけばよい。出題数は、例年5題前後である。
　学習のポイントは次の通りである。
■手仕上げでは、やすり、穴あけ、ねじ立て（タップ）、リーマ通し、けがきの各作業にわたってまんべんなく出題されるため、工具の種類と用途、および作業の要点をおさえておく。
■工作測定法は、現場で使う各測定具の種類、名称、特徴、使い方を十分に学習しておく。

1 手仕上げ

1.1 やすり作業

(1) やすりの種類
① 材質と各部の名称
　鉄工やすりは、炭素工具鋼（SK120）または同等以上の材料で作られ、木製の柄をはめて使用する。目切り部の硬さは62HRC以上とJISで規定している。
　図8.1に、各部名称を示す。
② 鉄工やすり
　金属を手作業で仕上げるのに用いる。
　形状は、図8.2に示すように、平形、半丸形、丸形、角形、三角形の5種類がある。
　目の種類（目の切り方）は、原則として複目であるが、単目、三段目のものもある（図8.3）。
③ 組やすり
　機器の小さい部分を手作業で仕上げるのに用いる。
　5本組、8本組、10本組、12本組の4種類があり、本数の多い組ほど1本のやすり全長は短い。図8.4に、その形状を示す。

図8.1 やすり各部の名称

図8.2 鉄工やすりの種類

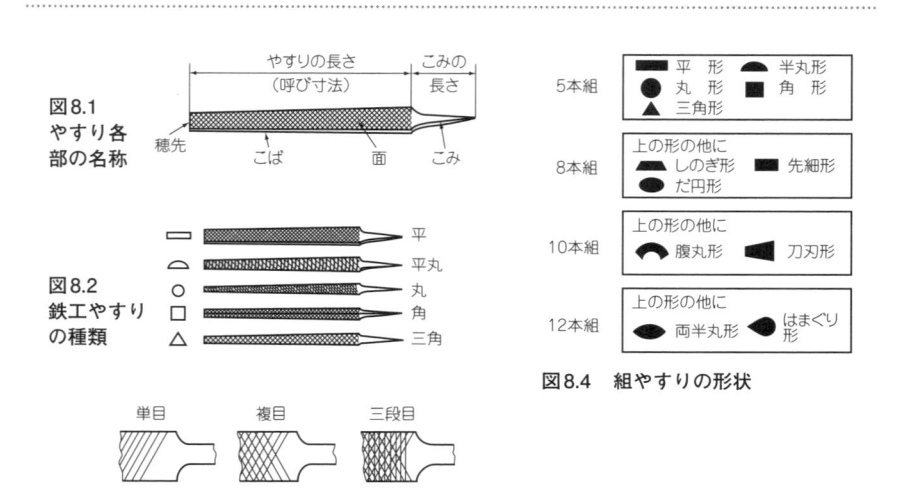

図8.3 鉄工やすりの目

図8.4 組やすりの形状

目の種類は原則として複目だけである。

目の粗さは、中目、細目、油目の3種類がある。
④ 目の選び方
- **単目**：切れ味がよく、やすり目も残らないので、鉛、すず、アルミニウムなど軟質金属の仕上げ、薄板の縁の仕上げなどに使う。
- **複目**：一般に広く使われ、特に硬い材料（鋼、鋳鉄など）に適している。
- **鬼目**：ポンチ形のたがねで目を1つひとつ掘起したもの。鉄鋼には不適であり、主として木、皮、ファイバなど非金属、軽金属の荒削り用として使う（図8.5）。
- **波目**：フライスによって波形に目を切ったもの。目づまりがなく、切削力が大きい。軟質金属の荒削り用として使う（図8.5）。

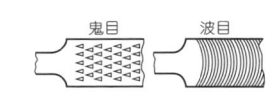

図8.5　鬼目と波目

(2) やすり作業の要領
① 平面やすりかけ

中央部が高くならないようにすることが大切である。

図8.6(a)に示すような直進だけでなく、(b)に示す斜進法を合せ、(C)のようにときどき方向を変えて、直定規ですきまを見ながら仕上げる。取しろの多い場合は、先にけがき線まで角をとり、その後平面を削る。

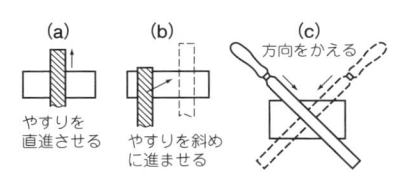

図8.6　広い平面のやすりかけ

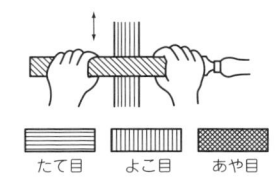

② 目通し

図8.7の下部に示したようなやすり目を仕上げ面に付けることをいう。

普通は長手方向にたて目を通す。

細長い面の目通しは、図8.7の上部に示したような横進法で行う。

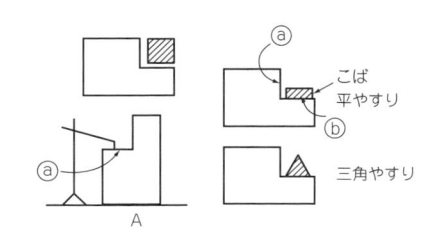

図8.7　目通し

③ すみ部の仕上げ（図8.8参照）
- 角形やすりで荒仕上げ。
- 三角形、平形やすりでⓐ面をA面に平行に仕上げる。
- ⓑ面をⓐ面に垂直に仕上げる。ⓐ面をきず付けないように、平やす

図8.8　すみ部の仕上げ

りはこばのない方をⓐ面に向ける。
- ●すみの整形は三角やすりか半丸やすりを使う。

④ **やすり作業における注意事項**
- ●やすり目に切粉が詰まると加工面にかじりを生じる。目づまりを防ぐには、白ぼくや木炭を刃面にすり込む。
- ●やすり面につまった切粉をやすりブラシで落すときは、上面に沿って払う。下目方向にかけると切刃にきずが付く。
- ●新しいやすりは、たとえば鉛→銅合金→軟鋼→硬鋼→鋳鉄の順のように、軟らかいものから硬いものへと使うと、寿命が長くもつ。
- ●目の粗さによる仕上げの目安は次の通り。

荒目・中目……50S～25S（▽仕上げ）
細目・油目（呼び寸法300、250）……25S～12S（▽▽仕上げ）
油目（呼び寸法200～100）……12S～3S（▽▽▽仕上げ）
- ●やすりはもろいので、ハンマの代りに使用してはならない。

1.2 穴あけ作業

穴あけ作業では、電気ドリル、ボール盤を使ったツイストドリルによる穴あけが最も一般的である。

(1) ドリル

一般に、ドリルといえばツイストドリルのことをいい、丸棒に切りくず排出用の螺旋状の溝が2本切られ、円錐型に尖らせた先端に一対の切れ刃が設けられている。

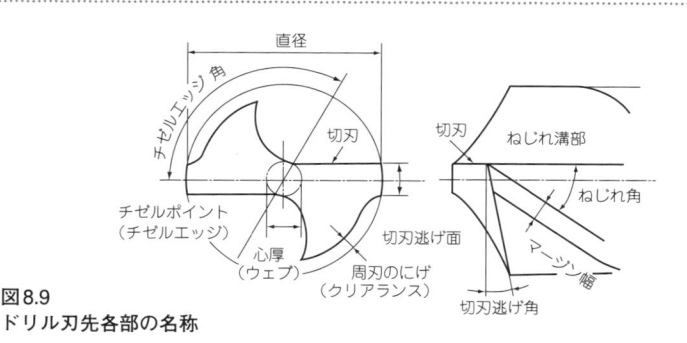

図8.9
ドリル刃先各部の名称

図8.9は、刃先各部の名称を示したものである。
① ドリルの材質
　ドリルは、切削性能だけではなく、耐熱性、耐摩耗性、じん性を考慮した材料が使用されている。高速度鋼や超硬合金などを用いるほか、焼き入れや窒化処理、チタンなどをコーティングする処理などによって特性を改善し、総合的な性能向上を図っている。
② ドリルの逃げ
　3つの逃げがあり、これらが適当でないと切れ味の悪化、折れの原因になる。
- **周刃の逃げ（ランドクリアランス）**：バイトの前逃げ角に相当。マージンの部分を残して周刃部分を狭い帯状に切落し、周刃が穴側面を摩擦しないようにしている。切刃寿命を考えてランド（マージン）部分の幅を決める。
- **切刃の逃げ角（リップクリアランス）**：バイトの切刃角に相当する部分で、切れ味を決める重要なもの。ドリル先端の切刃の背が、きりもみされた穴の先端の円すい面と摩擦しないために付ける逃げである。硬い材料には小さめ、軟らかい材料には大きめにとるが、一般には12～15°程度でよい（**表8.1**参照）。この逃げ角を付けると、先端は点にならず線になる。この部分を**チゼルポイント**と呼ぶ。
- **長手の逃げ**：ドリル全体が同径だと穴あけ側面を摩擦する可能性があるため柄（シャンク）に近い部分を細くしてある。これを**長手の逃げ（バックテーパ）**と呼び、直径5mm以上のドリルで、長さ100mmにつき0.02～0.15mm程度である。

③ 刃先角
- **先端切刃角**：ドリルの食付き具合を左右する角度であり、左右等しくないと穴を正確にあけられない。標準角度は118°であるが、硬い材料や非金属では大きく（130°～140°くらいまで）、軟らかい材料や合成樹脂では小さく（最低60°くらいまで）とる（**表8.1**参照）。
- **ねじれ角**：バイトのすくい角に相当し、ドリルの中心部になるほど小さくなる。ドリルの切れ味を大きく左右し、ねじれ角が大きくなれば切れ味はよくなるが、ドリルは弱くなり折れやすくなる。普通は20°～30°であるが、**表8.1**に示したように材料に適した角度を選ぶことが必要である。

表8.1　切刃の角度

工作物の材質	切刃の逃げ角	先端切刃角	ねじれ角
鋳鉄	12～15°	90～118°	20～32°
鋼（低炭素鋼）	12～15°	118°	20～32°
銅および銅合金	10～15°	110～130°	30～40°
アルミニウム合金	12～15°	90～120°	17～20°
標準ドリル	12～15°	118°	20～32°

④ シンニング

ウェブ（心厚）部分が厚くなるとドリルの切削抵抗が増し、切れ味が悪くなる。しかし、薄くするとドリルの肉厚が薄くなって強度が落ちる。そこで、ウェブの先端部分を研磨する。この作業を**シンニング**と呼ぶ。

⑤ ドリルの種類

図8.10に示すように、柄（シャンク）にはストレートシャンクとテーパシャンク（モールステーパ）の2種類がある。

前者は径13mm以下のドリルであり、ドリルチャックに取付けて使用する。

後者は径75mmまでのもので、スリーブやソケットなどによって主軸テーパ穴に取付けて使用する。

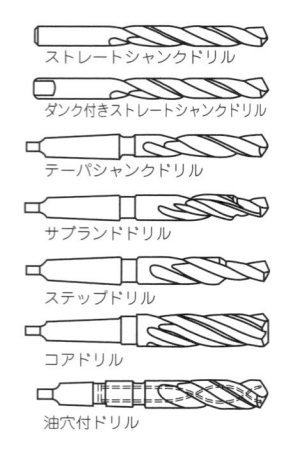

図8.10
各種ツイストドリル

（ストレートシャンクドリル／ダンク付きストレートシャンクドリル／テーパシャンクドリル／サブランドドリル／ステップドリル／コアドリル／油穴付ドリル）

（2）ボール盤作業

① 切削条件

切削速度はドリルの外周の速度（m/min）で表し、1回当りの送り（mm/rev）との関係を、被削材料、ドリル径に対して、次のように使い分ける。

```
┌ 硬い材料――低速・送り小       ┌ 小径ドリル――高速回転・送り小
└ 軟らかい材料――高速・送り大   └ 大径ドリル――低速回転・送り大
```

② ドリル加工の要点

- **斜面の穴あけ**：ドリルが曲がらないように平らに仕上げておく。センタドリルで案内穴をつくる。治具やガイドブシュを使うなどする。
- **重なり穴の穴あけ**：必ず小さい方からあけ、最初にあけた穴に同質材料のつめものをしてから、次の穴加工を行う。
- **硬・軟両材質の合せ目の穴あけ**：切削抵抗のバランスをとるために硬い方に下穴をあけるか、治具、ガイドブシュを使う。
- **薄板の穴あけ**：先端切刃角（−）のドリルか平きりを使う。
- **深穴あけ**：切粉の除去をよくするため油穴付ドリル、ガンドリル（高速低送り）、BTA方式（加工穴とドリルの間から切削油を高圧で豊富に供給し、切くずをドリルの内部を通して流し出す方式）などで行う。

1.3 ねじ立て作業

タップでめねじを切り、ダイスでおねじを切る。

A：刃　幅
B：すくい角
C：二 番 角
　　（逃げ角）
D：み　ぞ

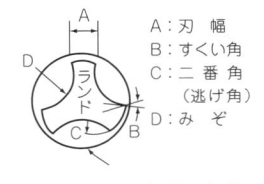

図8.11　切刃各部の名称

(1) タップとタップ作業
① **タップの材質**
　合金工具鋼SKS 2、炭素工具鋼SK 2、高速度工具鋼SKH 2 など。
② **切刃各部の名称と役割**
　図8.11は、切刃各部の名称を示したものである。
- **みぞ**：切刃をつくるため、切くず除去のためにある。径が大きくなるに従ってみぞの数は増えるが、4つのものが最も多く使われる。
- **二番角（逃げ角）**：精度のよいタップに付いており、切れ味をよくするため、被削材が軟らかくなるほど大きくとる（硬鋼で2°～3°、軟鋼で4°～5°、アルミで6°程度）。
- **すくい角**：切れ味をよくするためにある。普通5°程度。

③ **等径タップと増径タップ**
　タップの代表的なものとして、等径タップと増径タップがある。両者の特徴と違いをよくつかんでおく（**図8.12**参照）。

	形　　状	特　徴　と　用　途
等径タップ	等径手回しタップの刃先形状 a：荒タップの外形線 b：中タップの外形線 c：上げタップの外形線 ℓ：上げタップの食つき部の長さ	●特徴● 先（荒）タップ、中タップ、上げタップの3本で一組。左図のように3本とも同径だが、食つき部の長さが先タップは9山、中タップ5山、上げタップは1.5山になっている。使用は先、中、上げの順で行うが、3本全部使わなくてもよい場合が多い。手作業だけでなく機械作業でも使われる。 ●用途● 一般に広く使われる。
増径タップ	増径手回しタップの刃先形状 a：一番タップの外形線 b：二番タップの外形線 c：仕上げタップの外形線 ℓ：仕上げタップの食つき部の長さ	●特徴● 一番、二番、仕上げタップの3本で一組。左図のようにピッチは同じだが、外径は一番タップから仕上げタップへとしだいに大きくなっている。 ●用途● 特に精度のよいねじ立てを行う場合、あるいはステンレス鋼、強靱鋼など粘りのある材料に適している。一般にはあまり使われない。

図8.12　等径タップと増径タップの特徴

④ **下穴の大きさ**

ねじ下穴の径は、加工する材料の材質によって異なるが、大体の目安は呼び径－ピッチ（例：M5－0.8＝4.2）、下穴にドリルでC1～2程度の面取りをしておく。

⑤ **タップ作業の要領**
- 食付かせるときは、図8.13に示すように右手でタップを支えて下穴に垂直に当て、次に両手でハンドルを水平に保って押付けるようにして2～3回回して食付かせる。
- 食付き始めの真直度を、図8.14に示すようにスコヤで90°ずらした2方向から調べる。
- ねじ立ては、ハンドルを両手で持ち、平均した力で水平に保って回す。3/4回転したら1/4回転もどす感じで、刃先の切くず除去と切削油の浸透をはかる。
- タップを抜くときは、両手で水平に逆転して抜く。

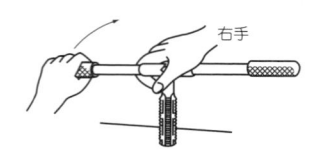

図8.13　タップの食付かせ

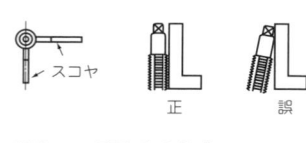

図8.14　真直度の検査

- 等径タップの場合、通し穴は板厚によって先タップだけでもよいが、厚物では上げタップまで通す。

⑥ **とまり穴のねじ立ての注意事項**
- 下穴の深さは、ねじ深さより5mm程度深くする。
- タップの所要深さの位置にチョークで印を付けておく。
- ときどきタップを抜き取って、中の切くずを除去する。
- 先、中、上げタップの順で仕上げる。

⑦ **折れたタップの抜き方**
- 折れ口が穴の外に出ているときは、出ている部分をプライヤではさんだり、ポンチかたがねを当ててハンマでたたくなどしてゆるみ方向に回す。
- 穴の奥で折れた場合は、みぞ数だけ足の付いた工具をみぞに差込んで回して抜く。細いタップならポンチで少しずつ砕いてとる。

(2) ダイスとダイス作業

ダイスは、ほとんどの場合、ダイスハンドルに取付けて手作業で行う。

① **ダイスの材質**

合金工具鋼SKS2か、これと同等以上のもの。

【第8章】機械工作法
1 手仕上げ

② **ダイスの種類とその特徴**
- ●ソリッドダイス：ねじ径の調節はできない。剛性があり厳しい切削条件でも安定してねじが切れ精度も高い。主に自動盤用として使われる。外形は丸形、四角形、六角形がある（図8.15）。
- ●調整ダイス：調整用のねじが付いて、わずかにねじ径の調整ができる。ソリッドダイスに比べ切削トルクが高く精度も若干低い（図8.16）。
- ●その他：2個のこまを保持具に入れた割こまダイス、ねじ径を調整できる円筒形のばねダイス、チェーザを植込んだ植刃ダイスなどがある。

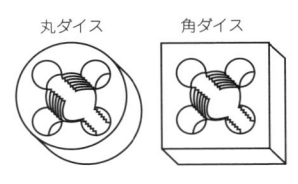

図8.15 ソリッドダイス

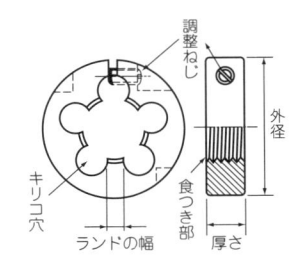

図8.16 調整ダイス

③ **ダイスの等級**

ねじ部の精度によって精級と並級があり、精級はP、並級はNで表す。

- ◎**ダイスの表側と裏側** ダイスの表側は食付き部が長く（2〜2.5山、裏側は1.5山）、呼び、等級、メーカ名などが刻印してあるので、容易に判別できる。

④ **ダイス作業の要領**
- ●工作物の両端は、ダイスが食付きやすいように面取りをしておく。
- ●ダイスの表側を上にして、ダイスハンドルに取付ける。
- ●ダイスの表側を下にして工作物に水平にのせ、両手で回して食付かせる。タップと同じ要領で3/4回したら1/4逆転して切くずを除去する。
- ●ときどき切削油を注油する。
- ●終ったら、ハンドルを静かに逆転してダイスを外す。

⑤ **ダイス作業での注意事項**
- ●工作物の面は必ず仕上げしておく。黒皮に切るとダイスの刃をいためる。
- ●調整式ダイスを使用するときは、切りすぎないようにときどきねじゲージ、標準ナットで工作物の寸法を検査する。

1.4 リーマ通し作業

この作業は加工された穴内面をきれいに仕上げ、正しい寸法にする作業である。

(1) リーマとその種類
加工穴形状により、ストレート穴加工用とテーパ穴加工用がある。リーマの材質は、合金工具鋼SKS 2、高速度工具鋼SKH 2、超硬合金などである。

① リーマの種類
- **手回しリーマ**：リーマ回しに取付けて手回し作業で行う場合に使う。シャンクはストレートで、先端はハンドルを取付けるため四角形になっている。代表的なものはハンドリーマ、ハンドテーパピンリーマなどである。
- **機械作業用リーマ**：ボール盤、旋盤、フライス盤などの工作機械に取付けて、機械作業用に使う。シャンクはモールステーパのものとストレートのものと2種類あり、刃形、用途によっていろいろな種類がそろっている。

② 切刃各部の名称と役割（図8.18）
- **食付き部**：切削はこの食付き部でしかできない。食付き角は機械作業用では45°が標準。手作業用は小さく、ハンドリーマは1～7°。
- **当り部**：外周刃には当り刃が付いていて、これがバニシング作用をして仕上面を滑らかにする。食付き部には当り部は付いていない。また、テーパリーマは全長が食付き部のように切削するため、当り部の幅は狭く、あまりよい仕上げ面は得られない。
- **すくい角**：すくい面（刃裏）の角度をいう。被削物が鋼の場合で5～10°、軟らかい材料で15°くらいまで付ける。

③ 直刃とねじれ刃
リーマには直刃とねじれ刃があり、ねじれ刃には左右のねじれ刃がある。
- **直刃**：一般に用いられ精度もよく、仕上り面も美しい。キーみぞ、油みぞな

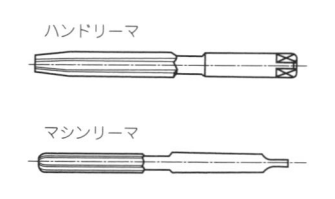

図8.17　リーマの例

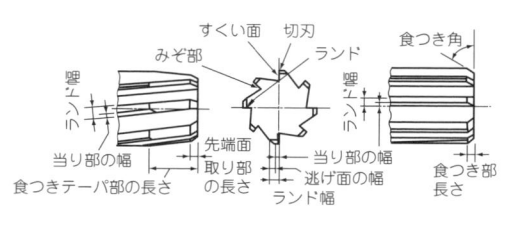

図8.18　リーマ切刃各部の名称

ど穴の入口から奥にかけてみぞがある場合には用いない。
- **左ねじれ刃**：安定した切削が得られ、軟らかい材料では精度もよく仕上り面も美しく、穴径も拡大しない。切くずが穴奥にいくので排除が悪い。
- **右ねじれ刃**：左ねじれ刃より切れ味がよく、硬くて切れ味の要求される場合に使用する。穴は拡大する傾向があり、切くずの排除がよい。

(2) リーマ通し作業
この作業では削りしろ（仕上しろ）の取り方と下穴の真円度がポイントである。

① 削りしろ（仕上しろ）の取り方
多すぎると切削抵抗が増して刃の摩耗も早く、切くずが刃みぞにつまる。少なすぎると刃がかすって刃の摩耗を早めたり、下穴面が残ってリーマ通しの用をなさない場合がある。手回しリーマ、機械リーマには無関係に、穴径（リーマ径）が大きくなるに従って、削りしろは多く取るようにする。

② 拡大しろ
リーマで仕上げた穴径はリーマ径より若干大きくなる。この大きくなった部分を**拡大しろ**と呼ぶ。次にあげる切削条件との関係で拡大しろの大きさは変わる。
- **切削剤**：乾式（切削剤なし）→不水溶性→水溶性の順で小さくなる。
- **切削速度**：大きくなるに従って拡大しろも大きくなる。
- **送り**：大きくなるに従って拡大しろも大きくなる。
- **削りしろ**：大きくとると拡大しろも増える。

③ リーマ作業の注意事項
- リーマを絶対に逆転させない。特に抜くとき要注意。
- リーマは下穴に対して同心にする。工作物を万力に加えるとき、リーマの食付きのときは、垂直に注意。
- 切削油剤を使い、切くずをうまく流す。
- テーパリーマ下穴は段付き穴にするとよい（図8.19）。

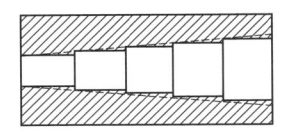

図8.19　テーパリーマの例

1.5 けがき作業

(1) けがきに使う工具と塗料
① 主なけがき用工具とその用途
- **トースカン**：定盤上でスケールから寸法をとり、定盤上を滑らせて加工物に水平線をけがく。
- **けがき針**：定規を当てて工作物に線を引くのに使う。
- **ポンチ**：けがき線を明確にするため、けがき線に沿って小さく点を打ったり、穴あけの中心点に打つ。
- **コンパス・片パス**：コンパスは線の分割、円を描くときなどに使う。片パスは心出し用に使い、片方の脚が曲っていて、これを工作物のふちに当てて円弧を描き中心を求める。
- **直角定規（スコヤ）**：基準面（定盤）に工作物を乗せ側面に当てて垂直度を見る。また、加工面の平面度を見るのに使う。
- **Vブロック**：2個で1組。主に丸棒を水平に、あるいは薄物工作物を垂直に保持するのに使う。
- **豆ジャッキ**：定盤上で鋳物や鍛造品のような複雑な形状の工作物を支え、必要な平行面を保持する役目をする。微調整が可能。
- **金ます**：各面が直角六面体に仕上げられ、上部のクランパで各種形状の工作物を固定し、水平線、直角線のけがきに利用する。

② けがき塗料
けがき線をはっきりさせるため、けがき部分にあらかじめ塗っておく塗料のことで、仕上面用と黒皮物（鋳肌や火造りのままの面）を使い分ける。
- **青竹**：仕上げ面用。青い塗料をアルコールで溶かし、ワニスを添加したもの。速乾性があって防錆作用もある。マジックインキで代用可。
- **胡粉（ごふん）**：黒皮物用。胡粉を水でとき、アラビアゴム糊やニカワを添加して煮たもの。厚く塗るとはげ落ちるので、なるべく薄く塗る。仕上げ面には、さびの原因になるので使用してはならない。なお、胡粉は白ぼくで代用できる。

(2) けがき作業の要点
① 基準のとり方
- 図面の中心線を基準とするのが原則。
- 仕上げられた面があれば、それを基準にする。
- 肉どりけがきをする場合は全体のバランスをみてジャッキで加減しながら取しろを平均化する。

【第8章】機械工作法
1 手仕上げ

- ●長辺と短辺をけがく工作物では長辺の方を先にけがくと、短辺の方はけがきやすく正確になる。
② **けがき針によるけがき**
- ●針先は油といしで円すい形に研いでおく。
- ●けがき針は**図8.20(a)**に示すように、引く方向に約15°傾け、針先は(b)に示すように定規に密着させる。
- ●針先に加える力は、黒皮や硬材には強く、仕上げ面や軟材には軽くかけて引く。
- ●縦線のけがきは下から上に向かって引く。
- ●垂直な線はスコヤを利用する。
- ●けがき線は1回ではっきりと引く。

③ **トースカンによるけがき**
- ●**図8.21**のように、スケールホルダ上のスケールから寸法をとる。針先の調整は小きざみにハンマでたたく。
- ●その場合、針先はやや下を向く程度に合せる。上を向いているとけがき線が安定しにくい。
- ●けがき方向に60°程度傾けてけがく（**図8.22**）。
- ●1度けがいたら、反復して繰返しけがく。
- ●精密なけがきにはハイトゲージを使う。

④ **けがき線の使い分け**
- ●**一番けがきと二番けがき**

  黒皮物など、胡粉を塗ったものに最初に行うのを**一番けがき**、その加工仕上げ面を基準にして青竹を塗ったものに行うのを**二番けがき**と呼ぶ。一般に鋳造品は2回のけがきをすることになる。

- ●**捨てけがき**

  加工により線が消えても測定の目安にするため、加工けがき線より少し離してけがく補助線をいう。両者を区別するため、捨てけがきにはポンチを打たない。

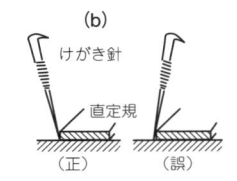

図8.20　けがき針の角度

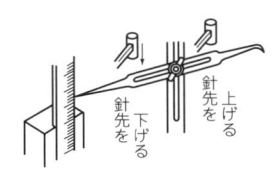

図8.21　針先の微調整

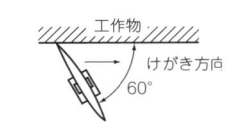

図8.22　針の角度

2 工作測定

2.1 実長測定器

(1) ノギス
① 種類とその特徴
　ノギスは、直尺にパスの機能を組合せ、これに副尺を取付けたもので、JISにはM形、CM形の2種が規定されている。
　M形は外側用ジョウと独立した内側用ジョウを持ち、CM形は同一のジョウに外側用測定面および内側用測定面を持つ構造で、各々微動送りのあるものとないものがある。

② 測定部の用途（M形）
- ●**外側用ジョウ**：間に品物をはさみ、外径、長さなどを測定する。
- ●**内側用ジョウ**：穴やみぞの内径を測る（CM形での内径測定は、外側測定ジョウ先端の内側測定面で行う）。
- ●**デプスバー**：穴やみぞの深さを測定する。

③ ノギスの最小読取値
　副尺の目盛は本尺目盛の $(n-1)$ を n 等分したものであるから、本尺の最小目盛が1mmのとき、ノギスの表中読取値は、$1 \times \{1-(n-1)/n\}$ mm となる。
　たとえば、
　本尺の最小目盛1mmで20等分
　　→ $1 \times (1-19/20) = 0.05$ mm
　本尺の最小目盛1mmで50等分
　　→ $1 \times (1-49/50) = 0.02$ mm となり、最小読取値は副尺の長さには関係ない。
　普通使われているバーニヤ目盛は、**表8.2**に示すようなものであり、その最小

表8.2 ノギス目盛

本尺	バーニヤの目盛方法	最小読取値
1mm	9mmを10等分	0.1mm
	19mmを10等分	
	19mmを20等分	0.05mm
	39mmを20等分	0.02mm
	49mmを50等分	

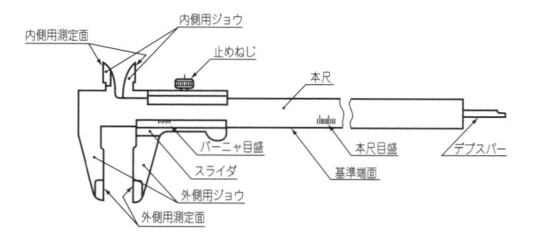

図8.23　ノギス（M形）

読取値は0.1mm、0.05mm、0.02mmの3種である。

④ 目盛の読み方

まず、バーニヤ（副尺）目盛の0のところの本尺を読む（**図**8.24では16mm）。

次に、本尺と副尺の目盛が合致したところの副尺を読み（**図**8.24では2）、これが端数となる。

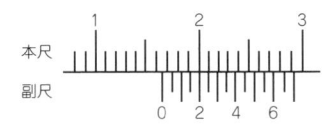

図8.24　目盛の拡大図

したがって、**図**8.24の目盛は、16＋0.2＝16.20mmである。なお、目盛がぴったり合致しないときは、中間を目測で読取る。

⑤ **使用上の注意事項**

- 0点合せは、ジョウを閉じたとき本尺と副尺の0目盛、または本尺の19目盛と副尺の20目盛が合っているかどうかを確かめる。
- ジョウを閉じてすかして見たとき、間から光が漏れてはならない。
- 読取りは原則として品物をはさんだまま行う。不可能なときはスライドを止めねじで固定した後、品物から外して読む。
- ジョウを使ってのけがきを行わない。

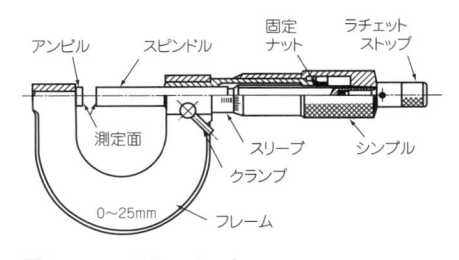

（2）マイクロメータ

マイクロメータの最も一般的なものは、**図**8.25に示すような**外側マイクロメータ**である。単にマイクロメータといえばこれを指す。

① **測定範囲**

測定範囲は25mm単位になっている。たとえば、0～25mm、50～75mm、100～125mm、475～500mmなどのものがある。

図8.25　マイクロメータ

② **目　盛**

マイクロメータは、ねじの送り量は回転した角度に比例することを利用してできている。

一般には、ピッチ0.5mmのねじを使っている。

図8.26に示すように、スリーブの目盛は上側に1mm単位、下側に0.5mm単位で刻んである。

シンブルには、円周を50等分した目盛が刻んであり、1回転すると0.5mmである。したがって、1目盛は0.5/50＝0.01mmである。

③ **目盛の読み方**

まずスリーブの目盛を読む（**図8.27**では51.5mm）。その際、下側の0.5mmを見落すことのないよう注意する。

次にシンブルの目盛を読む（**図8.27**では0.04mm）。これが端数になり、実長は両者の目盛を加えたものになる。

したがって、51.5＋0.04＝51.54mmとなる。

④ **ラチェットストップ**

測定面に測定物をはさむとき、シンブルを回してスピンドルを進める。この回す力が強過ぎると、測定物にきずを付けたり測定誤差が生じる。

そこで、一定の測定圧が加わると、それ以上スピンドルには力が伝わらないようになっている。これを**ラチェットストップ**と呼ぶ。

したがって、測定する際、測定物がほぼはさまった状態になったら、ラチェットストップを回すようにする。

なお、測定圧は、最大測定長100mm以下のマイクロメータでは400～600gであり、この圧力になるとラチェットは空転する。

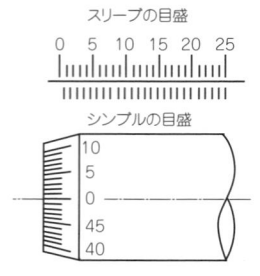

図8.26 目盛

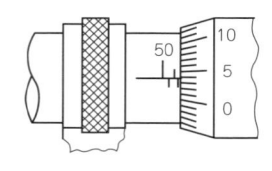

図8.27 目盛の読み方

⑤ **0点合せ**
- アンビルとスピンドルの両測定面をきれいにする（間に紙を1枚はさんで抜き取る。指で拭いてはならない）。
- 両測定面を密着させて（ラチェットを2～3回空転させる）、0点が合っているかどうかを確認する。
- ずれている場合は、まずクランプをしてクランプの反対側の穴にかぎスパナを入れて調整する。
- 測定長が25mm以上のマイクロメータは、備品のスタンドにマイクロメータを固定して行う。

⑥ **使用上の注意事項**
- 目盛を読む前にラチェットを2～3回空転する。
- クランプして、パスの代わりに使わない。
- 25mmのマイクロメータを格納する場合、両測定面は少し開いておく。密着していると熱膨張で破損することがある。
- 多量の測定では、手からの温度の影響を避けるため、スタンドを使う。
- みぞ、段、穴などの深さの測定用として、デプスマイクロメータがある。

【第8章】機械工作法

（3） ハイトゲージ

高さを測定するとともに、けがき用の作業工具でもある（図8.28）。スケールとスケール立て、トースカンを一体にして、バーニヤ目盛を付けたもの。

ハイトゲージは定盤上で使用され、最小測定値0.05mmのものと0.02mmのものがある。

使い方、目盛の読み方ともノギスとほとんど同じであり、本尺に沿って上下移動するスライダが付いている。ベースの底面からスクライバの底面（測定面）までの高さが目盛に示される。

けがき用として使用する場合には、本尺目盛とバーニヤ目盛によって寸法を合せ、スライダとスクライバクランプの止めねじを締める。

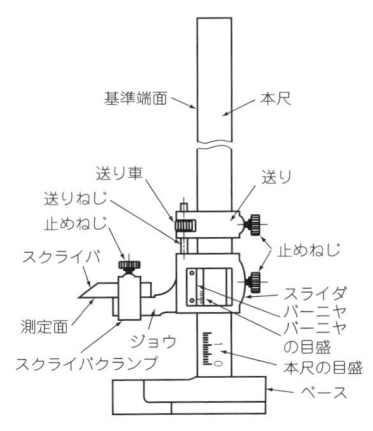

図8.28　ハイトゲージ

2.2 各種ゲージ

（1） ダイヤルゲージ
① 用途と原理

図8.29に示したように、スピンドルの上下の微小運動を、s→a→b→cの順に、ラックとピニオン、歯車機構で指針の回転運動に拡大する。これによって、平面の平面度、平行度、円筒面の真円度を求めたり、旋盤、フライス盤などで心出し、位置決めなどに使われる。図8.30に示した普通のダイヤルゲージと、図8.31のようなてこ式ダイヤルゲージの2種類がある。

② 目量（最小目盛）と測定範囲

目量とは最小目盛のことであり、長針の1目盛を指す。長針1回転で短針は1目盛進むようになっているが、普通、てこ式には短針がない。

長針は右回り、短針は左回りがそれぞれプラス方

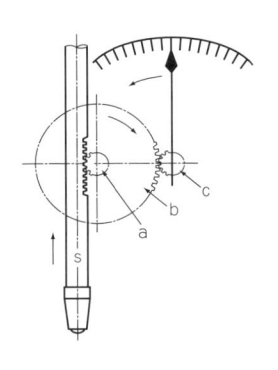

図8.29　原理図

図8.30　ダイヤルゲージ

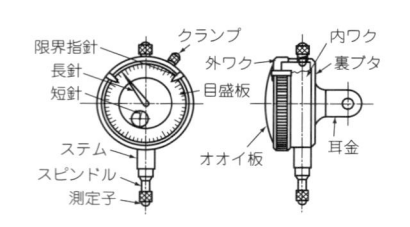

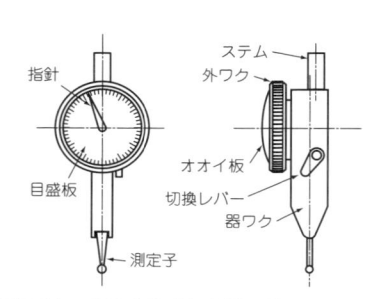

図8.31　てこ式ダイヤルゲージ

表8.3　目盛

目量	短針目盛	測定範囲
0.01	1	5, 10
0.001	0.2	1, 2, 5
0.01	—	0.5, 0.8
0.002	—	0.2, 0.28

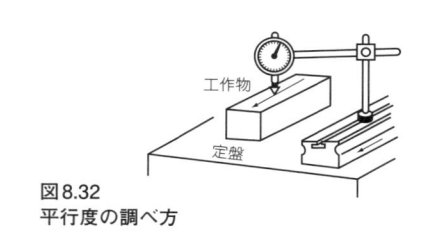

図8.32
平行度の調べ方

向であり、目盛もそのように付けてある。**表8.3**は、2種類のダイヤルゲージの目量を示したものである。

③　**平行度の調べ方**
- ダイヤルゲージは耳金やステムを保持してスタンドに固定する。
- 定盤上で測定子が工作物の測定面に垂直になるようにする（**図8.32**）。
- 測定子のレバーを指の腹で押上げ、工作物の一端にのせる。
- 外わくを回して長針に目盛0を合せる。
- スタンドをレールに沿って動かしながら目盛を読む。

④　**その他の使い方**
- 比較測定では、ブロックゲージなどの基準になるブロックを置いて0調整し、工作物の寸法差をみる。
- 平面度の調べ方は、まず定盤上で豆ジャッキなどによって工作物を支え、3隅の高さが同じであることを確かめて行う。
- 旋盤、フライス盤などで使用するときは、マグネットスタンドが便利。

⑤　**使用上の注意事項**
- スピンドルは測定面に垂直に当てるが、てこ式の測定子は、なるべく平行に当てる。

【第8章】機械工作法

2 工作測定

- 内部はほこりをきらうので、みだりに裏ぶたをあけたり、スピンドルに油を差したりしない。
- 限界指針は、測定しようとする公差の範囲を示すのに使う。
- マグネットスタンドを使った場合は、工作物の方を動かす。
- てこ式ダイヤルゲージのレバーは、測定子の動く方向をプラスとマイナスのどちらかに切換えるときに用いる。
- ダイヤルゲージと同じ使い方をするが、目盛が1μ以下のものに指針測微器（ダイヤルインジケータ）がある。

（2）限界ゲージ

品物がある寸法公差内に入っているかどうかを調べるゲージであり、穴用ゲージと軸用ゲージの2種類があり、**表8.4**はそれをまとめたものである。

① **穴用限界ゲージ**

穴用限界ゲージには、その呼び寸法の大きさによって4種類のものがある。
そのうち、プラグ（栓）ゲージには次のような特徴がある。
・用途によって、検査ゲージと工作ゲージに分かれる。
・測定部の円筒部分は、通り側が長く、止まり側は短い。
・通り側は必ず穴の奥まで入るか確かめる。

◎ **プラグゲージの保管** プラグゲージの測定面は研削仕上げされており、面にきずを付けたり、錆びさせないために、シールピールで保護して保管する。

② **軸用限界ゲージ**

軸用限界ゲージには、その形状から4種類があり、それぞれ呼び寸法の範囲が定められている。
使用するにあたって次のことに注意する必要がある。

表8.4 限界ゲージの種類と使用範囲

	限界ゲージの種類		呼び寸法の範囲（mm）
穴用の限界ゲージ	円筒形プラグゲージ	テーパロック形	1〜50
		トリロック形	50〜120
	平形プラグゲージ		80〜250
	板プラグゲージ		80〜250
	棒ゲージ		80〜500
軸用の限界ゲージ	リングプラグゲージ		1〜100
	両口板ハサミゲージ		1〜50
	片口板ハサミゲージ		3〜50
	C形板ハサミゲージ		50〜80

- 検査は少なくとも軸の互いに直角な2方向で行う必要がある。
- 無理に押込むと精度が狂う。ゲージの先端を一方に当て、そこを支点にして旋回させるように押込む。

（3） すきまゲージ

文字通り、すきまを測るゲージである。一枚一枚のゲージを**リーフ**と呼び、**図8.35**に示したように、その形状によってA形とB形がある。

リーフの表面に厚さが表示されていて、**図8.35**のA形のものは、0.4mmの厚さであることを示している。

また、長さlと厚さtの関係はJISで規定されている。

・**組合せすきまゲージ**

リーフを何枚か組合せたものをいう（**図8.36**）。リーフの厚さは0.03mm～3mmまでいろいろある。10枚組、13枚組、19枚組、25枚組の4種類があり

図8.33　穴用限界ゲージ

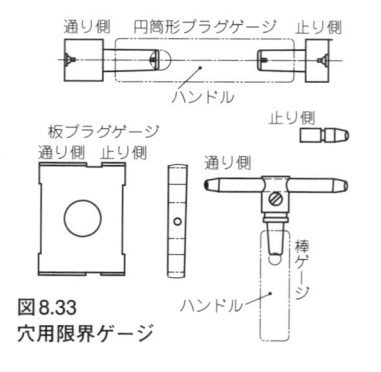

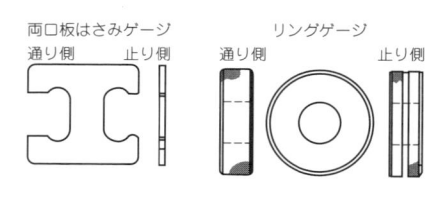

図8.34　軸用限界ゲージ

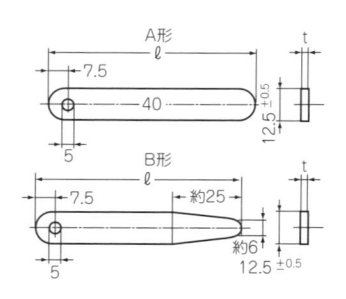

図8.35　リーフの形状

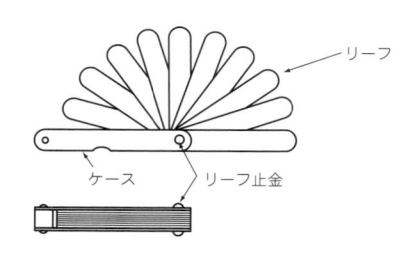

図8.36　組合せすきまゲージ

(JIS)、それぞれについて、リーフの寸法、組合せの順序が定められている。

・等級

すきまゲージの等級は、リーフの許容差とそりの許容差によって、特級と並級に分かれている。

・測定

すきまにゲージを入れて測定するが、判断は結局、測定者の感覚に頼る。弛すぎても硬すぎてもいけない。

2.3 特殊な測定器

(1) 水準器

大きな気泡管（円弧状のガラス管に気泡を残して液体を封入したもの）の気泡の動きを目盛で読んで底面の水平を出す。

図8.37に示すように、平形と角形の2種類がある。

① 感度

水準器の感度とは、気泡管の気泡を1目盛偏位させるのに必要な傾斜をいう。

この傾斜は、底辺1mに対する高さ、または角度秒で表す。

なお、角度と底辺に対する、高さの関係は次の通りである。

$$角度1秒 = 1mにつき 4.85\mu m$$
$$\fallingdotseq 1mにつき 5\mu m（0.005mm）$$

② 種類と等級

表8.5に示したように、気泡管の感度によって1種、2種、3種がある。

また、等級は気泡管の構造と性能によってA級とB級がある。

③ 気泡管

気泡管には、主気泡管と副気泡管とがある。

両者は直角方向に取付けられ、2方向の水平を出している。

なお、A級には主気泡管の気泡の長さが調節できる気泡室があるが、B級にはない。

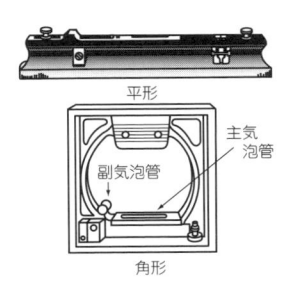

図8.37 平形と角形

表8.5 水準器の種類と等級

種類	感度	等級
1種	$\frac{0.02mm}{1m} \fallingdotseq 4秒$	A級 B級
2種	$\frac{0.05mm}{1m} \fallingdotseq 10秒$	
3種	$\frac{0.1mm}{1m} \fallingdotseq 20秒$	

(2) オプチカルフラット

光学ガラスを磨いてつくった、きわめて正確な平行平面盤である。

マイクロメータ測定面など比較的狭い部分の平面度測定に使う。

測定は、被測定平面に静かに重ね合せ、表面にナトリウム光線などの単色光を平面と直角に照射し、オプチカルフラットにできる干渉じまによって**図8.38**のように判断する。

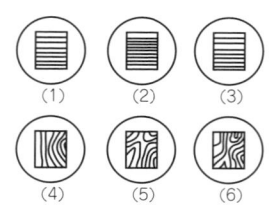

オプチカルフラットによる干渉じま

1,2,3のようにまっすぐに現われると精密な平面、4,5,6のように不規則なしまが現われると凹凸があることを示す。

図8.38　干渉じま

第8章 ● 機械工作法

実力診断テスト

解答と解説は次ページ

次の設問において、記述が正しければ○、記述が間違えていれば×を解答しなさい。

【1】下図に示す工具は、ダイスである。

【2】ドリルの先端の刃先角度は、被切削材の材質に関係なく一定である。

【3】器差が＋0.02〔mm〕のマイクロメータで測定を行ったときに読みが160.00〔mm〕あった場合、実寸法は、159.98〔mm〕である。

【4】使用後のマイクロメータは、スピンドル面とアンビル面を密着して保管してはならない。

【5】ダイヤルゲージに関する記述として、誤っているのはどれか。
　　イ　一定の基準と比較して平行度などを調べたり、旋盤の芯出し等に使われる。
　　ロ　標準型とてこ式がある。
　　ハ　測定子の動きを、歯車により拡大し、指針を回転させて表示する比較測定器である。
　　ニ　内径測定用、外径測定用及び深さ・段差測定用がある。

【6】やすり作業における注意事項に関する記述として、誤っているものはどれか。
　　イ　やすりはもろいので、ハンマの代わりに使用してはならない。
　　ロ　やすり目に切粉が詰まると加工面にかじりが生じる。目詰まりを防ぐためには、白墨や木炭を刃面にすり込むとよい。
　　ハ　やすり目に詰まった切粉をブラシで落とすときは、上目に沿って払う。下目方向にブラシをかけると、切刃にきずをつける。
　　ニ　新しいやすりを、鋳鉄、硬鋼、軟鋼、銅合金、鉛の順に使うと長く使うことができる。

【7】測定器具の使用法に関する記述として、誤っているものはどれか。
　　イ　マイクロメータの校正には、ブロックゲージを使う。
　　ロ　シリンダゲージは、深い穴やパイプの内径を測る。
　　ハ　ノギスのバーニヤを使うと、穴や溝の深さを測定できる。
　　ニ　ノギスは、外径・内径・幅・深さを測定できる。

| 第8章●実力診断テスト | 解答と解説 |

【1】× ☞ タップである。
【2】× ☞ ・鋼（低炭素鋼）　　：118°（標準角度）
　　　　　・鋳鉄　　　　　　　：90°～118°
　　　　　・銅および銅合金　　：110°～130°
　　　　　・アルミニウム合金：90°～120°
【3】○
【4】× ☞ 密着して保管すると熱膨張で破損する場合があるため、多少の隙間を開けて保管する。
【5】ニ ☞ ニはノギスの説明である。
【6】ニ ☞ 新しいやすりを使う場合は、軟らかいものから硬いものへと使うと寿命が長くなる。
【7】ハ ☞ バーニヤは副尺である。
　　　穴や溝の深さを測定できるのは、デプスバーである。

【第9章】
品質管理と安全

この章では、現場を管理するために必要不可欠な品質管理の考え方と代表的な統計的手法に関する基礎知識及び現場で安全に作業するために必要な安全衛生に関して概説を行う。

1 品質管理入門

1.1 品質管理とは

JISでは、品質管理ということばを次のように定義している。
すなわち、
「買手の要求にあった品質の製品を、経済的につくり出すための手段の体系である。近代的な品質管理は、統計的な手段を採用しているので、特に統計的品質管理ということがある。」

(1) よい品質とは

品質管理でいう「よい品質」とは、考えられる最高の品質という意味ではない。

使用者が満足し、かつ自社の能力（生産設備、技術水準、作業者の能力など）で製造でき、経営上の考慮も含め、経済的に生産できる品質のことである。

この品質水準のものを安定してつくり出すためのすべての行為が品質管理である。

このように、品質管理には、買い手（消費者）中心と経済性という2つの根本理念がある。

(2) 品質を管理するとは

品質を管理するということは、製品や半製品などに対して、直接処置を加えるのではなく、品質によって工程を管理することである。

つまり、工程を管理することによって、おのずから品質は管理されるという考え方である。

(3) 管理とは

管理とは、模擬的に説明すると、図9.1に示したような管理のサイクル（PDCA）を回すことである。

これは、次の4段階から成立っている。

① **計画（Plan）**——目的を決め、それに基いて標準を設定する。
② **実施（Do）**——標準を徹底し、標準通りに作業を行う。
③ **点検（Check）**——作業の結果を標準と比較し、良否を判断する。

図9.1　管理のサイクル

④ **処置（Action）**──標準から外れている場合や改良の余地がある場合は、原因を調べて処置をとる。同時に標準も検討する。

以上のように管理のサイクル（PDCA）が回り、仕事が向上するわけである。

1.2 品質管理で使う統計量

品質管理は、現場で得たデータを統計的に扱うことで成立している。

しかし、生のデータのままでは、どのような性質や傾向を示しているのか判断できない。そこで、データの性質を知るために、統計量に置換える。

これには、データの中心的傾向を示す平均値と、ばらつきの傾向を示す標準偏差、および範囲がある。

(1) 平均値$\bar{x}$（エックスバー）の求め方

我々が日常よく使う単純平均のことであり、記号は$\bar{x}$を使う。

第1番目の測定値をx_1、第2番目の測定値をx_2というように、第n番目の測定値をx_nとすると、n個の平均値は次の式で計算できる。

$$\bar{x} = \frac{x_1 + x_2 + \cdots\cdots + x_n}{n}$$

(2) 標準偏差σ（シグマ）の求め方

測定値のばらつきの程度を数量的に表すものであり、記号はσを使う。

$$\sigma = \sqrt{\frac{(x_1 - \bar{x})^2 + (x_2 - \bar{x})^2 + \cdots\cdots + (x_n^2 - \bar{x})}{n}}$$

(3) 範囲R（アール）の求め方

範囲とは、測定値の最大値と最小値の差のことであり、Rで表す。

このRは、次式で求めることができる。

$$R = x_{\max} - x_{\min} \quad \begin{bmatrix} x_{\max}：測定値の最大値 \\ x_{\min}：測定値の最小値 \end{bmatrix}$$

◎**分　散**　標準偏差を表す式のルート（平方根）の中味、つまりσ^2を分散という。

―― 例 題 ――

Q：マグネットコイル5個の抵抗を測定したら、下表のような値であった。このデータの平均値、標準偏差、および範囲を求めよ。

部品番号	1	2	3	4	5
抵抗値Ω	10.3	10.0	10.5	10.3	10.1

A：それぞれ次のようにして求められる。

平均値 $\bar{x} = \dfrac{10.3+10.0+10.5+10.3+10.1}{5}$

$= \underline{10.24 [\Omega]}$

標準偏差 $\sigma = \sqrt{\dfrac{(10.3-10.24)^2+(10.0-10.24)^2+\cdots\cdots+(10.1-10.24)^2}{5}}$

$= \sqrt{0.03} = \underline{0.17 [\Omega]}$

範囲 $R = x_{max} - x_{min} = 10.5 - 10.0 = \underline{0.5 [\Omega]}$

1.3 計量値と計数値

現場で取扱うデータには、計量値と計数値の2種類があり、はっきり区別しなければならない。

(1) 計量値

電線やひもなどの長さ、製品や部品などの重量、材料の強度、その他面積、厚さ、時間、水分など量的に連続した値をとるものをいう。

(2) 計数値

不良個数、欠点数など、1個、2個、3個………と数えられるもの。1.5、2.3など端数がなく不連続な値しかとり得ないものである。

したがって、不良率も計数値である（たとえば製品が10個ある場合、その不良率は0％、10％、………100％の11通りしかなく、18％の不良率などはあり得ない。つまり不連続な値しかとり得ないのである）。

1.4 母集団と試料

　母集団とは、調査研究の対象となる特性をもつすべてのものの集団のことであり、無限母集団（工程）と有限母集団（製品や部品などの多くの集まり）に分けられる。また、この母集団の姿を知る（推測する）ために、母集団の中から一部を取出したものを試料（サンプル）と呼ぶ。

　そして、この試料を測定して、そのデータをとり、その統計量から母集団を推測するわけである。

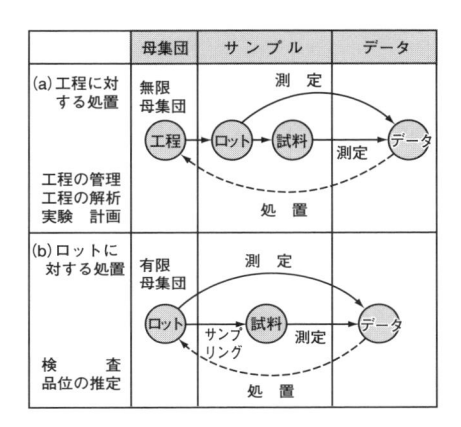

図9.2　母集団と試料の関係

2 測定値の分布

2.1 度数分布とヒストグラム

(1) 度数分布

データを50〜100以上とり、測定値を適当な幅をもったいくつかの区間に分け、各区間に測定値の数（これを**度数**と呼ぶ）が何個あるかを示した表のこと。

表9.1は、ボルト100本の外径を測定したデータの度数分布表であるが、表にあるように度数マークを付けておくと、どこの区間が多いかということがわかりやすい。

表9.1 度数分布図

〔区間の幅0.1mm〕

区間の番号	区間の範囲	区間の中心値X	度数マーク	度数
1	5.55〜5.65	5.60	/	1
2	5.65〜5.75	5.70	//	2
3	5.75〜5.85	5.80	////	4
4	5.85〜5.95	5.90	正正///	13
5	5.95〜6.05	6.00	正正正正正正	30
6	6.05〜6.15	6.10	正正正正正正//	32
7	6.15〜6.25	6.20	正正//	12
8	6.25〜6.35	6.30	///	3
9	6.35〜6.45	6.40	//	2
10	6.45〜6.55	6.50	/	1
			計	100

図9.3
ヒストグラム
(度数分布図)

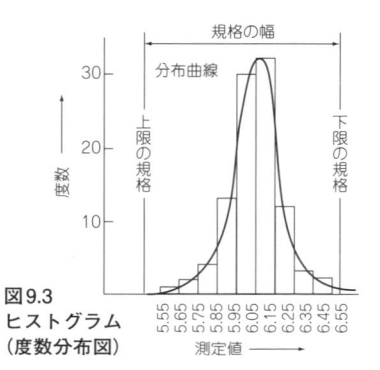

(2) ヒストグラム（度数分布図）

図9.3に示したように、度数分布表を棒グラフにしたものを**ヒストグラム**と呼ぶ。

また、棒グラフの頂点を滑らかな曲線で結んだものを**分布曲線**と呼ぶ（**図9.4**）。

(3) 分布曲線の見方

分布曲線を見れば、測定値の分布状態（平均値の位置、ばらつき具合）や、規格値に対してどの程度の位置にあるか

が、一目でわかる（**図9.4**において、縦の線は上下の規格値、斜線部は規格外れ、つまり不良個数を表している）。

2.2 正規分布

ボルトの外径など計量値の分布は、試料の数をどんどん大きくしていき、級の幅も限りなく小さくすると、分布曲線は次第に滑らかになり、試料が無限大（つまり母集団）になると、**図9.5(c)** のように、西洋のベルをふせたような形になる。

このような分布を**正規分布**と呼び、平均値を中心にして左右対称である。

正規分布は計量値の分布の最も代表的なものであり、品質管理では正規分布の

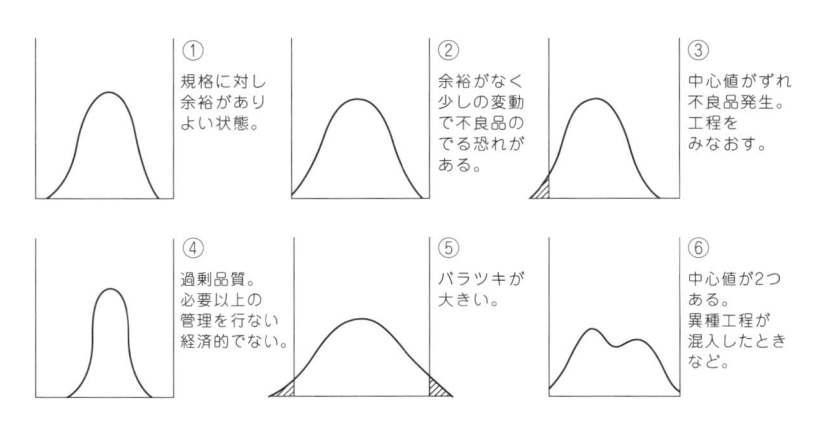

① 規格に対し余裕がありよい状態。
② 余裕がなく少しの変動で不良品のでる恐れがある。
③ 中心値がずれ不良品発生。工程をみなおす。
④ 過剰品質。必要以上の管理を行わない経済的でない。
⑤ バラツキが大きい。
⑥ 中心値が2つある。異種工程が混入したときなど。

図9.4　いろいろな分布曲線

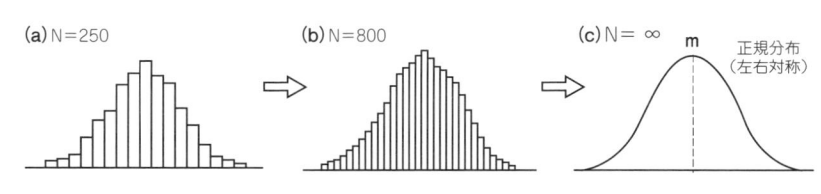

(a) N=250　(b) N=800　(c) N=∞　m　正規分布（左右対称）

図9.5　正規分布の原理

性質（3σ限界）を大いに利用している。

2.3 正規分布の性質（3σ限界）

正規分布において、母集団の平均値を m としたとき、次の関係がある（**図9.6**）。
① $m±σ$ の範囲——全体の 0.6826（約68％）
② $m±2σ$ の範囲——全体の 0.9544（約95％）
③ $m±3σ$ の範囲——全体の 0.9974（約99.7％）

つまり、測定値が ±3σ の外にはみ出す割合は 0.3％、すなわち 1,000回に3回以下しかない。

そこで、測定値が ±3σ の外にはみ出た場合には、0.9974の確率で、工程に何か異常が起きたと判断できる。

3σ限界は、管理図法の原理となっている。

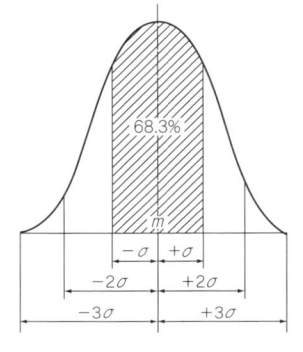

図9.6　3σ限界の意味

現場で役立つ大切な手法

3.1 管理図

(1) 管理図とは
　工程が安定した状態にあるかどうかを調べるため、または工程を安定した状態に保持するために用いる図のことである。
　前者を解析用管理図、後者を管理用管理図と呼んで使い分けをするが、管理図そのものに本質的な相違はない。
　◎中心線と管理限界
　管理図では平均値を中心線とし、$\pm 3\sigma$のところに上下の管理限界線を引き、これに品質や工程の状態を示す点を打って、点が管理限界線の外に出たら工程に異常があったと判断する。

(2) 管理図の種類
　計量値・計数値の別、管理する項目別に、**表9.2**に示すように分類される。
　ここでは、どの管理図が何を管理項目としているかを記憶しておくだけで十分である。
　◎中心線と管理限界の記号　CL（Central Lineの略）、上方管理限界はUCL（Upper Control Limit）、下方管理限界はLCL（Lower Control Limitの略）。
　◎計数値の分布　不良率、不良個数、欠点数など計数値は厳密には正規分布に従わない。しかし正規分布にほぼ等しいものと考えて計量値と同様$\pm 3\sigma$のところに管理限界を定めている。

(3) 管理図の作り方
　例として、$\bar{x}-R$管理図について述べる。
●**手順1**
　同一の生産条件で製造されたと考えられる品物を1つのロット（群、組とも呼ぶ）とし、各ロットから4〜5個の試料を取出して測定し、**表9.3**に示すようなデータシートに書き込む。
　ロットの数kは20〜25が適当である。
　◎サンプルの大きさ　ロットごとの試料の数のことでありnで表す。5個程度がよい。
●**手順2**
　各ロットに平均値$\bar{x}$と範囲Rを計算する。

表9.2 管理図の種類

	管理図の名前	管理項目	説　明
計量値	$\bar{x}-R$管理図	平均値$\bar{x}$と範囲R	$\bar{x}$管理図は平均値の変化、R管理図はばらつきの変化を管理するために使い、普通両者を併用して、$\bar{x}-R$管理図として使う。いずれか一方に異常が生じたら、工程に異常があると判断する。
計数値	p管理図	不良率p	不良率pによって管理する。
	pn管理図	不良個数pn	各ロットの試料の大きさnを一定にして不良個数 pnで管理する。p管理図と本質的な違いはない。
	c管理図	一定単位中の欠点数c（n一定）	ラジオ中のはんだ付不良個所の数など、あらかじめ定められた一定単位中（長さ一定，面積一定など）に現われる欠点数cを扱う。
	u管理図	不定単位中の欠点数$u(u=c/n)$	織物の織むら、エナメル線のピンホールなど、調べる試料の面積が一定でない場合の欠点数 $u=c/n$を扱う。

表9.3 $\bar{x}-R$管理図用データシート

ロット番号	測定値 ($n=5$)					平均値	範囲
	x_1	x_2	x_3	x_4	x_5		
1	x_{11}	x_{12}	x_{13}	x_{14}	x_{15}	$\bar{x}_1$	R_1
2	x_{21}	x_{22}	x_{23}	x_{24}	x_{25}	$\bar{x}_2$	R_2
⋮	⋮	⋮	⋮	⋮	⋮	⋮	⋮
k	x_{k1}	x_{k2}	x_{k3}	x_{k4}	x_{k5}	$\bar{x}_k$	R_k
	総 平 均					$\bar{\bar{x}}$	$\bar{R}$

$$\bar{\bar{x}} = \frac{\bar{x}_1+\bar{x}_2+\cdots +\bar{x}_k}{k}$$
$$\bar{R} = \frac{R_1+R_2+\cdots +R_k}{k}$$

●手順3

k個の平均値の平均値$\bar{\bar{x}}$（エックスツーバー）とRの平均値$\bar{R}$を求める。

●手順4

次の式で中心線（CL）と「上下の管理限界（UCL、LCL）を求める。

$\bar{x}$管理図 − CL = $\bar{\bar{x}}$　　　R管理図 − CL = $\bar{R}$

$\left.\begin{array}{l}\text{UCL}\\ \text{LCL}\end{array}\right] = \bar{\bar{x}} \pm A_2\bar{R}$　　$\begin{array}{l}\text{UCL} = D_4\bar{R}\\ \text{LCL} = D_3\bar{R}\end{array}$

〔R管理図においてnが6以下の場合はLCLは考えない〕

図9.7は$k=25$の場合の例であるが、管理外れの点（限界線上の点も含む）は二重丸にする。また、中心線を境に一方の側に連続して現われる点の集まりを**連**（れん）と呼び、工程の安定状態の判断の目安となる。

【第9章】品質管理と安全
3 現場で役立つ大切な手法

◎**管理限界係数** $\bar{x}-R$管理図の管理限界を求めるのに使ったA_2、D_3、D_4のことであり、nによって定まる定数である。参考までに**表9.4**に示す。

◎**計数値の管理限界** 覚える必要はないが参考に**表9.5**に示しておく。

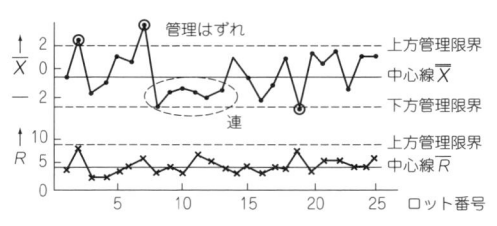

図9.7 $\bar{x}-R$管理図の例

（4） 管理図の見方

工程に異常があると判断するのは、点が管理限界からはみ出た場合だけとは限らず、次のような点からも判断しなければならない。
① 連の数
② 点のかたより
③ 上昇・下降の傾向

なお、**図9.8**は異常と判断される場合の例を示したものである。

表9.4 $\bar{x}-R$管理図用管理限界係数

試料の大きさ n	$\bar{x}$管理図		R管理図	
	$\left.\begin{array}{l}\text{UCL}\\\text{LCL}\end{array}\right\} = \bar{x} \pm A_2 \bar{R}$		UCL$=D_4\bar{R}$ LCL$=D_3\bar{R}$	
	A_2	D_3		D_4
2	1.88	—		3.27
3	1.02	—		2.57
4	0.73	—		2.28
5	0.58	—		2.11
6	0.48	—		2.00
7	0.42	0.08		1.92
8	0.37	0.14		1.86
9	0.34	0.18		1.82
10	0.31	0.22		1.78

表9.5 管理限界を求める式

名 称	管 理 限 界
p管理図	$\bar{p} \pm 3\sqrt{\dfrac{\bar{p}(1-\bar{p})}{n}}$
pn管理図	$\overline{pn} \pm 3\sqrt{\overline{pn}(1-\bar{p})}$
c管理図	$\bar{c} \pm 3\sqrt{\bar{c}}$
u管理図	$\bar{u} \pm 3\sqrt{\dfrac{\bar{u}}{n}}$

注） LCLが負になったらないものと考える。

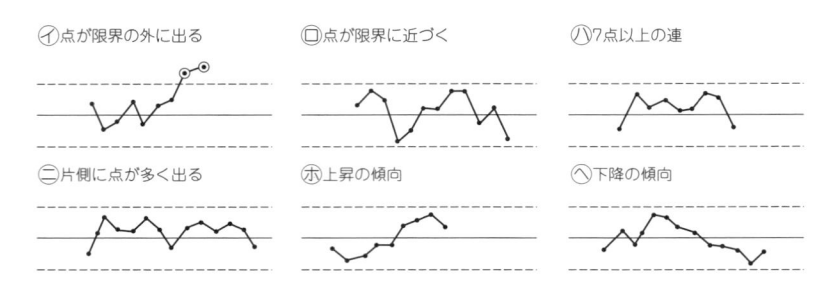

㋑点が限界の外に出る　　㋺点が限界に近づく　　㋩7点以上の連

㊁片側に点が多く出る　　㋭上昇の傾向　　㋬下降の傾向

図9.8　工程に異常があると判断される場合

3.2 問題点の追求

　管理図では、工程に異常があるか否かはつかめても、その原因を知ることはできない。原因や問題の追求は特性要因図、パレート図法などによる。

(1) 特性要因図
　ある品質特性に対してその原因と考えられるものを次々とあげ、それらを矢線で結んだ図をいう。図の形状から、俗に"魚の骨"とも呼ばれている。

　特性要因図は、まず最も影響が大きいと考えられる要因を大骨としてとりあげ、大骨に影響を与えている要因を子骨、子骨に影響する要因を孫骨というようにまとめあげていく。

　図9.9は鋳物破面を品質特性としてその要因をとりあげた例である。

　特性要因図は1人で作るより、何人かで自由に意見を出し合い、できるだけ多くの要因をとりあげる方がよい。

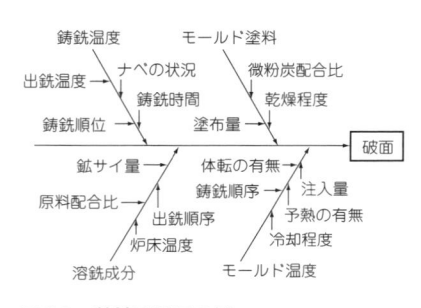

図9.9　特性要員図の例

(2) パレート図
　職場で問題となっている製品不良、災害事故、機械故障などについて、損失金額、発生件数などを多い順に並べてヒストグラムを書き、その累積値を折れ線グラフで表した図のことである。

【第9章】品質管理と安全

3 現場で役立つ大切な手法

図9.10で、各点の位置は次のようになっている。
　　a＝A
　　b＝A＋B
　　　⋮
　　e＝A＋B＋C＋D＋E
これらの点によってできた折れ線グラフを**パレート曲線**と呼ぶ。

●パレート図の効用●

不良個所、不良原因など、何が最も大きな比重を占めているかが一目でわかり、修整活動を行うための重点目標を決めることができる。

図9.11では、"穴寸法の公差"と"表面あらさ"を重点的に管理すれば、不良の2/3（75％）を防げることがわかる。

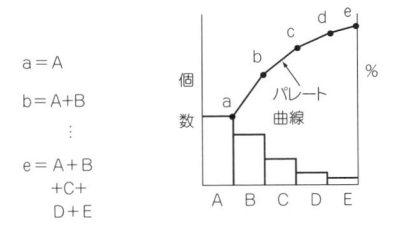

図9.10　パレート図

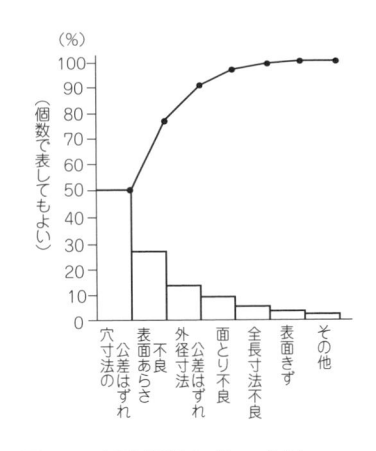

図9.11　不良個所のパレート図

3.3 その他の管理手法

品質管理の手法（QC手法）には、「QC七つ道具」と「新QC七つ道具」が代表的である。「QC七つ道具」には上述した特性要因図、パレート図、管理図、ヒストグラム、チェックシート、散布図および層別があり、現象を数値的・定量的に分析するための技法である。

（1）チェックシート

日常の点検項目或いは、特別な調査項目等を、前もって記入しておき、点検・調査の効率化、漏れを防止するとともに、データの集計・整理をし易くするものである。

（2）散布図

対応した2つの特性データを2つの軸の交点にプロットし、関係の強さ（相関）を把握するものである。

(3) 層別
取得したデータを、共通点や、特徴、条件等に着目して、グループ（層）に分けることである。他の手法を使用する前に行う。

QC七つ道具が定量的な現象分析を狙うのに対し、新QC七つ道具は定性的な分析を狙う。問題の構造を早期に明らかにするのが目的である。
(1) 親和図法
「親和図法」は、言語データを、グループ分けして、「整理」、「分類」、「体系化」する方法。問題の「親和性」、「構造」を整理することができる。
(2) 連関図法
「連関図法」とは、原因と結果、目的と手段などが絡み合った問題について、その関係を論理的につないでいくことによって、問題を解明する方法。複雑に絡み合った問題の因果関係を明らかにすることができる。
(3) 系統図法
「系統図法」とは、目的と手段を系統づけて対策を整理する方法。
(4) マトリックス図法
「マトリックス図法」は、「系統図法」によって展開した方策の重みづけや役割分担などを決めるのに使用される方法。2つの要素を「行」と「列」に並べて、その対応関係を明確にすることができる。
(5) アローダイアグラム法
「アローダイアグラム法」は、問題の解決の作業が絡み合っている場合、「各作業の関係」と「日程のつながり」を明確にする方法。
(6) PDPC法
「PDPC法」は、目標達成までの不測の事態に対応した代替案を明確にする方法。事前に考えられるさまざまな結果を予測して、プロセスの進行をできるだけ望ましい方向に導くことができる。
(7) マトリックスデータ解析法
「マトリックスデータ解析法」とは、2つ以上のデータを解析することにより傾向が一目でわかる方法。

3.4 抜取検査

(1) 抜取検査とは
同一の生産条件から生産されたと考えられる製品の集まりから、無作為（ランダム）に一部を取出して試験（測定）し、その結果を判断基準と比較して、その

ロットの合格・不合格の判定を下す検査のことを、**抜取検査**という。
　したがって、抜取検査を行うには、次にあげるような条件を満たさなければならない。
　① 製品がロットとして処理できること。
　② 合格したロットの中にもある程度の不良品の混入が許せること。
　③ 試料のランダムな抜取りができること。
　④ 品質基準や測定法が明確であること（誰がいつ検査を行っても、合格・不合格の判定は同じにならなければならない）。
　◎**検査と試験の違い**　試験とは測定をしてデータを出す段階までのことをいい、合格・不合格の判定は行わない。

（2）抜取検査と全数検査の使い分け
① 全数検査が必要な場合
　たとえ1個の不良品でも、人命に影響があったり、莫大な経済的損失となるもの（高圧容器の耐圧試験、ブレーキの作動試験、宝石など）には、全数検査が必要になる。
② 抜取検査が必要な場合
　破壊検査になるもの（電球の寿命、材料の強度試験など、壊してみなければわからないもの）の場合には、抜取検査が必要である。
　また、連続体（電線、ひもなど）やかさもの（石炭、石油、薬品など）の場合も抜取検査が必要である。

（3）抜取検査のやり方
　抜取検査を行うには、経験や勘に頼る（従来のパーセント抜取りなど）のではなく、統計的考え方のもとに、サンプルの大きさn、合格判定基準、試料の抜取り方法が決められなければならない。
　JISでは、いろいろな場合について規定されている。

4 安全衛生

4.1 安全衛生の基礎知識

(1) 安全の3原則
整理・整頓、点検・整備、作業標準の確立・遵守を、**安全の3原則**という。

① **整理・整頓**
作業を安全に行うためには、次の3点がポイントになる。
- 作業の流れに応じた適正な機械設備の配置。
- 作業スペースの確保。
- 通路、物品置場の確保（不要な空間や空地があると、そこへ何でも持ち込んで放置され、環境が壊される。きちんと囲って明確な区別が必要）。

② **点検・整備**
専門員による定期点検と、作業者による日常点検の2本立てとする。
また、不具合を発見したときの処置方法についても規則を定めておく。

③ **作業標準の確立・遵守**
安全な作業とは、すなわち生産性が高く、高品質を生み出す作業でもある。
この作業の要（かなめ）が作業標準である。
作業者のミスによる災害は、作業標準が確立していなかったり、守られていない場合が多い。
なお、作業標準の作成には、作業者も参加する。

(2) 安全衛生に関する法律

① **労働基準法**
賃金、就業制限など「労働者が人たるに値する生活を営むための必要を満たす」ための労働条件を定めたものである。
この中で、女子及び年少者の就業制限として、満18才に満たない者、または女子に対しては次の業務を禁止している。
❶ 毒劇薬、毒劇物、その他有害な原料もしくは材料、または爆発性、発火性および引火性の原料もしくは材料を取扱う業務。
❷ 著しくじんあいもしくは粉末を飛散したり、有毒ガスや有害放射線を発散する場所、または高温や高圧の場所における業務。
❸ その他安全、衛生または福祉に有害な場所における業務。

② **労働安全衛生法**
労働基準法と相まって、労働災害の防止のための危害防止基準の確立、責任体制の明確化及び自主的活動の促進の措置を講ずる等その防止に関する総合的計画

的な対策を推進することにより職場における労働者の安全と健康を確保するとともに、快適な職場環境の形成を促進することを目的とする、有毒物や危険設備に関する規制が定められている。
　労働安全衛生法に関する法体系は次のようになっている。
❶　法律：労働安全衛生法（安衛法）
❷　政令：労働安全衛生法施行令（安衛令）
❸　省令：一般規則、労働安全衛生規則（安衛則）
❹　省令：特別規則（1）
　　　　　有機溶剤中毒予防規則（有規則）、特定化学物質等障害予防規則特化則）、鉛中毒予防規則（鉛則）、四アルキル鉛中毒予防規則（四鉛則）、粉じん障害防止規則（粉じん則）、電離放射線障害予防規則（粉じん則）、事務所衛生基準規則（事務所則）
❺　関係告示・通達
　　　　　作業環境測定基準、作業環境評価基準、化学物質等の危険物有害性等の表示に関する指針（MSDS）、変異原生が認められた化学物質による健康障害を防止するための指針

(3) 免許・資格を要する作業

　免許・資格を要する作業のうち、主なものを表9.6に示す。

(4) 産業用ロボットの規制

　産業用ロボットの可動範囲で作業を行うと、労働者が産業用ロボットの可動部に挟まれる危険があるため、安全確保の観点から、次の規制を行っている（労働安全衛生規則）。

表9.6　免許・資格を要する主な作業

業　　　　　務	資　　　　　格
つり上げ荷重が5トン以上のクレーン、移動クレーンおよびデリックの運転業務	クレーン運転免許
可燃性ガスおよび酸素を用いて行なう、金属の溶接溶断または、加熱の業務	ガス溶接作業主任者免許 ガス溶接技能講習終了者
最大荷重1トン以上のフォークリフトの運転業務	フォークリフト運転技能講習終了者 職業訓練法に基づく訓練者
制限荷重が1トン以上の揚荷装置、またはつり上げ荷重が1トン以上のクレーンの玉掛業務	玉掛け技能講習終了者 クレーンの運転免許者 職業訓練法による訓練者

❶産業用ロボットの安全対策①(柵、囲いの中での作業時の安全対策)
 (1) 柵、囲いの中に入り、機械の近くで、機械の動作の教示(ティーチング)を行う場合の措置
  ① 作業を行う労働者に対する安全教育(定格出力80ワット以下は、規制対外)
  ② 誤操作の防止、異常時の対応
    ・マニュアルの作成・遵守(操作方法などについて)
    ・異常時に運転を停止することができる措置(すぐに停止できるスイッチなど)
    ・ランプの点灯などにより、他の労働者による操作を防止する措置
  ③ 異常作動を防止する措置
    ・作業の開始前の異常の点検など
 (2) 柵、囲いの中に入り、機械の近くで、検査、修理、調整などを行う場合の措置
   (1)と同じ(③を除く)
❷産業用ロボットの安全対策②(通常運転時の安全対策)
 (1) 運転中の措置
   労働者に危険が生ずるおそれのあるときは、柵、囲いを設けるなどの措置

(5) 災害統計

主な災害統計を**表9.7**に示す。

表9.7 主な災害統計

統計量	説明	求める式
千人率	ある期間(1年間または1ヵ月間)内に発生した業務上の死傷件数をその期間内の平均労働者数で割り、1,000倍したもの(1年間のものを年千人率、1ヵ月のものを月千人率という)	$\dfrac{平均災害件数}{平均労働者数} \times 1,000$
度数率	ある期間(1年間または1ヵ月間)内に発生した、業務上の死傷件数のひん度を示す単位。期間内に発生した業務上の死傷件数をその期間内の労働延べ時間で割り、これを百万倍したもの	$\dfrac{死傷者数}{労働延べ時間} \times 1,000,000$
強度率	ある期間(1年間または1ヵ月間)内に発生した業務上の死傷に基づく労働損失日数を労働延べ時間で割り、これを1,000倍したもの	$\dfrac{労働損失日数}{労働延べ時間数} \times 1,000$

注) 年千人率=度数率×2.4の関係がある

4.2 一般安全心得

(1) 服装
① 作業衣は身体に合ったもので、そで口、ズボンのすそを締め、上衣のすそを出さないもの。
② 裸体で作業をしてはいけない。
③ 手袋は許された、または指定された作業だけに使用する。
④ 作業帽は必ず着用。女子も頭きんで頭髪を覆う。
　セルロイドのひさしの付いたものは、火気のある所では使用しない。

(2) 保護具
・**安全帽**
強い衝撃を吸収するためにハンモックづりになっている。ハンモックと帽子の間は少なくとも25mmは開ける。
・**保護めがね**
切粉、有害薬液の飛来を防ぐ防じん用と、溶接作業の有害光線しゃ光用とがあり、定められた作業には必ず着用する。

(3) 照明
作業個所を照らす局所照明と、作業場全体を照らす全般照明とがある。

作業の種類に応じて、両者を表9.8に示す。表中で、全般照明の照度は最低限度を示してある。

また、まぶしさをなくすことも照明では大切なことである。

表9.8 適正な照度　〔単位：ルクス〕

作業名	局所照明	全般照明
超精密	5,000〜1,000	30
精密	1,000〜300	20
普通	300〜150	15
粗	70	10

(4) 毒劇物、粉じん、有毒ガスなど
① **毒劇物**
容器には標識を付け運搬は所定の安全な容器、道具、運搬具、運搬車を使う。
② **粉じん**
有機粉じん（綿、木材、でん粉、羊毛、皮革など）は、ぜん息、気管支炎、結膜炎など、また無機粉じん（石炭、炭石、金属粉など）は、けい肺、じん肺、皮膚炎や中毒を起す原因となる。排気装置、防じんマスクなどを使用する。
③ **有毒ガス**
許容濃度はppm（容量比100万分の1）単位で規制されている。

また、塗料、接着剤、洗浄剤などに含まれているトルエン、キシレン、シンナー、アルコール類などの有機溶剤は、有毒であるばかりでなく、爆発の危険もある。排気装置、防毒マスクを用い、火気にも十分注意する。
④ **有害光線**
　アーク溶接の火花、炉の熱源、高熱の鉄鋼からは有害な紫外線や赤外線が多く出るので、必ず保護めがねを用いる。特に電気溶接のアークから出る紫外線は強裂で、電気性眼炎を起すので絶対に直接目視しない。
⑤**有機溶剤中毒予防規則**
・事業者は、令第六条第二十二号の作業については、有機溶剤作業主任者技能講習を修了した者のうちから、有機溶剤作業主任者を選任しなければならない。
・事業者は、有機溶剤作業主任者に次の事項を行わせなければならない。
　1) 作業に従事する労働者が有機溶剤により汚染され、又はこれを吸入しないように、作業の方法を決定し、労働者を指揮すること。
　2) 局所排気装置、プッシュプル型換気装置又は全体換気装置を一月を超えない期間ごとに点検すること。
　3) 保護具の使用状況を監視すること。
　4) タンクの内部において有機溶剤業務に労働者が従事するときは、第二十六条各号に定める措置講じられていることを確認すること。
・局所排気装置の定期自主検査について有機溶剤中毒予防規則　第四章　第二十条で以下のように定めている。
　1) 令第十五条第一項第九号の厚生労働省令で定める局所排気装置（有機溶剤業務に関わるものに限る）は、第五条または第六条の規定により設ける局所排気装置とする。
　2) 事業者は、前項の局所排気装置については、一年以内ごとに一回、定期的に、次の項目について自主検査を行わなければならない。ただし、一年を超える期間使用しない同項の装置の当該使用しない期間においては、この限りでない。
　3) 事業者は、前項の規定により測定を行ったときは、その都度次の事項を記録して、これを三年間保管しなければならない。
　　・検査年月日
　　・検査方法
　　・検査箇所
　　・検査の結果
　　・検査を実施した者の氏名
　　・検査の結果に基づいて補修等の措置を講じたときは、その内容

【第9章】品質管理と安全

4 安全衛生

(5) 騒音・振動
・騒音
　労働基準法では100ホン以上を有害業務としているが、85ホンを越すと難聴になる危険もあり、100ホン以下の職場でも騒音の出やすい所では保護措置が必要である。主要な騒音レベルは次の通りである。
　静かな事務室：40～50ホン。普通の機械工場：70ホン。やかましい機械工場：90ホン。製かん、びょう打作業：120ホン。
・振動
　電気や圧縮空気で動くハンマ、グラインダ、チェンソー、引き金付きのスプレーガンなど、手で取扱う振動工具を長期間日常的に使用すると、手の骨や筋肉、腱、血管に障害を起す。この障害が進むと白ろう病（振動病）になるので、作業期間の調節をする。

(6) VDT作業
　VDT作業者の心身の負担をより軽減し、作業者がVDT作業を支障なく行ことができるようにするため、新しい「VDT作業における労働衛生管理のためのガイドライン」を策定した。

1　対象となる作業
　対象となる作業は、事務所において行われるVDT作業（ディスプレイ、キーボード等により構成されるVDT（Visual Display Terminals）機器を使用して、データの入力・検索・照合等、文章・画像等の作成・編集・修正等、プログラミング、監視等を行う作業）とし、労働衛生管理を以下のように行うこととした。

2　作業環境管理
　作業者の疲労等を軽減し、作業者が支障なく作業を行うことができるよう、照明、採光、グレアの防止、騒音の低減措置等について基準を定め、VDT作業に適した作業環境管理を行うこととした。

3　作業管理
●作業時間管理等
　　イ　作業時間管理
　　　作業者が心身の負担が少なく作業を行うことができるよう、次により作業時

表9.9　作業時間、作業休止時間の管理

一日の作業時間	一連続作業時間	作業休止時間	小休止
他の作業を組み込むこと又は他の作業とのローテーションを実施することなどにより、一日の連続VDT作業時間が短くなるように配慮すること。	1時間を超えないようにすること。	連続作業と連続作業の間に10～15分の作業休止時間を設けること。	一連続作業時間内において1～2回程度の小休止を設けること。

間、作業休止時間等について基準を定め、作業時間の管理を行うこととした。
　　ロ　業務量への配慮
　　作業者の疲労の蓄積を防止するため、個々の作業者の特性を十分に配慮した無理のない適度な業務量となるよう配慮すること。

(7) 爆発および火災

・引火点
　可燃性の液体が燃えるに必要なだけの蒸気を発生する最低温度のことで、低いほど危険である（ガソリンで−42.7℃、ベンゼンで−11.1℃、トルエンで4.4℃）。

・発火点
　可燃性液体の着火に必要な最低温度。低いほど危険（ガソリンは257℃、ベンゼンは538℃、トルエンは552℃）。

・爆発限界
　可燃性液体の蒸気は空気（酸素）とある割合で混合している場合に限って爆発する。この爆発する混合割合の範囲をいう。アセチレンは空気中の容量が2.5〜80％。水素は4.1〜74.2％。プロパンは2.3〜9.5％。ガソリン1.4〜7.6％。ベンゼン1.4〜7.1％。

・消火作業の要領
　① 火災が起きたら大声で知らせ、1人で消そうとしてはならない。
　② 火災の際はガスのバルブを締め、電気のスイッチを切る。
　③ 電気設備や配線の近くに注水する時は電気が通じてないことを確かめる。
　④ 通電している電気設備、カーバイドおよび油類には水をかけてはならない。薬液消火器、砂、むしろなどを使う。

・消火器
　使い分けは**表9.10**に示す通り。○は使用可、×は使用不可。

表9.10　消火器の使い分け

消火器の種類	油類	電気	説　明
水	×	×	水槽と手動ポンプを持つ普通の消火器
酸アルカリ	×	×	重曹と濃硫酸とで炭酸ガスを発生しその圧力で水を放出
泡	○	×	炭酸ガスの泡で覆い消火。年1回の詰替と三ヵ月毎の検査が必要
四塩化炭素	○	○	四塩化炭素で覆い空気をしゃ断し消火。有毒ガスを発生する
炭酸ガス	○	○	炭酸ガスとドライアイスを利用して消火。炭酸ガスの漏えいに注意
粉末	○	○	ドライケミカルからでる炭酸ガスで消火

4.3 設備と作業の安全

(1) 電気設備の安全
① スイッチは端末回路から切り、最後に元スイッチを切る。
② 電動機のフレームや電動工具は接地して使う。
③ スイッチの操作は右手で行い、左手は金属に触れてはならない（心臓保護のため）。
④ 感電事故は人体に流れる電流と時間に関係がある。50mAの電流が流れると感電死の危険がある。汗をかいたとき、湿気の多いとき、身体が濡れているときは、人体の抵抗が少なく感電事故を起しやすいので十分注意する。
⑤ 人のいない場所や夜間の単独作業は厳禁。
⑥ 耐電圧試験の際は試験物と大地との間に静電容量があり電荷が充電されているので、試験直後に試験物に手を触れるときはアースに電荷を落してから触れる。
⑦ ナイフスイッチの取付けは点検、ヒューズの取替えなどの便のため、図9.12のようにする。ナイフスイッチは素早く切るのがよい。
⑧ アース線は太い線を使い、接触よく取付ける。
⑨ 電気溶接のコードはできるだけ短くするように溶接機の位置を選定し、アークは直接目で見ない。
⑩ 原則として、移動式もしくは可搬式の電動機械器具に供給する電路（コンセント回路と考えて良い）には漏電しゃ断器を設置しなければならない（労安則333～4条）。

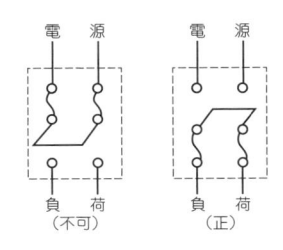

図9.12 ナイフスイッチ

(2) 仕上作業の安全
・ドライバ
① ねじのみぞに合ったものを使い、曲ったり先が丸くなったものは使わない。
② ポンチやテコの代わりに使用しない。
・ハンマ
① 最初から力を入れて打たない。
② ハンマの代わりに他のものを使用しない。
③ 滑るので、油の付いた手や手袋をして柄を握らない。

- たがね
  ① はつり作業には保護めがねをかける。
  ② 最初は当り具合をみるためにゆるく打ち、次第に強く打つ。
  ③ はつり取る間際はゆるく打つ。焼入れした材料は、はつってはならない。
- やすり
  ① 必ず柄を付ける。柄は所定の大きさで丈夫な口輪のはまったものがよい。
  ② てこ、ハンドル、ハンマなどの代りに使わない。
- スパナ
  ① 口がナット寸法に合ったものを使い、絶対にかませ物をしてはいけない。
  ② 両口スパナの2T継ぎ、柄へのパイプの継ぎ足しは厳禁。
  ③ ハンマで叩いたり、スパナをハンマの代りに使ってはならない。

(3) 運搬作業の安全

- 玉掛け作業

  手袋を必ず着用。ワイヤロープの安全率は6以上。素線の断線が30cmにつき素線総数の10%以上になったら廃棄。へび口（アイ加工部）の工作は定められた者以外不可。

- ロープのつり角度

  同じ重量の荷でもつり角度が大きくなると1本のロープにかかる荷重が大きくなる（図9.13）。つり角度は60°以内にとるのが原則。

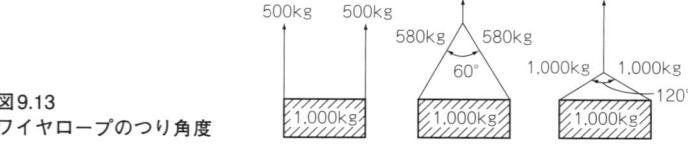

図9.13 ワイヤロープのつり角度

- コンベヤ

  人が乗ったり、安全カバーを外したりしない。アースをとる。

(4) ボール盤作業の安全

① 保護めがねをかけ、切粉はブラシで払い、回転中に布でふいたり口で吹飛ばしたりなどしない。布製手袋の着用は禁止。
② テーパの合わないソケットやシャンク、またきずのあるものは使用しない。
③ 電気ドリルは必ずアースをとる。

（5）グラインダ作業の安全

① といしの取付けや試運転は必ず指定された者が行う。
② カバーを外して使わない。保護めがねかシールを必ず付け、といし側面に立ち規定回転速度を守って研削作業を行う。
③ といし車の表面はときどき修正し、ひどい変形を正す。
④ といし車とツールレストの間隔は1～2mm。ツールレストはといし中心より若干高くする。

第9章 ●品質管理と安全

実力診断テスト

解答と解説は340ページ

【1】～【4】の設問において、記述が正しければ○、記述が間違えていれば×を解答しなさい。【5】～【8】は各指示にしたがって解答しなさい。

【1】 新VDT（Visual Display Terminals）ガイドラインによると、VDTを使用する作業において、「連続作業時間が90分を超えないようにすること」とされている。

【2】 定格出力90[W]の産業用ロボットに教示（ティーチング）する者は、当該危険業務にかかわる特別教育を受けていなければならない。

【3】 p管理図は、工程を不良率によって管理するためのものである。

【4】 労働安全衛生関係法令によれば、移動式電動機械器具で100[V]のものであれば、いかなるものでも漏電しゃ断器の設置は必要ない。

【5】 次の文中の（　）内に当てはまる語句として、適切なものはどれか。

　新QC七つ道具とは、数値にならない言語データを分析する方法であり、次の方法がある。

　連関図、親和図、系統図、アローダイヤグラム、マトリックス図、（　　　）、PDPC

　　イ　マトリックス・データ解析
　　ロ　管理図
　　ハ　ヒストグラム
　　ニ　チェックシート

【6】 労働安全衛生関係法令では、精密な作業を行う場合にどのくらいの照度を規定しているか。

　　イ　100ルクス以上
　　ロ　300ルクス以上
　　ハ　450ルクス以上
　　ニ　550ルクス以

【7】 次のうち品質管理の用語として、適切なものはどれか。

　　イ　LED
　　ロ　QFP
　　ハ　UCL
　　ニ　TTL

【第9章】品質管理と安全

4 安全衛生

【8】有機溶剤業務に係る局所排気装置の定期自主検査に関する記述のうち、誤っているもはどれか。
　イ　定期自主検査は、吸気及び排気の能力、処理能力などの性能を保持するために行う。
　ロ　定期自主検査は、1年以内ごとに1回、定期に行わなければならない。
　ハ　定期自主検査の記録は3年間保存しなければならない。
　ニ　1年を超える期間、装置を使用しない場合でも性能維持のため検査をしなければならない。

第9章●実力診断テスト　解答と解説

- 【1】× ☞ 1時間を越えないようにすること。
- 【2】○ ☞ 定格出力80ワット以下は、規制対象外。
- 【3】○
- 【4】× ☞ 移動式もしくは可搬式の電動機械器具に供給する電路には漏電しゃ断器を設置しなければならない。
- 【5】イ ☞ ロ〜ニまではQC七つ道具
- 【6】ロ
- 【7】ハ ☞ イ　LED：発光ダイオード
　　　　　　ロ　QFP：電気部品の半導体のパッケージの一種
　　　　　　ハ　UCL：管理図における上方管理限界
　　　　　　ニ　TTL：デジタル回路の一種
- 【8】ニ

参考文献

◆ JIS

本書で利用した主なJIS（規格番号と主な内容）は次のとおりです。
JISは随時更新されていますので、最新のJISを各自ご確認のうえ作業に当たられることをお勧めします。

JIS B 0001（機械製図）
JIS B 0123（ねじの表し方）
JIS B 0205（一般用メートルねじ）
JIS B 1003（締結用部品）
JIS B 1004（ねじ下穴径）
JIS B 1101（すりわり付き小ねじ）
JIS B 1111（十字穴付き小ねじ）
JIS B 4609（ねじ回し）
JIS B 4623（ペンチ）
JIS B 4625（斜めニッパ）
JIS B 4630（スパナ）
JIS B 4631（ラジオペンチ）
JIS B 4632（めがねレンチ）
JIS B 4633（十字ねじ回し）
JIS C 0617（電気用図記号）
JIS C 3101（電気用硬銅線）
JIS C 3102（電気用軟銅線）
JIS C 4003（電気絶縁−熱的耐久性評価及び呼び方）
JIS C 5010（プリント配線板通則）
JIS C 5062（抵抗器及びコンデンサの表示記号）
JIS Z 3282（はんだ—化学成分及び形状）

◆ 書籍、ホームページ

[1] 『カラー版徹底図解 通信のしくみ—通信の基礎知識から、最先端の通信技術まで』／高作著／新星出版
[2] 『わかりやすい通信工学』／羽鳥著／コロナ社
[3] 『図解 これでわかったGPS 第2版』／ITS情報通信システム推進会議（編集）／森北出版
[4] 『デジタル放送教科書』亀山／花村著／インプレスネットビジネスカンパニー
[5] http://www.mlit.go.jp/road/yuryo/etc/index.html：国土交通省道路局

電子機器組立の総合研究

索 引

数字・英字

0点合せ	304
1点アース	184
2乗変調回路	109
2分周回路	128
AM	255
ASK	256
B級プッシュプル増幅回路	98
CDMA	265
C-MOS	62
CMOS IC	68
CR結合増幅回路	98
CR発振回路	105
CWDM	276
DC-DCコンバータ	280
DRP	221
DSRC	282
DWDM	276
ECL	67
ETC	282
FDMA	265
FET	60
FM	255
FRP	245
FSK	256
GC	271
GNSS	283
GPS	283
I^2L	67
I形半導体	54
J-FET	61
LCD	83
LC発振回路	105
MOS型FET	62
MOS集積回路	66
NPN形トランジスタ	56
N極	24
N形半導体	54
OFDM	269
OSI基本参照モデル	258
P形半導体	54
PCM方式	251
PM	255
PN接合	55
PNP形トランジスタ	55
POI	271
PSK	256
QC7つ道具	325
QPSK	257
SDH	274
SN比	136
S極	24
TCP/IP	258
TDMA	265
Tier	257
TTL	66
WDH	275
X線	260

あ行

アクセプタ	54
アスカレル	233
アセンブル産業	194
圧着接続法	206
圧粉磁性材料	218
圧粉心	219
アナログ伝送	253
アナログ変調	255
アモルファス磁性材料	220
安全の3原則	328
アンペア	10
アンペアの右ねじの法則	26
位相	35
位相角	35
位相差	35
位相偏移変調	256
一番がき	301
インターネット	257
インターネットプロバイダ	257
インダクタンス	31
インピーダンス	39
ウエーバ	24
うず電流	32
エボナイト	235
エミッタ接合	56
エミッタ	56

エミッタ接地回路	56,90
エミッタ接地直流電流増幅率	95
エミッタフォロワ回路	93
エンコーダ	124
エンハンスメント型	62
エンプラ	245
オートスライダック型	280
オームの法則	11
オシロスコープ	210,277
オプチカルフラット	310
オペアンプ	102
音声周波	34
温度係数	17

か行

回線交換機	270
回転子	76
回転磁界	44
回転図示法	144
回転ベクトル	36
外部コントロールタイプ	166
回路網	47
可逆圧縮方式	252
架橋	226
架橋材	226
拡散	93
拡散型トランジスタ	60
角速度	34
拡大しろ	299
角端子	204
仮想短絡	102
下側波帯	108
価電子	10
過渡現象	45
加入者線交換機	270
可変コンデンサ	76
カラーコード	162
感度	309
ガンマ線	260
慣用図示法	145
管理限界	321
菊座金	176
起電力	10

逆拡散	267
逆方向電圧	55
強磁性合金	216
強磁性体	216
共晶はんだ	195
共振周波数	40
共有結合	54
局部投影図	144
キルヒホッフの法則	13
金属酸化膜FET	62
金属磁性材料	218
クーロン	10
クーロンの法則	20
組合せ論理回路	123
組立図	158
グレーデッドファイバ	243
コレステリック相	241
クロスリンキング	226
クロック	107
計画	314
計数値	316
携帯通信	264
計量値	316
ゲート回路	122
けがき	300
削りしろ	299
結合コンデンサ	77
結線法	42
限界ゲージ	307
減衰域	49
検波	108
コア	243
コイル	79
硬化性ロック剤	177
高効率符号化	253
高周波	34
高周波同軸コード	226
合成波	37
降伏	58
降伏電圧	58
交流	35
硬ろう	227
固定コンデンサ	75
固定子	76

電子機器組立の総合研究

索引

固定バイアス 96
こて先 167
こて先材料 228
コルピッツ発振回路 105
コレクタ 56
コレクタ接合 56
コレクタ接地回路 56,90
コンデンサ 22,75,163
コントロール内蔵タイプ 166
コンパレータ 124
コンポジット材料 245

さ行

サーミスタ 70
最大磁束密度 216
最大周波数偏移 110
サイリスタ 69
鎖交磁束 30
雑音指数NF 136
酸化防止作用 197
三相交流 42
三相電力 44
三相負荷 43
三端子レギュレータ 117
残留磁気 27
磁界 25
磁化曲線 27
磁化力 26
磁気 24
磁気飽和 27
磁気誘導 24
磁極 24
自己インダクタンス 31,38
自己バイアス 96
自己誘導 31
磁軸 24
磁石 24
磁性 24
支線配線 185
磁束 26
磁束密度 26
四端子網 47
実施 314

時定数 46
時定数CR 119
自動はんだ付け装置 195
時分割多重方式 273
しゃ断周波数 92
斜投影 141
ジャンパー線 190
集積回路 64
自由電子 10
周波数カウンタ 278
周波数スペクトル 108
周波数分割多重方式 273
周波数変調 109
周波数弁別回路 111
ジュール熱 19
ジュールの法則 19
主投影図 143
瞬時値 35
順方向電圧 55
常磁性体 216
上側波帯 108
情報圧縮 251
情報源符号化 253
正面図 140
商用周波数 34
省略図示法 145
処置 315
ショットキーTTL 67
シリーズレギュレート方式 280
シリコン制御整流子 69
磁力線 25
真空の誘電率 22
真性半導体 54
シンニング 294
振幅変調 108
真理値表 122
水晶発振回路 106
スイッチング作用 101
スイッチングダイオード 57
スイッチング電源 117
スイッチングレギュレート方式 280
水夫結び 187
スーパーエンプラ 245
すきまゲージ 308

344

索　引

すくい角 295
スター結線 43
ステアタイト 234
ステーションタイプ 166
捨てけがき 301
ステップファイバ 243
ストラップ記録 185
ストラップ配線 190
スペクトラム拡散方式 267
スメクチック相 241
寸法記入の原則 147
正規分布 319
正弦波交流 31,34
整合 101
静止ベクトル 36
静電気 20
静電気序列 20
静電しゃへい 23
静電誘導 20
静電容量 22
正投影 140
整理・整頓 328
整流素子 57
セグメント 259
絶縁ゲートバイポーラトランジスタ 63
絶縁体 11
絶縁抵抗 11,23
接合型FET 61
接触抵抗 23
接地回路配線 183
接点 228
接点材料 228
線間電圧 43
線形 33
線形素子 33
線足 198
先端切刃角 293
線電流 43
全波整流回路 114
占有周波数帯域幅 108
相貫部 145
相互インダクタンス 32
相互誘導 31
想像線 142

相電圧 43
相電流 43
増幅度 129
増幅利得 129
束線 164,185
束線図 158
ソリッドダイス 297
ソレノイド 79

た行

帯域幅 100
第一角法 140
第一法則（電流法則） 13
第三角法 140
ダイス 296
第二法則（電圧法則） 14
タイムスロット 275
ダイヤルゲージ 305
ダクト配線 185
多重化方式 273
タップ 295
単安定マルチバイブレータ 120
単線 224
単側波帯伝送 264
単側波帯方式 109
端末処理 191
断面図 145
ツェナー降伏 58
ツェナーダイオード 58
窒素ガス対応 167
ディップフローはんだ付け 201
チャネル 61
中心線 321
調整ダイス 297
直線検波 111
直線変調回路 109
直流増幅 100
直流定電圧電源 116
直流電源 15
直流電流増幅率 91
直列共振 40
直列接続 12
直結形差動増幅回路 100

345

電子機器組立の総合研究

索　引

項目	ページ
通過域	49
低域通過ろ波器	134
抵抗率	16
ディジタルマルチメータ	209
低周波	34
データセレクタ	124
デービーエム	133
デコーダ	124
デジタル・ハイアラキー	275
デジタル信号	250
デジタル伝送	253
デジタル変調	256
デジタルマルチメータ	278
デシベル	129
デシベルエム	133
テスタ	207
デプスマイクロメータ	304
デプレッション型	61
テフロン	226
デルタ結線	43
電圧共振	40
電圧源	15
電圧降下	12
電圧制御素子	61
電荷	21
電界	21
電界効果トランジスタ	60
展開図示法	144
電荷反転層	62
電気回路	47
電気力線	21
点検	314
点弧	69
電磁作用	26
電磁誘導	29
電磁力	28
電波	260
電流帰還バイアス	96
電流共振	41
電流増幅率	60
電力量	18
ド・モルガンの定理	124
投影	140
等価回路	48
同期をとる	277
透磁率	26
導体	11
導電率	17
度数	318
ドナー	54
とまり穴	296
トライアック	69
ドリル	292
トルク	174

な行

項目	ページ
内包形	186
長手の逃げ	293
軟銅線	223
軟ろう	227
二相PSK	256
二端子網	47
二番角	295
二番けがき	301
入出力インピーダンス	134
抜取検査	326
ねじ締め	173
ねじ回し	169
ねじれ角	293
ネマチック相	241
ノギス	302

は行

項目	ページ
ハートレー発振回路	105
ハーフ・アダー	124
パーメンデ	218
配線図	158
倍電圧整流回路	115
ハイトゲージ	305
バイナリデータ	251
ハイパスフィルタ	49
ハイブリッドIC	65
バイポーラ集積回路	66
パケット通信	259
裸電線	224
歯付き座金	176

索引

発光ダイオード 71
発振回路 104
ハッチング 147
バッファ 123
バリアブルコンデンサ 76
バリアブルレジスタ 69
パルス波 118
パレート曲線 325
パワーダイオード 57
パワートランジスタ 60
半加算回路 125
半乾性油 233
反結合 104
反磁性体 216
搬送波 108
はんだごて 166
反転増幅回路 103
半導体 11,54
半導体集積回路 65
バンドエリミネーションフィルタ 49
バンドパスフィルタ 49
汎用エンプラ 245
非可逆圧縮方式 253
光 260
光通信 274
光ファイバ 243
非晶質材料 220
ヒステリシス 27
ヒステリシス曲線 216
ヒステリシス損 218
ヒストグラム 318
ひずみ波 37
非線形素子 33
皮相電力 41
比透磁率 27
ビニル配線 188
非反転増幅回路 103
被覆電線 224
被変調波 108
ヒューズホルダ 175
比誘電率 22
標準偏差 315
表皮効果 32
標本化 251

標本化周波数 251
標本値 251
品質管理 314
ファラデーの法則 30
ファラド 22,163
フィルタ 48
ブール代数 122
フェライト 220
フェリー磁性体 216
フォトカプラ 71
フォトダイオード 69
フォトトランジスタ 70
負荷の抵抗値 101
不乾性油 233
負帰還 102
復調 108
符号化 251
不純物半導体 54
部品図 158
部分束線 186
フラックス 197
ブリッジ整流回路 114
フリップフロップ回路 121
プリント基板 177
プリント基板組立て 164,178
フレーム 275
フレミングの左手の法則 28
ブロックダイヤグラム 156
プロトコル 258
分散 315
分布曲線 318
閉回路 13
平均値 315
平面図 140
並列共振 41
並列接続 12
ベース 56
ベース接地回路 56,90
変調 255
ホイーストンブリッジ（ブリッジ回路） 18
方向性けい素鋼 218
包絡線検波 111
飽和曲線 27
ホール 54

347

電子機器組立の総合研究

索引

ボール盤作業	294
母集団	317
補助投影図	144
保持力	27
ボルト	10

ま行

マイカコンデンサ	76
マイカナイト	234
マイクロニッパ	169
マイクロメータ	303
マイラコンデンサ	75
マウンタ	178
摩擦電気	20
マッチング	101
マップマッチング	285
マルチバイブレータ	120
ミゼットリレー	81
みぞ	295
脈流	37
無安定マルチバイブレータ	120
無効電力	41
無線	260
無線周波	34
無はんだ巻付け接続法	168
無方向性けい素鋼	218
メサ形	60
目通し	291
モノリシック集積回路	65

や行

やすり	290
有効電力	41
有線	270
誘電正接	238
誘電損	238
誘電体	22
誘電率	21
誘導起電力	30
誘導電流	30
誘導リアクタンス	38
ユニバーサルカウンタ	279
容量リアクタンス	38
予備はんだ	198

ら行

ラチェットストップ	304
ラッチ	127
ランド	199
ランドクリアランス	293
リードインダクタンス	184
リード線	180
リーフ	308
リーマ	298
力率	41
リップクリアランス	293
リップル	113
利得	129
リニアレギュレータ	117
リフローはんだ付け	202
量子化	251
両側波帯伝送	264
量子値	251
リレー	81
連	322
連続束線	186
ローパスフィルタ	49
六角棒スパナ	169

わ行

ワイヤストリッパ	171
ワイヤラッピング	168
ワイヤラッピングの原理	204

MEMO

著者略歴

ものづくり技能強化委員会

　山梨 浩（やまなし　ひろし）：NEC（生産設備開発・製造）
　酒井 俊雄（さかい　としお）：ＭＸモバイリング株式会社
　渡辺 彰（わたなべ　あきら）：
　　NECマネジメントパートナー株式会社（電子系技術研修の企画・開発及び実施）
　佐藤 幸夫（さとう　ゆきお）：
　　NECマネジメントパートナー株式会社（ものづくり研修の企画・開発及び実施）

お問い合わせについて	●カバーデザイン

お問い合わせについて

本書の内容に関するご質問は、下記の宛先までFAXまたは書面にてお送りください。お電話によるご質問、および本書に記載されている内容以外のご質問については、一切お答えできません。あらかじめご了承ください。

●問い合わせ先
〒162-0846
株式会社　技術評論社　第三編集部
『【改訂版】電子機器組立の総合研究』質問係
FAX　03-3267-2271

なお、ご質問の際に記載いただいた個人情報は、質問に対するご返答の目的以外には使用いたしません。また、質問への返答後、速やかに破棄させていただきます。

●カバーデザイン
布施田　正男
●本文DTP
株式会社　森の印刷屋
●図版
株式会社　森の印刷屋
Studio Sue
上村いづみ
有限会社　バーズツウ
（石井順子、鹿沼芽久美）

技能研修＆検定シリーズ
【改訂版】電子機器組立の総合研究

2014年6月5日　初版第1刷発行
2025年4月29日　初版第6刷発行

著　者●ものづくり技能強化委員会
発行者●片岡　巌
発行所●株式会社　技術評論社
　　　　東京都新宿区市谷左内町21-13
　　　　電話　03-3513-6150　販売促進部
　　　　　　　03-3267-2270　書籍編集部
印刷／製本●昭和情報プロセス株式会社

定価はカバーに表示してあります。

●本書の一部または全部を著作権法の定める範囲を超え、無断で複写、複製、転載、テープ化、ファイル化することを禁じます。本書に記載されている会社名、製品名などは各社の商標および登録商標です。

©2014　ものづくり技能強化委員会

●造本には細心の注意を払っておりますが、万一、乱丁（ページの乱れ）や落丁（ページの抜け）がございましたら、小社販売促進部までお送りください。送料小社負担にてお取り替えいたします。

ISBN978-4-7741-6474-8　C3055
Printed in Japan